国家重点基础研究发展计划（973）项目（2013CB227901）
中国地质调查“1212011220219”项目　　联合资助
陕西省科学技术推广计划项目（2011TG-01）

矿产资源高强度开采区地质灾害与防治技术

范立民　李　成　陈建平　宁建民等　著

科学出版社
北　京

内 容 简 介

本书运用地质学、水文地质学、工程地质学、环境地质学、地质灾害学、采矿工程、开采损害学、生态与环境修复等多学科的理论和方法，系统调查了陕西省矿山地质环境问题和地质灾害分布规律，提出了矿产资源开采强度的概念、划分指标以及适度开发理念；研究了采矿引发地质灾害的机理，从规划、采矿技术等角度，提出减缓地质灾害的思路和方法；进行了矿山地质环境影响评价和矿山地质环境保护与治理分区；开展实施了开采区地质灾害治理工程，形成了矿山地质灾害防治技术体系。有利于促进矿山地质灾害治理，保护矿山地质环境，建设生态文明矿山。

本书可供地质灾害、地质工程等领域技术人员、大专院校师生参考使用。

图书在版编目(CIP)数据

矿产资源高强度开采区地质灾害与防治技术/范立民等著. —北京：科学出版社，2016.3

ISBN 978-7-03-047518-3

Ⅰ.①矿…　Ⅱ.①范…　Ⅲ.①矿山开采-地质-自然灾害-防治-陕西省　Ⅳ.①TD8②P694

中国版本图书馆CIP数据核字（2016）第044301号

责任编辑：王　运　韩　鹏 / 责任校对：韩　杨
责任印制：肖　兴 / 封面设计：耕者设计工作室

科学出版社 出版
北京东黄城根北街16号
邮政编码：100717
http://www.sciencep.com

中国科学院印刷厂 印刷

科学出版社发行　各地新华书店经销

*

2016年3月第　一　版　开本：787×1092　1/16
2016年3月第一次印刷　印张：12 3/4
字数：302 000

定价：168.00元

（如有印装质量问题，我社负责调换）

作者名单

范立民　李　成　陈建平　宁建民

杜江丽　郑苗苗　蒋泽泉　刘　辉

张廷会　郝　业　姬怡微　马雄德

卞惠瑛　高　帅　吴　丹

序一　保护矿山地质环境　建设生态文明矿区

新中国成立以来，特别是改革开放以来，矿产资源开发迎来了历史性的机遇，开发规模、开采强度不断加大，开采深度不断下延，开采矿种日趋增多，矿产品产量呈现几何级数增加，为经济社会发展提供了丰富的原材料和燃料，极大地促进了经济、社会发展。然而，随着矿产资源开采强度的加大，矿区地质环境问题日渐突出，地质灾害频发，给人们生命财产安全带来了很多隐患，矿山地质灾害每年都有人员伤亡，建设生态文明矿区，任重道远。

陕西省矿产资源丰富，矿种齐全，矿业经济活跃，采矿历史悠久，煤炭、金属矿产、石油天然气等已经成为全省国民经济发展的支柱产业，原煤产量从2000年的2767万t跃升到2014年的5.15亿t。其他矿种的产量也直线增长。长期、高强度的采矿，导致了一系列环境地质问题，诱发了多种地质灾害。尤其是矿产开发强度大的区域，以地面塌陷、地裂缝、滑坡、泥石流为主的地质灾害时有发生。矿产开发造成地面沉降，诱发地面建筑物的开裂，严重时还影响人民的生活和社会稳定。因此，研究和查明矿山地质灾害的分布、成因、成灾模式，并提出防控措施，大幅度减轻矿山开发对地质环境的影响程度和地质灾害发生频次，是保护矿区环境、建设生态文明社会和人民财产的迫切需要。

范立民带领的团队长期从事矿山地质灾害工作，他们全面调查了陕西省矿山地质灾害分布、发育及其与采矿的关系，首次提出了矿产资源开采强度的概念，初步建立了开采强度划分的指标体系，研究了开采强度与地质灾害发育程度的关系，探讨了矿区地质灾害成因模式、致灾模式和防控技术，开展了矿山地质环境治理示范工程建设，有效保护了矿区居民生命安全，恢复了耕地、林地和草地，减轻了地质灾害造成的经济损失，效益显著。

因此，我谨向读者推荐此书，希望能对有关学者和工程科技人员今后的工作有所借鉴。

中国工程院院士
中国矿业大学（北京）教授

2016年元旦

序二　依靠科技创新　防控矿山地灾

长期以来，矿区给人们的印象总是环境污染严重、地质灾害频发，给矿区居民生命、财产造成巨大损失，其中不乏重大伤亡灾害，如1970年5月26日四川省泸沽铁矿盐井沟泥石流，造成104人死亡；1984年5月27日云南东川铜矿因民矿区黑山沟泥石流，造成121人死亡；2002年7月9日该矿区又一次发生泥石流，造成29人死亡；2008年9月8日山西省襄汾县发生尾矿库特别重大溃坝事故，共造成277人死亡；……。陕西是矿山地质灾害的重灾区之一，1994～2011年矿山地质灾害就造成413人死亡。其中1994年7月11日夜，暴雨导致西峪特大矿渣型泥石流灾害，51人死亡，上百人失踪；1996年9月23日西安灞桥区砖厂取土引发黄土滑坡，造成5人死亡；2003年9月23日宁强县黎家营锰矿采空区滑坡造成4人死亡；2003年黄陵仓村金咀沟煤矿黄土崩塌导致4人死亡；2010年10月17日泾阳县采石场滑坡造成4死1伤；2010年7月23日潼关金矿泥石流造成8人死亡；2011年9月17日灞桥区白鹿原砖瓦厂发生滑坡造成32人死亡……。一连串的矿山地质灾害，不停地呼唤着矿山地质灾害防控水平的提高，呼唤着矿山地质灾害治理技术的进步和防治工程的实施。

近年来，陕西省地质环境监测总站范立民同志带领的课题组，先后完成了多项矿山地质灾害项目，在调查各类矿山地质环境基础上，建立了陕西省矿山地质灾害（地质环境）数据库，完成了一系列典型矿山地质灾害治理工程，形成了一整套矿山地质灾害治理技术：提出了矿产资源开采强度的新概念，确定了矿产资源开采强度划分的指标体系，划分了陕西省矿产资源开采强度分区，提出了矿产资源适度开发新理念；系统调查总结了矿产资源高强度开采区地质灾害发育、分布特征及其危害性，划分了地质灾害发育程度、发育类型分区，编制了矿区地质灾害系列图件，发明了矿山地质灾害监测预警仪，并应用于山区、矿区地质灾害监测预报预警工作；研究了高强度采矿诱发地质灾害机理、成因模式和致灾模式；总结提出了四种矿山地质灾害成因模式和致灾模式；提出了高强度开采条件下地质灾害防控措施；结合大型地质灾害治理工程，研发了高强度开采区地质灾害治理技术，形成了矿山地质灾害治理技术体系，开展了治理示范工程，恢复了大量林地、耕地、草地和建设用地，极大地减轻了矿山地质灾害发生数量，有效保护了矿区居民生命安全。

课题组还取得了一批知识产权，促进了矿山地质灾害科技进步。正值此书出版之际，我非常高兴地阅读了书稿，并乐意将此书推荐给广大地质科技工作者，为建设我国西部和谐矿区、文明矿区做出应有的贡献。

王双明

2016.2.20

前言

20世纪80年代以来，我国西部矿产资源开发力度不断加大，开采强度加大，矿区地质灾害频发，地质环境恶化，给人民生命、财产造成了巨大损失。据不完全统计，1994~2011年陕西省因采矿引发的地质灾害造成413人死亡、直接经济损失8.30亿元。调查、研究矿区高强度开采条件下地质灾害形成机理，提出矿区地质灾害治理技术并进行治理，建设矿区生态文明，刻不容缓！

为此，2012年以来，以陕西省地质环境监测总站为主的课题组先后承担完成了中国地质调查局专项、中央财政补助地方矿山地质环境恢复治理项目、陕西省公益性地质调查项目、陕西省突发性矿山地质灾害调查以及矿山地质环境保护与恢复治理方案等项目40余项，参与了国家973计划“西部煤炭高强度开采下地质灾害防治与环境保护基础研究”和陕西省科学技术推广计划项目等。在此基础上，完成了高强度采矿区地质灾害研究工作，建立了陕西省矿山地质灾害（地质环境）数据库。查明了矿山地质灾害发育状况，研究了矿山地质灾害形成机理，预测了矿山开采地质灾害发育趋势，组织开展了典型矿山地质灾害治理工程，形成了多项行业（地方）标准。

本书的主要创新成果包括：①以煤为例，提出了矿产资源开采强度的新概念，确定了矿产资源开采强度划分的指标体系，划分了陕西省矿产资源开采强度分区，据此提出了矿产资源适度开发新理念；②系统调查了陕西省矿产资源高强度开采区地质灾害发育、分布及危害性，划分了地质灾害发育程度、发育类型分区，编制了矿山地质环境、地质灾害系列图件，提出了高强度开采条件下地质灾害防控措施；③研究了高强度采矿引发地质灾害机理、开采强度与地质灾害的耦合关系，提出了高强度开采地质灾害致灾模式；④提出了分区分类治理原则和适宜的治理技术，并开展了地质灾害治理示范工程，形成了一整套矿山地质灾害治理技术体系，恢复了耕地、林地、草地，消除了地质灾害隐患和污染源。

本书是集体智慧的结晶，全书由范立民提出总体思路和基本框架，项目组成员分工完成，各章节的主要执笔人（未注明作者工作单位均为陕西省地质环境监测总站）是：前言范立民；第一章李成、陈建平；第二章陈建平、杜江丽；第三章宁建民、李成、郑苗苗；第四章范立民；第五章第一、二、三节李成、陈建平，第四节范立民、马雄德（长安大学）、卞惠瑛；第六章陈建平、李成；第七章陈建平、宁建民；第八章第一至四节李成、宁建民、陈建平、杜江丽，第五节刘辉（山东大学），第六节蒋泽泉（陕西省一八五煤田地质有限公司）、陈建平、张廷会（陕西天地地质有限责任公司）；第九章范立民、陈建平。杜江丽、郑苗苗、姬怡微、高帅、吴丹等同志参加了野外调查、资料统计分析、编图等工作，陕西天地地质有限责任公司郝业等同志参加了地质灾害治理的相关工作。全书由范立民统稿、审定。需要说明的是，部分申报了专利的相关内容，未在本书展示。

项目开展过程中，得到了中国地质调查局、中国地质环境监测院、陕西省国土资源厅及陕西各市县国土资源部门、陕西省科学技术厅、陕西省地质调查院、中国地质调查局西安地质调查中心及有关矿山企业的支持，陕西省地质调查院王双明教授、苟润祥研究员、郭三民研究员、白宏高级工程师、黄建军工程师、张晓团高级工程师，陕西省地质环境监测总站贺卫中总工程师、张卫敏副站长、向茂西副总工程师、李永红副总工程师，陕西省国土资源厅宁奎斌处长、王雁林副处长、李仁虎调研员、高刚强副处长、师小龙、孙晓东主任，陕西煤业化工集团有限公司闵龙、王苏建、邓增社、宋飞、王建文教授级高级工程师，煤炭科学研究总院许升阳研究员，中国煤炭地质总局王佟教授级高级工程师，中国矿业大学孙亚军教授、徐智敏副教授，中煤科工集团西安研究院虎维岳、靳德武、靳秀良、刘天林研究员，长安大学彭建兵、张勤、赵法锁、范文教授，西安科技大学李树刚、夏玉成、王英、侯恩科、余学义、杨梅忠、唐胜利教授，中国地质调查局西安地质调查中心李文渊、张茂省、徐友宁、朱桦研究员，陕西省煤田地质有限公司段中会总工程师，陕西省核工业工程勘察院金有生研究员，机械工业勘察设计院李忠明副总工程师，西北有色地质勘查局杨鲁飞、常喜顺教授级高级工程师，陕西地质工程总公司王振福、王武刚教授级高级工程师，陕西工程勘察研究院李稳哲总工程师等专家对本项工作给予了大力支持和帮助，西北大学张国伟院士、中国矿业大学彭苏萍院士、武强院士长期关注我国西部矿山地质环境研究，对本项研究提出了宝贵意见和建议，彭苏萍院士、王双明教授在百忙之中为本书作序，在此一并表示衷心感谢！

地质灾害与地质环境犹如一对孪生姐妹，地质环境的变异，可引发地质灾害；地质灾害的发生，又改变地质环境。因此，尽管本书定名为“地质灾害”，但有很多内容是论述地质环境的，尤其是高强度开采区地质环境演化规律，是本书探讨的重要内容。

限于作者水平，书中难免存在不妥和错误，恳望读者批评指正！

范立民

2016年2月28日

目　　录

第一章　绪　　论

第一节　研究背景及意义

一、研究背景

陕西省矿产资源丰富，长期、高强度的矿产资源开采，在促进矿业经济发展的同时，也产生了一系列矿山地质环境问题，引发了地质灾害，威胁到矿区生命、财产安全。建设生态文明（杜祥琬等，2015），必须处理好矿业开发与地质环境保护的关系。

本书是在陕西省矿产资源集中开采区地质环境调查、西部煤炭高强度开采下地质灾害防治与环境保护基础研究、矿山地质环境保护与恢复治理方案编制、矿山地质灾害治理工程、突发性地质灾害调查等工作的基础上完成的。

中国地质调查局2012年启动了“全国矿山地质环境调查”计划项目，本书主要作者承担了陕西省矿山地质环境调查项目，主要内容是高强度开采区（集中开采区）的矿山地质环境背景、矿山基本情况、矿山地质环境现状，矿山地质灾害分布及发育规律、形成机理，结合省内已实施的治理工程，研究适合西部地区的矿山地质环境治理工程技术。

2012年科学技术部下达了国家重点基础发展研究计划（973）项目“西部煤炭高强度开采下地质灾害防治与环境保护基础研究”（2013CB227901），本书主要作者应邀参加，主要负责煤炭资源开采强度与地质灾害关系的研究，同时对高强度采煤引起的突水溃沙地质灾害进行专题研究，提出了矿产资源开采强度的概念和指标体系，研究高强度采矿引发地质灾害机理、成因模式和致灾模式。

根据《矿山地质环境保护规定》（国土资源部2009年第44号令），本书部分作者参与或指导编制了部分矿山地质环境保护与恢复治理方案，系统研究了全省近千份矿山地质环境保护与恢复治理方案，对全省矿山地质环境、地质灾害进行了系统调查。参与了全省“方案”编制的技术指导等工作。提出矿产资源高强度开采区地质灾害治理技术思路和方法，以渭北煤矿区、秦岭多金属矿区、榆神府煤炭高强度开采区地质灾害治理工程为例，并进行地质环境治理效益分析，形成矿山地质灾害治理技术和矿山地质灾害预防技术。

本书部分作者承担了企业项目、国家十二五科技支撑计划等项目，开展了矿山地质灾害治理工程数十项，研发了矿山地质灾害治理技术，参与了陕西突发性矿山地质灾害调查与成因研究。

二、研 究 意 义

陕西矿产资源丰富，能源矿产、金属矿产、非金属矿产等矿山企业众多。矿业开发在为陕西省经济发展作出巨大贡献的同时，也引发了大量矿山地质环境问题，矿产资源集中连片、高强度开采引发的地质灾害日益严重，查明矿山地质灾害及其形成机理，提出防控措施，减轻地质灾害发育程度，保护地质环境，是实现生态文明矿区建设目标的基础。编写本书的目的是查明陕西省矿产资源及其开发现状，调查矿山地质环境条件，调查矿山环境地质问题和地质灾害发育状况、分布，研究矿山地质灾害发育规律，探讨矿山地质灾害治理技术，为保护矿区人民生命财产安全，建设生态矿山提供技术支撑。其主要任务有：

（1）调查陕西省矿产资源及其开发现状；

（2）阐述陕西省地质环境条件，调查陕西省矿山地质环境现状、主要环境地质问题；

（3）调查陕西省矿山地质灾害类型、分布、规模、危害性并分析其成因模式和致灾模式；

（4）研究并厘定开采强度的概念，构建矿产资源开采强度的指标体系，研究矿山开采强度及其与地质灾害发育的关系，划分矿山地质环境影响程度分区；

（5）划分矿山地质环境恢复治理分区，结合矿山地质环境治理工程项目，总结适合于陕西矿山地质灾害特点的治理技术体系。

第二节　国内外研究现状

矿产资源高强度开采区地质灾害与防治技术研究，包括矿产资源开采强度、采矿引起的地面塌陷与覆岩移动变形、矿山地质灾害等矿山地质环境问题、矿产资源开采强度与地质环境承载力的关系等研究现状。

一、高强度开采研究现状

近年来，高强度开采逐渐受到关注，尤其是煤炭资源高强度开采，形成了一定的研究基础。高强度开采是近几年随着采煤方法的发展出现的新概念，目前并没有一个严格的定义来界定，泛指综采放顶煤开采、大采高一次采全高综采等开采方式。虽然具体形式不同，但是都具有产煤量大、回采速度快、煤岩层受采动影响大、围岩及地面变形强烈等特点，地面变形的结果形成地质灾害，威胁矿区居民生命安全，恶化矿区地质环境、生态环境。为此，煤炭科技工作者从不同角度研究了煤炭高强度开采诱发的地面变形和巷道围岩控制技术。

缪协兴将煤炭资源高强度开采表述为大采高、大采面和快速推进为主要特征的开采方式，并承担了国家973计划“西部煤炭高强度开采下地质灾害防治与环境保护基础研究”。范立民在该课题中首次将高强度开采定义为以平面上开采面积占比大、空间上工作面开采尺寸大、时间上开采速度（推进速度）快为特点的开采区域和开采方式，提出了高强度开采的指标体系，并开展了陕西省煤炭资源开采强度分区及与地质灾害发育关系的研究（范立民，2014）。在此基础上，研究了陕西省矿产资源开采强度及其分区，调查了开采强度与地质灾害发育的关系。

滕永海和刘克功（2002）研究了五阳煤矿高强度开采条件下地表移动规律，高强度开采与普通的分层开采都表现出了地表下沉盆地陡峭、地表移动剧烈等特点，高强度开采地表下沉系数相当于初次采动，地表裂缝和破坏要轻得多。张周权（2008）研究了高强度开采区域孤岛回采工作面顶板来压宏观矿压现象显现特点、巷道矿压宏观现象显现特点及巷道矿压显现规律。李亮（2010）研究了高强度开采条件下堤防损害机理及治理对策，分析了高强度开采引起的地表和堤防裂缝的平面分布和深度发育规律，提出了裂缝角、动态裂缝角和裂缝还原角的概念，建立了地表及堤防裂缝动、静态分布范围和裂缝极限发育深度预测模型。王永强（2010）研究了高强度开采条件下采动影响回采巷道围岩变形特点。

彭永伟等（2009）对高强度开采条件的特点进行了分析，他认为高强度开采是以厚煤层开采为主，涵盖一般意义上的综采及综放开采、大采高综采、大采高综放开采等高产高效的综合机械化采煤方法。一般具有以下特征：①工作面割煤高度一般比较大，最大割煤高度可达6m；②工作面日循环次数较多，因而推进速度快，最快每日可推进10m以上，有的甚至达到20m；③为了达到高产高效，减少工作面个数及搬迁次数，工作面长度一般较长，最长可达300m左右；④支护强度高等。通过对高强度开采特点的分析，认为在地质条件一定的条件下，割煤高度、推进速度、工作面长度是影响断裂带高度的主要因素。提出利用单元的状态与位移来综合判断断裂带的发育高度，得到了高强度开采条件下各因素对断裂带高度发育影响程度为：上覆岩层硬度>工作面割煤高度>工作面长度>推进速度。

上述研究，尚未给出矿产资源开采强度的概念，也未就一个矿区（区域）的矿产资源开采强度进行分区。

二、高强度开采地表沉陷变形研究现状

国内外很多专家学者对采动地表变形的预测与规律进行了较为广泛的探讨。19世纪早期国外已开展了煤层开采引起的岩层移动变形方面的研究工作。1825年、1930年比利时形成了最初研究开采造成的岩土体移动的假设：垂线理论（Barry，1989）。随后以实测资料为基础发展成为“法线理论”（Hoek and Brown，1980）。德国人Jicinsky通过进一步的研究提出了“二等分线理论”，法国人Fayol提出了拱线理论等，人们对开采影响引起的沉陷变形问题有了初步的认识（Singh，1986；Kratzsch，1983）。Bals、Beyer和Brauner等学者基于现场实测数据，从数学建模的角度出发，建立了积分-几何理论，通过近似积分函数，利用现场实测值拟合下沉盆地形状，计算精度受积分式中影响函数形式控制。Litwiniszyn（1953）和Smolarski（1967）等应用颗粒体介质力学行为研究开展引起的岩层及地表移动规律，提出了开采沉陷预计的随机介质方法，确定了全部应力、位移分量的计算方法；Berry（1964）、Yavuz（2004）等学者假设煤层上覆岩以往工作程度层为板或梁的结构，采用弹性力学相关知识，分析了岩体内应力与位移在开采影响下的变化规律。

Alvarez（2005）结合数学和力学两个方面的知识，建立了考虑重力和岩层力学性质两方面因素的开采沉陷影响函数。Sheorey（2000）通过对印度二十余个煤矿地表移动观测资料的整理分析，建立了适合印度浅部开采的影响函数。Gonzalez-Nicieza 等（2007）建立了基于新的时间影响函数的沉陷预计模型。计算机技术和有限元、离散元、有限差分等数值模拟计算方法均在开采沉陷预计领域获得广泛应用，使得预计计算可以更多地考虑断层、重复采动、多工作面相互影响等复杂开采情况，推动了开采沉陷预计工作的研究，Najjar（1990）、Coulthard（1999）、Alejano（1999，1998）和 Fujii 等（1997）在数值模拟计算模型建立、边界条件选取及预计计算结果评价方面做了卓有成效的工作。

近十年来，国外学者更多的研究工作重心偏向于对开采沉陷引起的环境问题的评价、治理和老采空区残余变形方面（Donnelly et al.，2004）。

20 世纪 50 年代，刘宝琛和廖国华（1965）引入随机介质理论，发展成为概率积分法，成为我国较为成熟，应用最为广泛的开采沉陷预计方法；何国清（1988）将覆岩移动视为碎块体移动，建立了岩层移动的威布尔分布法，发展了随机介质理论；杨硕和张有祥（1995）从力学的角度预测了水平移动曲线；李永树和王金庄（1995）基于概率积分法，讨论了不同地质地貌条件下地表点任意方向移动变形的预计方法；戴华阳（2002）利用 GIS 建立了可视的基于倾角变化的开采沉陷预计模型；姜岩和田茂义（2003）将力学方法和概率积分法相结合应用于开采沉陷预计；王华生（2003）采用趋势函数对地表移动变形进行预测；郭增长和谢和平（2004）研究了极不充分采动条件下地表移动和变形预计的概率密度函数法；肖波、麻凤海（2005）等基于遗传算法改进了神经网络在地表沉陷预计中的应用；刘书贤（2005）通过数值模拟研究了急倾斜煤层地表沉陷预计模型；任松和姜德义（2007）提出了适用于岩盐水溶地表沉陷预计的概率积分三维预测模型；缪协兴等（2011）研究了机械化充填采煤方法，旨在减轻采煤对地面沉陷、地质环境的损害程度。目前在我国已形成概率积分法为主体、数学方法和力学方法并进、数值计算等方法为辅的开采沉陷预计方法共同发展的局面。

在动态下沉预计方面，王金庄等（1995）通过研究开采过程中最大下沉速度的变化规律推导了地表移动的动态预计模型；郭增长和殷作如（2000）根据随机介质碎块体移动概率，提出了地表下沉增量计算方法；Knothe 确定了描述动态下沉的 Knothe 函数；王悦汉等（2003）建立了岩体动态移动模型，考虑了变形系数随时间序列的变化情况；李德海（2004）研究了覆岩岩性对地表移动过程时间影响参数的影响。

此外，刘辉等（2013b）运用基于薄板理论的基本顶“O-X”破断原理，结合岩层控制的关键层理论，分析了薄基岩浅埋煤层开采造成的地表塌陷型裂缝的形成机理，研究了塌陷型地裂缝的动态发育规律，并通过工程实例，验证了模型的可靠性。并采用关键层理论，结合 FLAC^{3D}数值模拟实验，研究了超高水材料跳采充填采煤法地表变形规律及地表沉陷控制效果（刘辉，2013a）。

三、高强度开采引发矿山地质环境问题研究现状

矿产资源高强度开采使矿区环境承载能力急剧下降，引发一系列的矿山地质环境问

题，如矿山地质灾害、地下水位下降，地表植被枯死，土地荒漠化，地表沉陷，工业污水排放等。近年来，很多学者、专家从不同角度对矿产资源开采引起的矿山地质环境问题进行了研究。

范立民（1992，1994）对神府矿区建设及开发中的环境工程地质、环境水文地质问题进行了分析，分析了神府煤田最初10年开发对地质环境的影响，论述了煤田开发引起水位下降、水体污染、采空区地面下沉、地裂缝发育问题，最早提出了我国西部煤炭资源开发中的“保水采煤”问题及实现途径（范立民，1992，2005a）。叶贵钧等（2000）分析了榆神府矿区煤炭资源开发所面临的主要环境地质问题。魏秉亮等（1999，2001）以神府矿区大柳塔煤矿1203综采工作面为例，论述了采空区地面变形等。范立民和杨宏科（2000）论述了神府矿区浅部煤层的开采引起地面塌陷分布，探讨了其成因。许家林等（2009）研究了神东矿区关键层结构类型，指出单一关键层结构是导致浅埋煤层特殊采动损害现象的地质根源。

汤中立等（2005）论述了矿业开发对大气环境、水文系统、土地资源的影响及引起的地质灾害，根据矿山地质环境质量评价，提出了保护与防治措施。王俊桃等（2006）通过对废石做淋溶实验，分析了出入水的水质变化规律，对废石衍生环境效应的过程、机制、影响因素方面进行讨论，指出矿山废石堆放应充分考虑当地的地理气候及水文条件，合理堆放，减少污染。曹琰波（2008）以小秦岭金矿区的矿渣型泥石流作为研究对象，对矿渣型泥石流起动机理进行了探索性研究。利用试验结果以及野外实测资料，以小桐沟矿渣型泥石流沟作为研究场地，对矿渣型泥石流预测预报方法进行了探索，提出泥石流预测预报新思路。徐友宁等（2008）揭示大柳塔地区大规模煤炭资源开发诱发的生态环境地质问题及其效应。何芳等（2010）首次对全国矿山地质环境区进行了系统划分和地质环境条件分析，通过研究不同地质环境区开发的主要矿产资源类型、开发强度、不同类型矿产开采产生的主要环境地质问题类型、分布、危害、需要防治的主要环境地质问题，对矿山开发产生的土地占用与破坏、地质灾害、环境污染的区域分布特征进行了总结。杨敏（2010）就影响矿渣型泥石流起动的物源特征及临界雨量两大主控因素开展了深化调查、分析、测试及研究工作，首次较为系统地完成了废渣物源岩土工程参数测定、临界降雨条件分析，提出了研究区矿渣型泥石流起动模式。徐友宁等（2011）以陕西潼关、大柳塔及辽宁阜新矿区为例，采用对比分析的方法研究矿产资源开发中矿山地质环境问题差异性响应的主要因素。并通过采矿废渣、尾矿砂、残坡积土以及2010年“7·23”泥石流物源颗粒级配，研究其采矿物源对泥石流形成的控制作用。

陕西省煤田地质局一八五队曾经对大柳塔镇20601工作面采空区进行了18个月的观测，发现地下水位下降幅度达10~12m，由于地下水位下降，一些井、泉已经干涸（范立民，2004b）。1986年一八五队在大柳塔施工的J118号水文孔，抽水降深2.57m，出水量2556.31m^3/d，富水性强，由于煤炭开采1996年干枯报废。

刘海涛（2005）采用Galerkin（迦辽金）有限元法对西山矿区奥陶系碳酸盐含水层地下水流场进行了数值模拟，预测表明，由于煤炭开采，到2015年末岩溶地下水位降深在20m左右；蒋晓辉等（2010）以黄河中游窟野河为研究对象，运用数理统计和建立YRWBM模型的方法，研究了窟野河流域煤炭开采对水循环的影响，指出煤炭开采是窟野河径流变化的一个重要原因；潘桂花（2010）以山西省为例，研究了矿坑排水对地下水天然流场及补、径、排条件的改变。针对神木北部矿区采煤引起的地下水下降及由此产生的泉水流量衰减、河流干涸及生态环境等问题，范立民（2005a，2005c）提出了通过合理选择开采区域、选择合适的采煤方法实现保水采煤的目标，最大限度地减轻含水层结构破坏，以促进陕北煤炭基地建设的健康发展。

还有部分学者从矿山地质环境质量及影响评价等方面对矿山地质环境进行了研究。陈玉华和陈守余（2003）通过对矿山环境系统的研究初步提出了矿山环境质量评价指标体系和基于 MAPGIS 的矿山环境评价分析实现方案；武强等（2005）提出了矿山环境调查的类型、内容、方法和具体技术要求，系统阐述了矿山环境现状、演变过程和发展趋势的单问题和多问题综合评价的基本理论和评价方法；唐亚明（2014）对黄土高原地区滑坡进行了风险评价；李艳等（2005）针对矿业开发引起的主要环境问题，通过对矿山环境影响评价的现状、存在问题的分析研究，探讨了目前矿山环境影响评价的主要评价内容和工作程序，并展望了矿山环境影响评价的未来；杨梅忠等（2006）建立二层评价模型，以西部矿山开发为例，采用模糊综合评判方法对矿山地质环境进行量化评价研究；江松林等（2008）探索性地建立了矿山环境评价指标体系，构建了评价模型，以安徽省县区为评价单元，给出了各单元环境质量综合指数；王海庆（2010）分别应用网格法、矢量多边形法及缓冲区法开展了辽宁省葫芦岛矿区的矿山地质环境评价工作，并对各评价结果进行了分析比对，认为矢量多边形法在该区可取得较好的评价结果；陈建平等（2014a）构建了蒲白矿产资源集中开采区矿山地质环境影响评价指标体系，采用模糊综合评判法对研究区矿山地质环境影响进行评价，并结合 GIS 空间分析技术进行矿山地质环境影响分区，评价结果符合实际。

四、矿产适度开发理论和矿山地质环境保护与治理技术研究现状

矿产资源高强度开采引发了一系列的矿山地质环境问题，因此需实现能源资源有序开发和高效利用、适度开发的可持续发展道路，才能为构建良好的生态环境与和谐社会贡献力量。很多学者从多个角度提出了适度开发的观点。

张雷（2002）从矿产资源持续开发的角度出发，提出了中国矿产资源持续开发的基本模式和区域开发模式：充分开发东部，积极稳定中部，适度开发西部。范立民（2004a）根据陕北煤炭开发的环境效应明显，大规模开发容易引发许多环境问题，提出了陕北煤炭资源的适度开采问题。傅承涛和李兴开（2008）以陕北地区煤炭、石油、天然气等能源开发为研究背景，揭示了陕北地区在能源开发中掠夺式开发倾向明显、利益矛盾突出、能源资源浪费惊人及环境和生态破坏严重等问题，并提出了实现能源资源有序开发和高效利用、保持适度开发规模等保证陕北地区能源开发可持续发展的战略构想。马蓓蓓等（2009）在中国煤炭资源开发的时空格局演变的基础上，综合考虑各省区煤炭资源的开发历史、生态环境的脆弱程度和社会经济发展状况，依据开发潜力指数法对中国煤炭资源的开发潜力进行定量评价，根据评价结果提出了适度开发的建议。范立民研究发现煤炭资源开采强度与地质灾害发育程度具有明显的关系，并研究了开采强度与地质灾害的耦合关

系，提出了神府煤炭区适度开发的建议。

韩树青等（1992）最早提出了陕北侏罗纪煤田开发应高度重视对萨拉乌苏组地下水的保护，指出对于煤层开采导水裂隙带到达萨拉乌苏组含水层的区域，应采用充填式采煤方式保护地下水。范立民（2005b）针对陕北沙漠区植被特点，认为保水采煤应考核以下两个指标：一是不至于造成泉水的干涸或大幅度减流，二是对植被的生长条件不产生大的影响。范立民（2005b，2005c，2010）结合部分煤矿开采实践，提出了合理选择开采区域和采用合适的采煤方法的保水开采实现途径，并就陕北煤炭资源开发中的一些关键技术问题进行了研究，指出要做好区域性煤炭工业大规划和合理划分井田，科学选择采煤方法，以免造成采煤区地下水位下降。范立民（2005a）分析了陕北第一个综采工作面开采引起的水位下降和生态环境破坏，提出通过开采区域、采煤方法的合理选择实现保水采煤目的，并划分了三类开采条件分区，首次提出“保水采煤”观点及实现途径。

叶贵钧等完成的原煤炭工业部“九五”重点项目“我国西部侏罗纪煤田（榆神府矿区）保水采煤及地质环境综合研究”，初步奠定了基于地质环境保护的保水采煤思路和方法（范立民，1998；李文平等，2000），提出了合理布局、分散开发、适度规模的思路（范立民和蒋泽泉，2006）。王双明、范立民等（2010a）采用多学科的理论和方法，建立了矿区保水采煤的技术体系，并推广应用，减轻了采煤对地质环境的影响，避免了地质灾害发生（范立民等，2015b）。

关于煤矿开采引起地表塌陷，地表水、地下水流失，地表生态环境恶化的这一严重现实，钱鸣高等（2003，2006）提出了建设“绿色矿区”的思想，在理论与技术支持体系研究方面做出了有益的探索，绿色开采技术的主要内容包括保水开采、建筑物下采煤与离层注浆减沉、条带与充填开采、煤与瓦斯共采、煤巷支护与部分矸石的井下处理、煤炭地下气化等，并提出了以现代开采技术与生态环境保护技术为核心，以绿色为准则的现代绿色开采技术。瞿群迪等（2004）根据煤矿绿色开采的发展要求和村庄压煤开采的迫切性，提出了膏体充填不迁村采煤技术。刘洋等（2006）开展了“围岩-煤柱群”力学参数模拟试验研究，提出了保水开采的技术参数。杨逾（2007）提出“垮落带高压充填（注充）粉煤灰浆体控制顶板及覆岩移动”的技术途径，利用钻孔向垮落带高压充填粉煤灰浆体，和垮落带破碎岩体一起组成“混合体”，以阻止老顶及覆岩层的下沉，以控制采煤沉陷，达到减缓地表沉降保护地表建（构）筑物安全的目的，同时实现采区的无煤柱开采。许家林等（2006）针对传统充填开采成本相对偏高的问题，提出了部分充填开采的概念和采空区膏体条带充填技术、覆岩离层分区隔离注浆充填技术、条带开采冒落区注浆充填技术。李兴尚等（2008）阐述了条带开采垮落区注浆充填技术的思路和原理，结合工业试验方案，模拟了条带煤层采出、顶板垮落、注浆充填、充填体压实及上覆岩层下沉的整个动态发展过程；通过数值试验，揭示了条带垮落区充填体、煤柱与围岩三者之间相互作用的减沉力学机理，重点分析了垮落区充填体的承载作用、传载作用和对煤柱的侧限作用。

对于不同地区进行相同强度的开采造成地表损害程度的不同，夏玉成（2003b）提出了“构造控灾”理论，其基本思想为：地下开采会诱发煤矿区地表环境灾害，但由于构造环境控制着地质环境的承载能力，所以在不同的构造条件下，同样强度的地下采矿活动所造成的力学效应（地表环境灾害现象）是有明显差异的。

徐友宁等（2008）列举了神东公司实施生态功能圈建设、煤矸石堆场复垦、露天采场复垦、矿井水综合利用等措施，明显地改善了矿区的生态环境，探索出生态环境脆弱区煤炭资源开发生态地质环境保护的新模式。

黄庆享（2009）等研究了隔水层特性及其采动隔水性，开展了长壁保水开采技术研究与工程实践。王双明等（2010a，2010b）提出将矿山开采沉陷损害的控制与治理相结合，通过采空区充填、部分开采、限高开采、协调开采等开采方法能够有效地控制或降低矿区地质灾害发育程度，是实现西部煤炭科学开发的有效途径，据此建立了基于生态水位的生态脆弱区煤炭开采模式。

刘坤等（2010）为了解决煤矿采空区全部充填开采成本相对偏高的问题，同时有效地控制煤矿开采地表沉陷和保证承压水上采煤的安全性，提出了煤矿膏体充填的条带开采技术。宋振骐等（2010）提出无煤柱充填绿色安全高效开采模式，其主要技术是采用以井下矸石为主体的高强度材料进行充填，实现无煤柱安全高效开采、无煤柱控制地表沉陷和相关环境灾害和废弃物资源化、节能减排、消除环境污染。

王家臣等（2010，2012）提出以提高煤炭资源采出率、保护地面环境和减少矿山废物排放为目的的长壁矸石充填开采的矿山绿色开采技术。是将矸石等破碎成一定块度，混上粉煤灰等胶结材料，运至井下长壁工作面，并借助一定机械设备充入采空区，从而实现最大限度地回收煤炭资源并控制地表下沉的采煤方法。

刘建功和刘利涛（2014）提出基于充填采煤的保水开采理论和技术，运用充填采煤顶板运移规律和控制机理，构建了充填采煤顶板含水层稳定性的力学模型，并得出了顶板含水层稳定性的边界条件，运用相似模拟试验分析验证了充填采煤对顶板含水层的保护机理及作用。

刘鹏亮（2014）阐述了宽条带充填全柱开采的技术原理，分析了宽条带开采和冒落区充填在宽条带充填全柱开采中的作用，并举例对该方法地表移动变形特征进行了研究。

李永红等（2014）研究了矿山地质环境恢复治理技术与方法。刘辉等（2010，2014）将高水材料充填技术应用于减小地表沉降，充填后地表的下沉量明显减小。2014 年针对采动引起的地表永久性地裂缝的治理，在进行超高水材料物理力学性能测试的基础上，研制了野外超高水材料地裂缝充填工艺及充填系统，提出了“深部充填—表层覆土—植被绿化”的地裂缝治理三步法，并进行试验，对比分析发现该系统采用水体积为 94% 的超高水材料进行地裂缝深部充填后，地表下沉量大大减小，且地表保水性能大大提高，植被长势良好。

以上研究多将煤炭综采视为高强度开采，研究了综采条件下采动损害特点及规律，没有界定开采强度的定义及定量划分指标，未开展开采强度分区及与地质灾害发育耦合关系的研究。因此，定义开采强度及量化指标体系，分析其与地质灾害发育的关系，有针对性地采取措施减轻地质灾害发育程度非常有必要，对建设生态文明矿区具有重要意义。

第二章　地质环境条件

第一节　自 然 地 理

陕西省位于西北地区东部，北纬31°42′~39°35′，东经105°29′~111°15′，与山西、河南、湖北、重庆、四川、甘肃、宁夏、内蒙古等省（直辖市、自治区）相邻。地域南北长、东西窄，南北长约870km，东西宽约200~430km。总面积$20.58\times10^4km^2$，占全国总面积的2.1%。辖10市1区，23个市辖区，3个县级市，80个县。2014年末常住人口3775.12万。

一、气　　象

陕西地处内陆，属典型的大陆性季风气候，受纬度和地形影响，分带明显。降水时空分布不均，冬季受西北季风影响，气候寒冷干燥，降水稀少，夏季温暖潮湿，降水量较大。全省南北狭长，由南向北随纬度增加分为三个气候带：陕南亚热带湿润、半湿润气候，关中暖温带半干旱、半湿润气候，陕北暖温带干旱、半干旱气候。

全省年平均气温13.7℃，自南向北、自东向西递减。陕北7~12℃，关中12~14℃，陕南14~16℃。1月平均气温-11~3.5℃，7月平均气温是21~28℃，无霜期160~250天，极端最低气温是-32.7℃（1954年12月28日），极端最高气温出现在西安，高达45.2℃（1934年7月）。年平均降水量340~1240mm。

全省多年平均降水量676.4mm，降水分布很不均匀，呈由北向南递增趋势，陕南为湿润区，关中为半湿润区，陕北为半干旱区。大巴山是境内降水量最多地区，年降水量900~1600mm，陕北长城沿线年降水量仅340~450mm，是境内降水最少地区。多年平均地表径流量$425.8\times10^8m^3$，水资源总量$445\times10^8m^3$，居全国第19位。全省人均水资源量$1280m^3$，最大年水资源量可达$847\times10^8m^3$，最小年只有$168\times10^8m^3$，丰枯比在3.0以上。水资源时空分布严重不均，时间分布上，全省年降水量的60%~70%集中在7~10月，往往造成汛期洪水成灾，春夏两季旱情多发。

二、水　　文

以秦岭为界，河流分属黄河和长江两大水系，黄河流域面积为$133301km^2$，占全省面积的64.8%。长江流域面积为$72265km^2$，占全省面积的35.2%。在黄河流域中，有内流区$4647km^2$，约占全省黄河流域面积的3.5%。黄河干流为陕西省和山西省的界河，总长715km，境内直接流入黄河的主要河流有窟野河、秃尾河、无定河、延河、渭河及南洛河，这些河流的一般特点是上游多支流，河段开阔，下游河床狭窄，比降大，流速急，暴涨暴落，洪枯水量相差悬殊，沟谷纵横，冲刷严重，含沙量大。内陆河分布在榆林的定边等县沙漠闭流区，由于降水量稀少，水源不足，河流短小，水系很不发育，属季节性河流。长江水系主要有嘉陵江、汉江及丹江上游段，属山溪性河流，河床狭窄，比降大，水流湍急，水量丰富，含沙量小。全省河流年平均径流量为 $420.2\times10^8 m^3$，其中黄河流域为 $107.2\times10^8 m^3$，长江流域为 $313\times10^8 m^3$。

第二节　社会经济概况

陕西省是西北地区经济、文化、交通中心，有丰富的人文和自然景观，中国铁路大动脉陇海线横穿中部，是“新亚欧大陆桥”亚洲段中心和进入中国大西北的“门户”，连通西北、华中和西南，具有承东启西、联结南北区位的优势。富集的矿产资源与东部经济发展有较强的互补作用，已成为国家能源和部分原材料工业重要接续地。陕西是黄河、长江中上游重要的生态屏障，是西部生态环境建设的一个主战场。

改革开放以来，陕西经济快速增长，国民经济和社会各项事业取得举世瞩目的成就，经济实力明显增强。据《2014 年陕西省国民经济和社会发展统计公报》，2014 年陕西省生产总值 17689.94 亿元，比上年增长 9.7%。其中，第一产业增加值 1564.94 亿元，增长 5.1%，占生产总值的比重为 8.8%；第二产业增加值 9689.78 亿元，增长 11.2%，占 54.8%；第三产业增加值 6435.22 亿元，增长 8.4%，占 36.4%。人均生产总值 46929 元，比上年增长 9.4%。规模以上工业中，重工业增加值增长 11.2%，轻工业增长 12.1%；分工业门类看，采矿业增加值增长 10.0%，制造业增长 12.8%，电力、热力、燃气及水生产和供应业增长 8.3%；能源工业增加值增长 8.5%，非能源工业增长 14.8%；六大高耗能行业增加值增长 11.3%。

2014 年全省居民人均可支配收入 15837 元，比上年增加 1465 元，名义增长 10.2%，扣除价格因素实际增长 8.5%。其中，工资性收入 8849 元，增长 8.1%，占可支配收入的比重为 55.9%；经营净收入 2404 元，增长 8.4%，占 15.2%；财产净收入 1033 元，增长 18.2%，占 6.5%；转移净收入 3551 元，增长 14.7%，占 22.4%。全年居民人均可支配收入 13446 元，比上年增长 12.5%。按居民五等份收入分组，低收入组人均可支配收入 3830 元，中等偏下收入组人均可支配收入 8169 元，中等收入组人均可支配收入 13584 元，中等偏上收入组人均可支配收入 22333 元，高收入组人均可支配收入 40258 元。

第三节　地质环境背景

一、地 形 地 貌

陕西由南到北自然地理呈明显分带性，地势总体特点是南北高，中部低。北部为陕北高原，海拔 1200 ~ 1700m；中部为关中平原，地势低平，海拔 320 ~ 800m；南部由秦岭、大巴山组成陕南山地，地形起伏大，海拔多在 1000 ~ 3000m。最高点 3767m，位于秦岭主峰太白山拔仙台，最低点168.6m，位于安康市白河县城关镇。

全省地貌类型复杂，按形态、成因、分类和地貌组合，自北而南可分为四个各具特色的地貌单元，即：陕北沙漠高原、陕北黄土高原、关中断陷盆地及陕南秦巴山地（图2-1）。

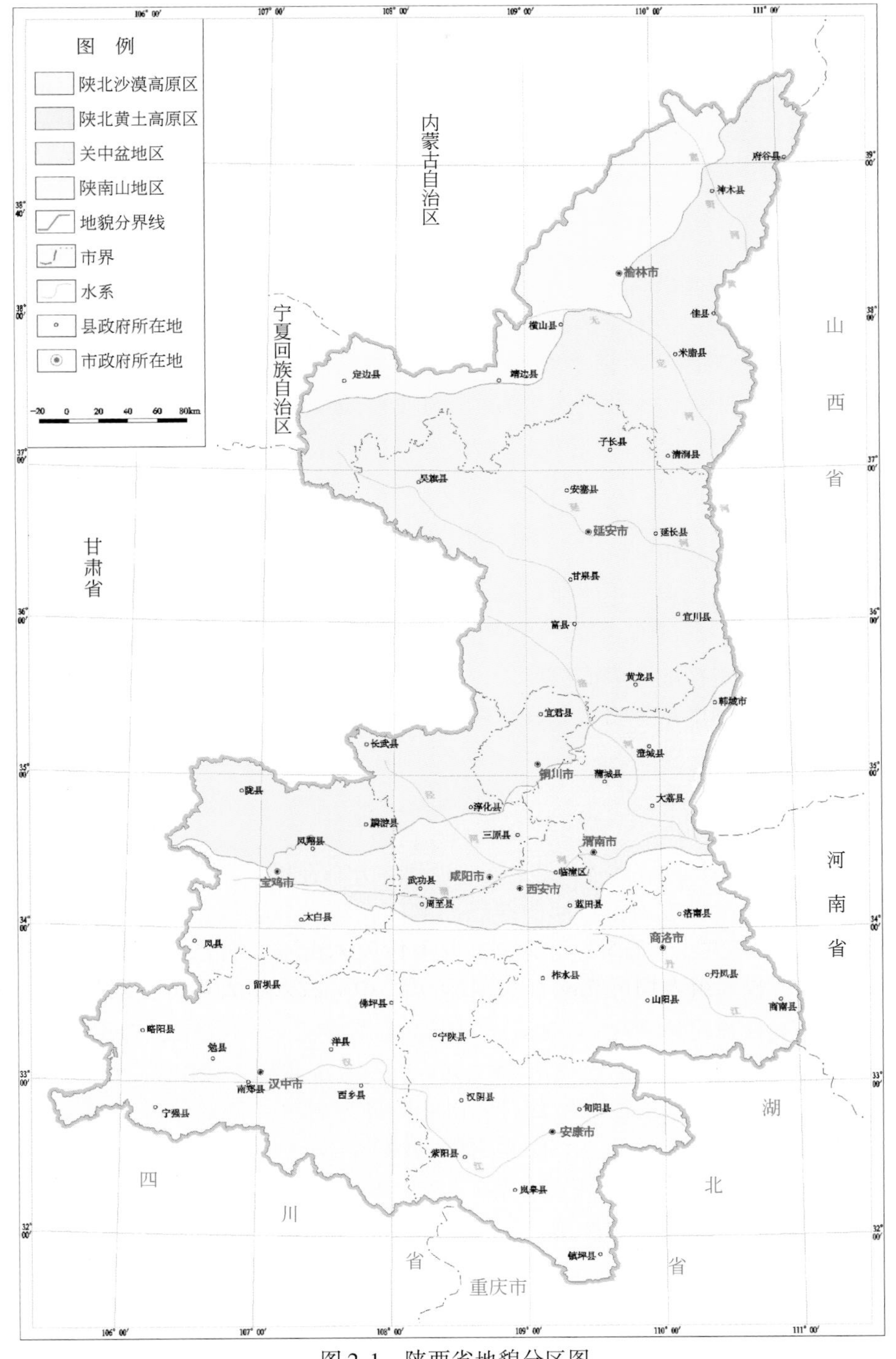

图2-1　陕西省地貌分区图

(一) 陕北沙漠高原

陕北沙漠高原主要分布在最北部长城以北地区，是毛乌素沙漠的南缘，地形平坦，以活动沙丘、沙垄及片沙为主。沙丘沙地绵延不断，风蚀严重，风沙移动显著，土地沙化普遍。沙丘、沙地之间湖泊、海子星罗棋布，滩地交错，土地盐渍化有逐渐扩大趋势。地势总趋势是西高东低，海拔 1400 ~ 900m，最高处在定边和靖边一带，最低处在神木县。该区气候干旱，地表起伏不大，组成物质松散，流水、重力作用不显著，沟壑不发育，风蚀风积地貌分布普遍。

1. 沙丘沙地

主要分布在榆溪河西岸与无定河北岸三角地带、梁镇至定边以北地区、红柳河与芦河之间。各种流动、半固定、固定的新月形沙丘及新月形沙丘链、长条形沙垄和沙滩、平缓沙地交错分布，连续不断，占据主要部分。沙丘、沙垄一般长几十米至百米，底宽几十米，高度一般为 10 ~ 30m，少数可达 40m，最小 2 ~ 5m。在一些较大沙丘之间，常有丘间洼地。

2. 草滩盆地

主要分布在定边—靖边地区，由一些低缓内陆小盆地和滩地组成。地面开阔平坦，由流水冲积、洪积沙土及风积沙土组成。滩地和盆地中部低洼，有的积水成湖，因长期盐分积累，形成许多盐湖、盐碱地。仅定边西北部就有大小盐湖 11 个。小盆地之间为宽、高几米至十几米宽缓分水鞍地。表面坡度 3° ~ 10°，越向盆地、洼地中心越平坦。地下水丰富，水位埋藏浅，夏季水草丰盛，是良好牧场。但春冬季风沙危害严重，土地不断沙化，草场持续受到破坏。

3. 风沙河谷

主要包括鱼河堡以上的榆溪河、无定河、芦河等分布在风沙区的较大河谷阶地。其突出特点是风沙侵袭显著。无定河、鱼河堡至巴图湾间，宽谷与峡谷相间出现，宽谷段 700 ~ 1500m，谷底宽平，一、二级低阶地分布广泛，由冲积风积沙土组成。河宽水浅，多河汊及沙滩，河床不稳。高阶地为风沙覆盖。榆溪河、鱼河堡至榆林间保存三级阶地，一级阶地高出河床 2 ~ 5m，最宽可达 800 ~ 1000m；二级阶地高出河床 7 ~ 15m，左岸分布较多，最宽可达 300 ~ 500m；三级阶地高出河床 25 ~ 40m，多为古冲积沙层组成，其下为中生界砂岩，其上有现代风积沙覆盖。阶面宽阔，尤以右岸最为突出，宽者可超 1km。秃尾河在公草湾至马家滩间，河谷平直宽阔，谷底宽 300 ~ 700m，个别地段达 1000m 以上，河谷横剖面呈明显 U 形，一级阶地发育，高出河床 1 ~ 3m，由冲积风积沙土组成。这一地区河谷两侧地下水位埋深大，土地沙漠化严重。

（二）陕北黄土高原

陕北黄土高原是在新近纪末起伏和缓的准平原基础上，历经第四纪以来多次黄土堆积和侵蚀作用，使得地形破碎、沟壑发育。延安以北黄土梁峁区，沟壑纵横，地面非常破碎，水土流失极为严重，生态环境相当脆弱；延安以南的西、南缘分布有岛状基岩低中山。南部中低山夹黄土塬，山区植被覆盖率高，塬面平坦适宜农作物生长。根据形态特征可分为七种地貌类型。

1. 沙盖黄土梁

主要分布在横山县东部，榆林至神木间长城以南邻近区。它是被沙丘沙地半覆盖的黄土梁地。梁地低缓，多东—西、西北—东南延伸，为古代河流、盆地、低地的分水梁地。由于风沙侵袭，流沙覆盖，目前流水侵蚀已非常微弱。

2. 黄土梁峁

主要分布在延安以北大部分地区。梁峁顶面海拔 800～1800m，切割深度 100～400m，主要河流有洛河、延河、无定河、清涧河、佳芦河、秃尾河、窟野河、孤山川、皇甫川等。由古生界灰岩和煤系地层（仅出露府谷一带）、中生界砂岩和煤系地层、新生界新近系上新统红土及第四系黄土组成，黄土层一般厚 50～70m，流水侵蚀、滑坡、崩塌发育，水土流失严重。

3. 黄土残塬

主要分布在定边县白于山西南及宜川至延长一带。白于山西南塬梁面海拔 1600～1700m，黄土层深厚，达 100～200m，地面受流水切割，较破碎。沟壑发育，塬面较小，其中较大者有姬塬、刘峁塬、罗庞塬、杨塬等。长十几千米，宽 1～5km，塬面倾角 2°～5°，边缘 8°～15°，沟谷深 200～250m，多呈 V 形，沟谷坡角 25°～75°，现代流水的沟谷侵蚀及边坡重力侵蚀严重。在较大沟谷上游常有宽缓堳地分布。宜川至延长一带的塬面海拔 1300m 左右，黄土层较薄，一般小于 100m，土壤侵蚀强烈，冲沟发育，塬面窄、短。

4. 黄土梁塬堳地

主要分布在白于山北侧，塬梁面海拔 1500～1600m，相对切割深度 100～200m，梁缓堳宽，梁堳相间。堳地底部宽平，由冲、风积黄土状土、细粉沙组成，是农业基地。有的堳地受近期流水侵蚀，遭到破坏，俗称“破堳”。

5. 黄土塬

主要分布在陕北黄土高原的南部。黄土塬是在第四纪以前山间盆地古地形基础上，被黄土覆盖的面积较大的高台地，是黄土高原经过现代沟谷分割后存留下来的部分。黄土塬顶面平坦，侵蚀微弱。周围被深切沟谷环绕，在流水及边坡重力侵蚀作用下，塬边参差不齐。黄土塬面积多在数平方千米，是良好的农业耕作区。由于沟谷蚕食切割程度不同，黄土塬地貌特征迥异，可分为黄土塬、黄土残塬和黄土梁塬三类。

6. 河谷阶地

无定河、大理河、清涧河、延河、洛河等较大河流的中游地段，一般河谷开阔，阶地发育。谷底宽多达 300 ~ 500m，有的达 1000 ~ 2000m。地面平坦，多由冲积沙土组成，地下水位较高，水丰土肥，是陕北地区的耕作基地。

（三）关中断陷盆地

关中断陷盆地，南依秦岭，北连黄土高原，为一西窄东宽、三面环山新生代断陷盆地。一般海拔 320 ~ 800m，渭河横贯盆地中部，盆地两侧地形向渭河倾斜，由盆地两侧向渭河谷地依次有山前洪积倾斜平原、黄土台塬、河谷冲积平原，呈阶梯状下降的地貌景观。

1. 冲积平原

位于盆地中部，系渭河及其支流冲积而成。眉县以西，渭河河谷狭窄，发育有四至五级阶地。以东河谷变宽，发育有三级阶地。漫滩及一、二级阶地宽广平坦，连续分布，三级以上阶地多断续分布。二级阶地以上各级阶地为黄土覆盖。渭河北岸，泾河以东的泾、石、洛冲洪积三角洲平原，宽达 10 ~ 24km。渭洛两河之间为在阶地基础上形成的沙丘地。

2. 黄土台塬

可分两级黄土台塬。一级黄土台塬是在早更新世湖盆基础上形成，黄土厚 100 余米，塬面海拔 540 ~ 880m，高出冲积平原 40 ~ 170m，分布于渭河北岸及西安、渭南、潼关等。塬面上有洼地，塬周斜坡陡峭，冲沟发育。二级黄土台塬主要分布在宝鸡、乾县、蓝田、白水、澄城等，海拔 600 ~ 1000m，高出一级黄土台塬或高阶地 50 ~ 150m。二级黄土台塬是在新近纪末准平原或山前洪积扇上形成，黄土厚度一般小于 100m，沟壑发育，地形破碎。如蓝田的横岭塬呈丘陵状地貌形态，沟谷切深逾 200m，大多切入新近纪地层，侵蚀强烈。

3. 洪积平原

分布于秦岭和北山山前，由多期洪积扇组成。由于所处地质环境和物质来源不同，组成岩性亦异。秦岭山前以粗粒为主，北山山前则以细粒物质为主，且多被黄土覆盖。

（四）陕南秦巴山地

陕南秦巴山地由秦岭、巴山和米仓山组成，为中生代末以来全面隆起的褶皱山地。南为巴山，北为秦岭，海拔多在 1000 ~ 3000m，汉江贯穿于秦岭、巴山间，由于长期差异升降运动，形成以中山为主体，间有高山、高中山、低山丘陵和山间盆地星散于群山之中的地貌景观。

1. 高山

主要分布在秦岭主峰太白山—鳌山一带，海拔3000～3767m，高出渭河平原2800m左右，由燕山期花岗岩、花岗片麻岩等组成。

2. 高中山

主要分布在秦岭主脊玉皇山—终南山—华山、紫柏山—摩天岭—羊山及大巴山化龙山一带，海拔2000～3000m。其特点是山坡陡峻，山顶突兀、尖削，多齿状和刃状山脊。切割深度500～1200m，沟谷深邃。岩石主要有片麻岩、花岗岩、变质砂岩、石灰岩和片岩等。现代地质作用以风化、重力崩塌和剥侵蚀为主。亚高山已不适宜农作物生长，人类活动较少，仅在大巴山可见零星散居者。植被一般较好。

3. 中山

主要分布于略阳、佛坪—宁陕、镇安—山阳—商州—丹凤、宁强—镇巴—紫阳—岚皋—平利—镇坪等地，海拔600～1800m。山脊一般狭长平缓，起伏较小，局部有陡峭孤峰，切割深度500～1000m，地层主要为：古老变质岩系（片岩、板岩、千枚岩等）、花岗岩、石灰岩等。外营力以流水侵蚀作用为主，季节冻融作用也较为普遍。中山适宜小麦、玉米、土豆、四季豆等农作物的生长。随着农耕范围的扩大，天然林均受到不同程度破坏。人类活动已成为推动现代地貌发展演变重要地质营力，水土流失有不断增强的趋势。

4. 低山丘陵

主要分布于汉中、安康、商（州）丹（凤）和西乡等盆地边缘，海拔170～1000m，绝大部分在800m以下。岩石是古生界片岩、千枚岩、板岩、花岗岩、砂岩及石灰岩。山势低缓破碎，深切河曲发育，切割深度一般不超过400m，山坡较平缓。山坡、山脊上一般堆积有厚1～8m的残坡积层。滑坡、泥石流广泛发育，流水的侵蚀和堆积作用较强。低山丘陵地区土质较好，人类活动频繁。目前低山丘陵基本被开垦，自然植被遭到严重破坏，是秦巴山区水土流失最严重的地区之一。

5. 盆地

盆地是指经断陷作用与堆积作用所形成，由宽阔的阶地、坝子，以及丘陵、河谷等构成的地貌单元。主要有汉中盆地、西乡盆地、安康盆地和商丹盆地。

二、地　　层

区内地层发育较齐全，跨华北、秦岭和扬子三个地层区，除白垩系上统缺失外，自太古宇至新生界均有分布（表2-1）。

表 2-1 陕西省地层及主要赋存矿产一览表

地层			分布范围	岩性及主要赋存矿产
显生宇	新生界	第四系	广泛分布于陕北、关中地区，陕南局部分布	陕北主要为黄土堆积，次为风积沙、冲湖积及冲、洪积的粗粒沉积；关中以湖积、冲积和洪积相沉积为主，风积黄土分布于关中盆地台塬及二级以上阶地区
		新近系、古近系	分布于新生代构造盆地中	下部由泥岩、砂岩互层及砂岩组成，上部由黏土、砂质黏土，含钙质结核，夹砂砾层组成
	中生界	白垩系	分布于陕北榆林、宜君以西，彬县、千阳以北以及陕南凤县、商州、洛南、蓝田县等地	陕北由一套以紫红色到杂色为主的砂岩、砾岩、粉砂岩、泥岩夹页岩、泥灰岩和少量凝灰质砂岩组成，陕南主要为陆相含煤碎屑岩沉积
		侏罗系	华北区侏罗系下统主要出露于府谷—富县一带，中统主要分布于彬县至铜川一线以北以及榆林、横山、安塞、富县等地，上统出露于千阳县。扬子区和秦岭区侏罗系中下统主要分布于勉县、紫阳、西乡和镇巴一带	华北区侏罗系下统以泥岩夹砂岩及少量泥灰岩为主，向上逐渐变为砂岩、页岩互层，为含煤、石油和油页岩的重要层位之一；中统岩性为泥岩、细砂岩与灰粗粒砂岩互层，夹碳质泥岩和煤层，是本区主要的含煤地层；上统为砾岩、夹少量砂岩及泥质粉砂岩。秦岭区和扬子区侏罗系中下统为一套含煤碎屑岩，中统为一套砂质泥岩、粉砂岩夹砂砾岩的含煤地层
		三叠系	在华北、扬子、秦岭三个地层区广泛分布	华北区以砂岩、粉砂岩、泥岩为主，并夹有煤线。秦岭区以板岩、砂岩、泥灰岩、灰岩为主。扬子区以白云质灰岩、灰岩、砾岩、砂岩、碳质页岩为主
	古生界	二叠系	为海、陆相两种类型的沉积。陆相地层主要分布于华北区渭河以北铜川市至韩城市一带。海相地层分布于秦岭区南部及扬子区	华北区二叠系山西组是省内主要含煤地层之一，含煤4层，由砂岩、粉砂岩及泥岩组成；秦岭区及扬子区以碳酸盐岩为主，部分为泥质岩及含煤碎屑岩
		石炭系	在华北、扬子、秦岭三个地层区广泛分布	华北区石炭系中、上统为海陆交互相含煤建造，太原组是我省主要含煤地层之一，含煤 9 层；秦岭区主要为海相碳酸盐岩局部夹陆相碎屑岩，扬子区为浅海相碳酸盐岩夹含煤碎屑岩
		泥盆系	华北区缺失。秦岭区分布于凤县—商南一线以南、凤州—山阳一线以北以及旬阳一带，扬子区仅见于石泉老鱼坝—西乡下高川—镇巴观音堂一带	秦岭区以砂岩、板岩、泥灰岩、千枚岩为主；扬子区以灰岩、钙质页岩、泥灰岩以及砂岩、砂砾岩夹泥灰岩为主
		志留系	华北区缺失。秦岭区广泛分布，扬子区分布于宁强、南郑、西乡等地	扬子区以生物灰岩、灰岩、泥灰岩、砂岩、页岩为主，秦岭区由板岩、片岩、千枚岩夹砂岩泥灰岩组成。发育瓦板岩、硫铁矿和重晶石等矿产

续表

地层			分布范围	岩性及主要赋存矿产
显生宇	古生界	奥陶系	扬子区出露于宁强宽川铺—汉中—西乡三郎铺以南、镇巴兴隆场—紫阳紫黄以西的地区。秦岭区出露于岚皋—紫阳、勉县—宁强、佛坪、柞水、旬阳、宝鸡—太白、洛南—商州等，华北区出露于渭北和府谷等地	主要开采石灰岩及白云岩矿。扬子区为泥灰岩、灰岩、砂岩，秦岭区为砂岩、板岩、千枚岩、白云质灰岩、白云岩、火山岩、凝灰岩、灰岩，华北区以灰岩、白云岩、白云质灰岩为主
		寒武系	扬子区分布于宁强、镇巴、镇坪，秦岭区分布于岚皋、紫阳、平利、勉县、旬阳、商南、柞水，华北区分布于韩城、千阳、陇县等地	是重要的含磷地层，也含钒、水泥灰岩等矿产。扬子区以砂岩、白云岩、灰岩为主；秦岭区以泥灰岩、碳质板岩、粉砂岩、页岩和灰岩、灰岩、白云岩为主；华北区以砂岩夹泥灰岩、灰岩、白云岩为主
元古宇	新元古界		新元古界下部青白口系分布于洛南、宁强—镇巴、西乡一带；下部震旦系在秦岭区和扬子区广泛分布	青白口系地层为板岩、片麻岩、片岩、大理岩、石英岩、凝灰岩。震旦系以海相酸性、基性火山岩、火山碎屑岩、灰岩、板岩为主。主要矿产为重晶石和石煤
	中新元古界		勉、略、宁矿区	岩性为巨厚的海相火山岩夹变质砂岩、石英岩、片岩，矿产主要有钼、钒、铜、铁矿及多金属硫化物等
	古中元古界		秦岭南北坡及巴山地区	主要岩性为石英岩、石英砂岩、海相火山喷发岩、镁质碳酸盐岩等，主要矿产有铅、锌、硫铁矿等
太古宇			小秦岭金矿区和临潼骊山等地	主要岩性为片麻岩、混合岩夹大理岩、斜长角闪岩，主要矿产有金、铁及稀有金属矿

1. 太古宇

太华群：为一套中高级变质岩系，主要为片麻岩、混合岩夹大理岩、斜长角闪岩。主要出露于小秦岭、临潼骊山。

涑水群：主要为混合花岗片麻岩、混合片麻岩及混合岩，夹斜长片麻岩、石英岩。仅见于韩城禹门口附近。

2. 元古宇

1）古中元古界

古中元古界主体为中元古界，分布于华北地层区（简称华北区）的南缘、秦岭地层区（简称秦岭区）的北部和扬子地层区（简称扬子区）的北缘。

华北区：自下而上可划分为古中元古界铁铜沟组，中元古界熊耳群、高山河组、龙家园组、巡检司组、杜关组及冯家湾组。铁铜沟组和高山河组以陆源碎屑（石英岩、石英砂岩）为主，分布于太华山—老牛山的南坡、蓝田灞源、临潼骊山和洛南等地；熊耳群由海相火山喷发岩组成，分布于金堆城西南和千阳一带；龙家园组至冯家湾组为一套海相镁质碳酸盐岩沉积，主要分布于洛南和岐山—陇县一带。

秦岭区：该区的中元古界集中分布于秦岭北坡。由宽坪群、陶湾群和秦岭群组成。宽坪群由变质的碎屑岩（片岩）、火山岩及硅镁质碳酸盐岩组成，分布于洛南—宝鸡、纸房—永丰一带；陶湾群中下部以大理岩夹片岩为主，上部以片岩为主，出露于商州、洛南一带；秦岭群由一套中级变质海相碎屑岩、碳酸盐岩及火山岩组成，分布于宝鸡、太白、商州、洛南等地。

扬子区：该区局限于川陕交界处，由火地垭群和三花石群组成。火地垭群由变质火山岩、碳酸盐岩和碎屑岩组成，分布于南郑一带；三花石群由火山岩、片岩、石英岩组成，分布于西乡三花石—石梯河一带。

2）中新元古界

中新元古界仅包括碧口群，分布于秦岭区文县—勉县分区的何家岩小区，为一套巨厚的海相火山岩夹变质砂岩、石英岩、片岩组成。

3）新元古界

陕西新元古界包括上、下两大部分。下部相当于青白口系，上部为震旦系。华北、秦岭、扬子三个地层区的发育程度及其岩性组合均有所差异。

新元古界下部：包括石北沟组、陡岭群、铁船山组、西乡群和刘家坪组等。主要地层为板岩、片麻岩、片岩、大理岩、石英岩、凝灰岩等。分布于洛南石坡、陈耳，旬阳、商南、铁船山至松林梁之间，宁强—镇巴、西乡一带。

震旦系：华北区震旦系发育不全，仅出露下统罗圈组。主要分布在洛南上张湾至玉池沟一带及蓝田张家坪至洛南灵口一带。可划分为上下两个岩性段。下段砂砾岩、泥砾岩，上段为砂岩、板岩。秦岭区震旦系分布较广泛。下震旦统在商南赵川、商南耀岭河、安康牛山、平利、岚皋等地，为海相酸性火山岩、基性火山岩、火山碎屑岩、灰岩、板岩；在略阳、勉县、宁强，为白云岩夹板岩，含磷矿。扬子区震旦系下统以碎屑岩为主，上统以细碎屑岩及碳酸盐岩为主，分布于宁强—镇巴、阳平关等地。

3. 显生宇

1）古生界

①寒武系

寒武系是省内分布最广地层之一，三个地层区均有出露，上、中、下三统齐全。扬子区以砂岩、白云岩、灰岩为主，分布于宁强—镇巴、镇坪南部。秦岭区在岚皋、紫阳、平利一带主要由泥灰岩、碳质板岩、钙质板岩组成；宁强—勉县一带由粉砂岩、碳质页岩、灰岩组成；在旬阳—商南、柞水一带由灰岩、白云岩组成。华北区中寒武统徐庄组之下以砂岩为主，夹泥灰岩；之上以灰岩、白云岩为主，分布于洛南、韩城、千阳、陇县等地。

②奥陶系

为省内分布最广的地层之一，华北、秦岭、扬子三大地层区均有分布。扬子区为泥灰岩、灰岩、砂岩，出露于宁强宽川铺—汉中—西乡三郎铺以南、镇巴兴隆场—紫阳紫黄以西的地区；秦岭区岚皋—紫阳为砂岩、板岩；勉县—宁强以千枚岩为主，夹石英岩和硅质灰岩；佛坪、柞水、旬阳以白云质灰岩、白云岩为主；宝鸡—太白、洛南—商州为火山岩、凝灰岩、灰岩。华北区以灰岩、白云岩、白云质灰岩为主，分布于洛南、渭北、府谷等地。

③志留系

分布于扬子区和秦岭区，华北区缺失沉积。扬子区仅见中、下统，上统缺失。中统以生物灰岩、灰岩、泥灰岩、砂岩、页岩为主，分布于宁强桃嘴子、南郑法慈院至西乡三郎铺一线以南；下统以页岩、砂岩为主，分布于宁强、南郑、西乡等。秦岭区仅在略阳发育中、上统，其余地方发育下、中统。安康白庙—洪山寺—汉阴的汉阳坪以南，往西及南止于饶峰—麻柳坝—钟宝断裂、紫阳—平利等仅发育中统，以板岩、泥岩为主，下统以砂岩、砂质板岩为主。在勉县—宁强、留坝—旬阳—白河以千枚岩、片岩为主。在略阳白水江—留坝—洋县金水河中、上统以砂岩、板岩、泥灰岩为主，下统以千枚岩夹砂岩为主。

④泥盆系

陕西泥盆系分布在秦岭地层区和扬子地层区，以中、上统为主，下统发育不全。秦岭区的凤县唐藏—沙沟街—商南一线以南、凤州—山阳一线以北，以砂岩、板岩、泥灰岩、千枚岩为主；旬阳一带上统以灰岩为主，中统以千枚岩、泥灰岩为主。扬子区仅见于石泉老鱼坝—西乡下高川—镇巴观音堂，上泥盆统以灰岩、钙质页岩、泥灰岩为主，下泥盆统为砂岩、砂砾岩夹泥灰岩。

⑤石炭系

分布于华北、扬子、秦岭三个地层区。华北区缺失早石炭系沉积，中、上石炭统为海陆交互相含煤建造。秦岭区石炭系在凤县—山阳以南齐全，以北缺失上统，主要为海相碳酸盐岩，局部夹陆相碎屑岩。扬子区三统齐全，主要为浅海相碳酸盐岩夹含煤碎屑岩。

⑥二叠系

陕西二叠系发育较全，为海、陆相两种类型的沉积。陆相地层主要分布于华北区，其次为秦岭区北部，主要为碎屑岩、泥岩，夹煤层；海相地层分布于秦岭区南部及扬子区，地层以海相碳酸盐岩为主，部分为泥质岩及含煤碎屑岩。

2）中生界

①三叠系

分布于华北、秦岭及扬子三个地层区内。在华北地层区，除岐山、麟游一带的下三叠统下部有海相地层外，全区均为陆相地层，以砂岩、粉砂岩、泥岩为主。在秦岭区，下、中统为海相地层，仅上统为陆相地层。下统为板岩、砂岩、泥灰岩、灰岩，分布于凤县、留凤关、镇安西口；中统下部为灰岩夹钙质砂岩，中统上部为含钙泥岩夹钙质砂岩、泥灰岩，分布于镇安一带；上统下部为石英砾岩、砂砾岩、长石石英砂岩、砂质板岩，上部为含碳质板岩与中细粒石英砂岩、砂岩、砂质板岩，分布于周至柳叶河和蟒岭南侧。在扬子区，下统为白云质灰岩、泥质白云岩，夹少量的页岩，分布于汉中牟家坝—西乡茶镇以南和汉中梁山、宁强关口坝等地；中统为灰岩、泥灰岩、白云岩组成，分布于宁强—镇巴一带。上统砾岩、砂岩、碳质页岩组成，含煤，分布于宁强—镇巴一带。

②侏罗系

陕北：下侏罗统主要出露于府谷—富县一带，在彬县、麟游、陇县一带的钻孔中也可见到，以紫红色为主的泥岩夹砂岩及少量泥灰岩，向上渐变为灰绿色砂岩、页岩互层。中侏罗统主要分布于彬县至铜川一线以北的广大地区。另外，在陇县娘娘庙到千阳草碧镇一带的钻孔中普遍见到。下部为砂岩；上部为砂岩、页岩与泥岩不等厚互层，夹煤线和煤层。上侏罗统出露于千阳草碧沟、芬芳河、凤翔袁家河等，由棕红、紫灰色块状砾岩、巨砾岩夹少量棕红色砂岩及泥质粉砂岩组成。

陕南：下中侏罗统为一套含煤碎屑岩，主要分布于勉县堰河、紫阳红椿坝、瓦房店，及西乡麻柳—茶镇一带和镇巴县城—简池坝一线以南；中侏罗统为一套砂质泥岩、粉砂岩夹砂岩、砂砾岩的含煤地层。

③白垩系

境内的白垩系仅发育有下统，为陆相沉积，分布于陕北和陕南盆地内。

陕北：分布于榆林、宜君以西，彬县、千阳以北。自下而上分为宜君组、洛河组、环河—华池组、罗汉洞组和泾川组。由一套以紫红色到杂色为主砂岩、砾岩、粉砂岩、泥岩夹页岩、泥灰岩和少量凝灰质砂岩组成。

陕南：分布于凤县双石铺、河口、平木一带，以及商州构峪、洛南南侧、蓝田的小寨南沟—寺沟、蟒岭南侧金盆沟等。主要为陆相含煤碎屑岩沉积。

3）新生界

①新近系、古近系

受地质构造及古地貌的严格控制，分布于新生代构造盆地中。关中盆地出露较全，发育最好。为陆相碎屑沉积。古近系为紫红色、棕红色泥岩、砂岩互层，夹砂砾岩及砂岩等；新近系为一套深红、棕红、棕黄色黏土、砂质黏土，含钙质结核，夹砂砾层。

②第四系

广泛分布于陕北、关中地区，陕南局部分布。第四系发育完整，沉积类型复杂。陕北第四系以冲湖积、冲积、风积砂及黄土堆积为主；关中第四系最发育，以湖积、冲积和洪积沉积为主，风积黄土仅分布于渭河南北台塬及三级以上阶地；陕南第四系，发育于山间构造盆地，以湖积及冲积、洪积为主。

三、地质构造

跨中朝准地台、秦岭褶皱系、扬子地台三大构造单元。中朝准地台，仅涉及其西南部，南侧以八渡—虢镇—眉县—铁炉子—三要断裂为界，由陕甘宁台坳、汾渭断陷和豫西断隆组成。秦岭褶皱系北与中朝准地台为邻，南以宽川辅—饶峰—麻柳坝—钟宝断裂与扬子准地台相隔，由六盘山断陷，北秦岭加里东褶皱带，礼泉、柞水海西褶皱带，南秦岭印支褶皱带、康县—略阳海西褶皱带组成。扬子准地台，本省仅涉及其北缘。北与秦岭褶皱系为邻。南部延入重庆、湖北，由龙门—大巴山台缘隆褶带、四川台坳组成。新近纪、古近纪以来，新构造活动剧烈、复杂、类型多样，陕北高原拱起地块，褶皱断裂不发育；渭河地堑活动性断裂发育，其区域稳定性差；秦巴断块地质构造复杂，多深大断裂，且具长期活动性（表2-2，图2-2）。

表 2-2　陕西省主要活动断裂特征表

名称	产状	特征
北山南缘断裂	130°～170° ∠40°～80°	控制关中盆地北侧边界的主边界断裂，即乾县—鲁桥，北山山前，惠家河、韩城断层，环盆地北缘分布，多被第四系堆积物覆盖，但地貌上有显示。倾向东南，倾角50°～80°，切割了新近纪、第四纪地层，断距500～800m，深部断距大。1506年合阳5级地震沿断裂带发生，沿断裂带分布温泉3处30多眼，可见新构造活动强烈
渭河断裂	走向 EW—NEE	张性隐伏大断层，被岐山—马召断裂切割，西部断面倾南，东部断层面倾北，新构造活动极强烈，古近纪、新近纪断层滑动幅度达1200m，沿线有温泉11处，为关中强震区的主要发震断裂，$M\geqslant4$ 级地震多沿其发生
八渡—虢镇断裂	SW∠50°～70°	切割中元古代至古生代地层，断裂两侧发育五级阶地，东侧四级；陇县东风镇南普洛河有22℃温泉出露，有6级地震发生。破碎带宽数十米至百米
铁炉子—三要断裂	NE∠60°	发生在太古宙以后，新生代曾发生过右行平移活动。破碎带宽度数十米至200m，次级平行断裂较发育
秦岭北侧山前大断裂	近 N∠60°～80°	张性大断层，断距大于1000m，为控制关中盆地南侧边界主边界断裂，杜峪等多处见断层三角面，断层面擦痕和镜面，沿断裂有24个温泉分布，水温最高者59.8℃，破碎带宽10～50m，影响带宽500m，以碎裂岩为主，局部角砾石，绿泥石化，硅化显著
月河断裂	NE∠60°～80°	通过石泉、汉阴、安康，东端延展不够清楚。西段显示正断层，东段显示逆断层，破碎带宽200～500m。早古生代可能已有活动，新生代活动最明显，控制了月河断陷盆地形成和发展。至第四纪仍有活动，自公元788年以来，有7次4级以上地震发生
凤州—桃川断裂	近 N∠40°～75°	由2～3条断裂组成，第四纪有活动，断裂带宽200～2000m，沿断裂有温泉分布和地震发生。构造岩为碎裂岩，糜棱岩等
白云—丹凤断裂	近 N（局部倾 S） ∠70°～80°	东西向横贯，中新生代均有活动，沿断裂带构造角砾岩、糜棱岩发育，一般宽200m，宽处可达500～1000m
口镇—官池断裂	近 S∠75°～80°	生成于古近纪早期，直接控制着侏罗系、白垩系、古近系和中新统地层分布。古近纪、新近纪以来仍有活动，断距在新生界地层中大于800m

续表

名称	产状	特征
略阳—洋县断裂	140°～170°（或N）∠60°～80°	控制汉中盆地北缘，切割了第四纪沉积，近期弱震沿断裂带频繁，破碎带宽达400m，以碎裂岩、挤压陡立岩为主，勉县以西夹数条断层泥条带
阳平关—勉县断裂	150°～160°∠60°～70°	由断裂两侧第四系砂砾层厚度的差异推测该断裂切割了第四系，近期活动还表现在沿断裂曾发生4～5级地震，1976年松潘地震时，沿断裂震感清楚。由碎裂岩、挤压片岩、断层泥等组成，宽一般50～100m，最宽可达700m
饶锋—麻柳坝断裂	呈向南西突出的弧形，倾向NE∠26°～40°（局部65°～80°）	为扬子地台与秦岭地槽的分界断裂，破碎带宽20～300m，最宽达600m，碎裂岩、糜棱岩及挤压透镜体发育

陕北高原拱起地块，自中生代以来，堆积了巨厚陆相碎屑岩建造，岩层产状平缓，褶皱断裂不发育。新生代在晚白垩世缓慢上升为大面积拱起区，且具在更新世西南部掀斜、全新世东北部掀斜的特点。现代地貌为沙漠高原和黄土高原，新构造所形成大的活动断裂不明显，在中生界基岩中有裂隙密集带发育，在新生代地层中可见小断层发育，其走向一般近东西。

渭河地堑系新生代断陷盆地，新构造运动强烈，活动性断裂发育，地震活动频繁，区域稳定性差。活动性断裂以近东西、北东东、北东向为主，北西向次之。近东西向断裂形成于中生代末期新生代初，直接控制着侏罗系、白垩系、古近系和中新统的分布，古近纪、新近纪以来仍有活动，如口镇—关池断裂；北东东向断裂形成于中新世早—上新世初，直接控制着中新统和上新统的分布，直至现在仍有活动，如渭河大断裂、乾县—临猗断裂。同期还有北北东向断裂，如韩城断裂；北东向断裂形成于新近纪末—第四纪初，控制着新近系张家坡组，第四系上、中更新统的分布，现在仍在活动，主要有毛家河断裂、白龙潭断裂等。同期的还有北西向断裂，如八渡—虢镇断裂。断裂皆为高角度断层，直接控制、影响沉陷的形成和发展，使本区形成具差异性断块构造的某些特征。近东西向地堑与北东向凹陷叠加形成断陷洼地，如陵前洼地、保南洼地、卤阳洼地等，近东西向地垒与北东向隆起带共同作用形成断块中低山、断块黄土塬，如嵯峨山、将军山、尧山、五龙山、九龙塬、紫金塬、焦作塬、铁镰塬等。

秦巴断块隆起，由东西走向的紧密褶皱和压性断裂组成的强烈挤压带，地质构造极为复杂。多深大断裂，且具有长期活动，产状、性质变化大等特点。因差异升降形成汉中—西乡、安康断陷盆地，以及北北东向斜列的石门、洛南、商丹、山阳等中、新生代断陷盆地，断裂活动明显，沟谷深切，地形破碎，动力地质作用强烈。

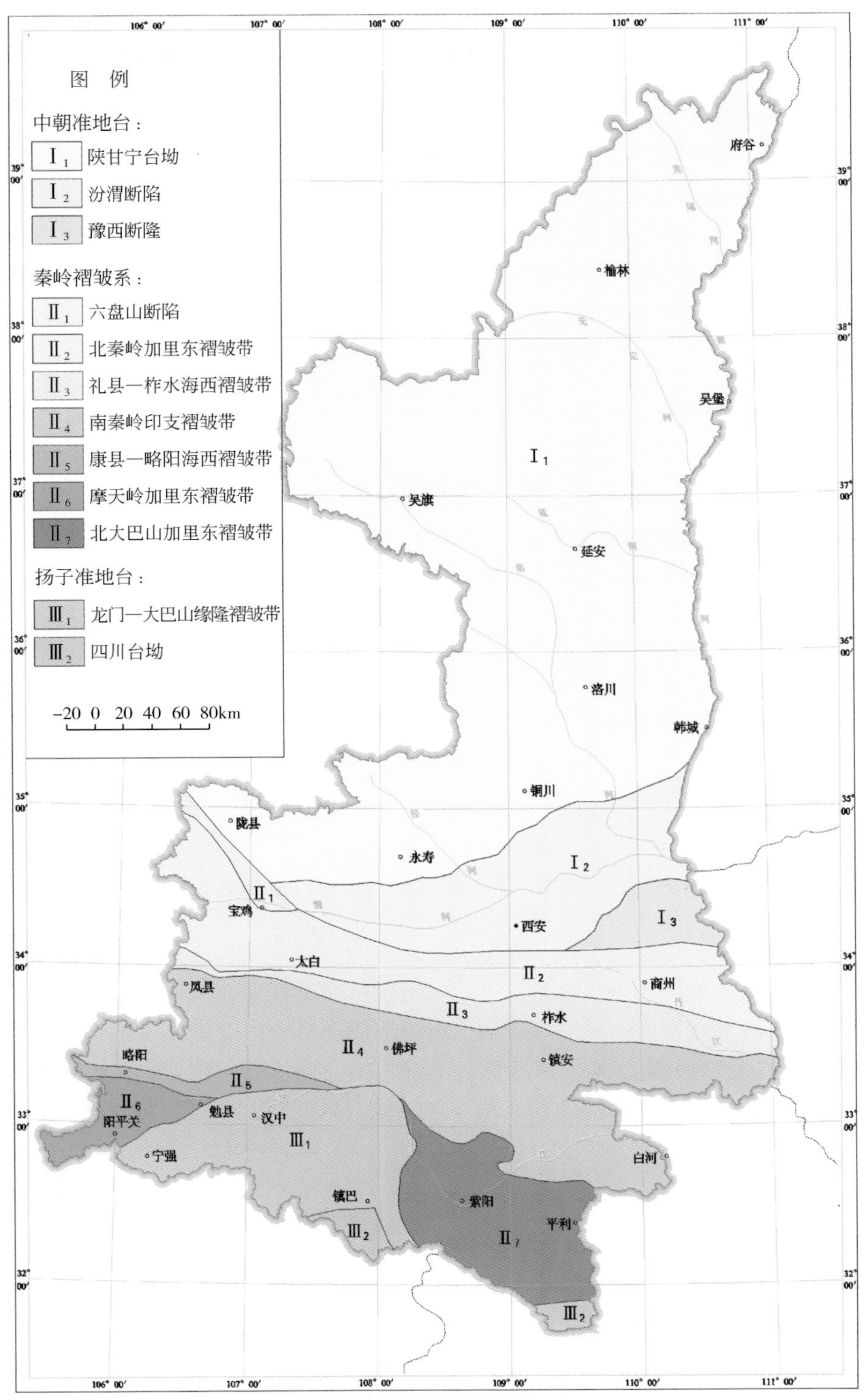

图 2-2　陕西省地质构造单元划分略图

四、岩 浆 岩

岩浆岩活动始于太古宙止于新生代，经历了阜平期、武陵期、“芹峪期”、扬子期、加里东期、海西期、印支期、燕山期、喜马拉雅期等多次构造运动，岩浆活动频繁，岩浆岩的出露面积26483km^2，占全省面积的13.5%，集中分布在秦岭、巴山及陇山地区。其中，花岗岩和火山岩是全省最主要的岩浆岩类。花岗岩岩浆的强烈活动期为中生代，出露面积14803km^2，占岩浆岩55.89%；火山岩岩浆的强烈活动期为元古宙，出露面积8545km^2，占岩浆岩32.3%，主要岩性为基性和酸性火山岩。

五、水 文 地 质

（一）地下水类型

地下水资源的分布受气候、地形地貌、地质构造、岩性等因素影响，形成四个不同特征的水文地质区。陕北沙漠高原区，为上覆砂层的孔隙水和下伏的碎屑岩裂隙、孔隙水组成，水量较丰富；陕北黄土高原区为上覆黄土层的孔隙、裂隙水和下伏的碎屑岩裂隙、孔隙水组成，水量不丰富；关中盆地区包括冲积、洪积平原、黄土塬和山地，具有松散岩类孔隙水为主的河谷盆地型的水文地质特征，水量丰富；陕南区除汉中、安康等几个小盆地为松散岩类孔隙水，水量丰富外，广大山区均为裂隙水，其转化补给地表水成为河川径流的基流。

1. 松散岩类孔隙水

赋存于新生界不同成因类型的松散岩层中。松散岩类孔隙水，主要分布在关中、汉中、安康等河谷平原和陕北的沙漠草原区，按水力性质进一步划分为潜水、承压水。这些地区新生界松散岩类含水层分布广，厚度大，埋藏浅，透水性好，地下水资源丰富。各大河谷低阶地及河漫滩地段，是目前傍河大中城市居民及工矿企业用水主要的开采水源。黄土层地下水为本省具有特色的地下水类型。黄土分布在秦岭以北的广大地区，占全省面积近45%。一般黄土塬中部尤其是塬区低洼地带，地下水较丰富，机井出水量最高可达1000m^3/d，有开采价值。富县以北黄土梁峁区，地下水贫乏。

2. 碎屑岩类孔隙裂隙水

主要分布在陕北黄土高原和秦巴山地。其中侏罗系延安组，白垩系环河华池组、洛河组砂岩裂隙孔隙水分布较稳定，具承压性，水质较好，水量较丰富，有一定开采价值。其他地层富水性差，无供水意义。陕北的白垩系碎屑岩类孔隙水，主要分布在陕北西、北部的靖边、定边沙区一带，降水入渗系数大，补给条件好，构造上有利于地下水富集，水量丰富水质好，单井涌水量一般1000～3000m^3/d，最大可达7000m^3/d；在陕北北部的窟野河、秃尾河沿岸，分布有烧变岩孔隙、裂隙潜水，部分地段富水性强（范立民，2006，

2011)。陕北南部的白于山、子午岭山区，地形切割强烈，降水入渗系数小，补给条件差，单井出水量一般10～300m^3/d，局部具承压性，成自流井。

3. 碳酸盐岩类裂隙岩溶水

主要分布在汉中以南的米仓山、大巴山和渭北地区及陕北府谷一带。米仓山和大巴山地区碳酸盐岩岩溶发育，具有我国南方岩溶地貌的特征，有众多的落水洞和地下暗河，富水性和补给条件良好，岩溶水丰富、水质较好。但因地形复杂，富水性往往分布不均，不利于开采。渭北地区碳酸盐岩地层多被黄土等松散层覆盖，岩溶发育程度远不如我国南方岩溶区典型，其岩溶形态以溶蚀裂隙、溶孔为主；渭北地区岩溶水温度一般较高，如龙岩寺泉水温31℃，筛珠洞泉水温21℃，常乐温泉41℃。岩溶泉水由于在断裂构造的控制下，循环深度较大，成为中低温热水。同时大面积基岩裸露地表，接受降水补给条件较好，岩溶水量丰富，往往集中呈大型泉群出露。如袁家坡泉、瀵泉、筛珠洞泉稳定天然流量为1～2m^3/s，是大型能源基地的良好水源地。渭北岩溶水受构造、地层控制，富水性在区域上变化较大，最小仅500m^3/d，最大可达30000m^3/d，在矿区有时易产生矿坑突水现象。府谷岩溶水具承压性，水质优，单井出水量一般在5000m^3/d，现已建为府谷县供水水源地。

4. 基岩裂隙水

以岩浆岩、变质岩类裂隙水为主，主要分布于秦巴山区，富水性差。岩浆岩裂隙水常见泉流量50～100m^3/d，变质岩裂隙水常见泉流量50～100m^3/d。

（二）地下水补、径、排条件

松散岩类孔隙水，含水层为第四系砂、砂卵石层，富水性较均一，补给条件优越，地下水丰富。其中黄土孔隙裂隙水，广布于陕北黄土高原和关中盆地地台塬区，地下水贫乏，含水层为早、中更新世黄土，排泄方式以水平渗流为主，地下水常由黄土下伏黏土岩、泥、页或黏土层等隔水层顶面溢出成泉。当黄土下伏基岩为透水性较强的岩石时，黄土含水层中的地下水以越层排泄补给深部地下水，黄土中的地下水被疏干。

碎屑岩类裂隙孔隙水，含水层主要为中生界、新近系和古近系砂岩、砂砾岩，多被黄土覆盖，仅沟谷中有出露，富水性较差，且不均一。地下水沿其下伏泥页岩的接触面顺层运动，向附近沟谷排泄。

碳酸岩盐类裂隙岩溶水，其富水程度和岩溶化程度密切相关。岩溶发育地区，补给较好，径流、排泄畅通。径流多呈无压状态，仅在补给特别充沛时，可形成较高水压，多以泉或暗河的形式排出。

基岩裂隙水，其总体含水性差，且不均一。浅变质的片岩、板岩、千枚岩等，基本不含水；仅局部硬脆性岩石分布段可形成集中径流带，地下水常沿软硬岩层接触部位呈泉溢出。岩浆岩裂隙水常受构造控制，水头、水压往往很高，其剧、强风化带易接受大气降水补给，附近沟谷常见季节性泉水渗出。

六、工程地质条件

区内各时代地层发育较全。秦巴山区自元古宇至第四系均有分布，以元古宇深变质岩，古生界浅变质岩、碳酸盐岩和岩浆岩为主；关中盆地和陕北高原以第四系冲湖积层和黄土堆积为主。

（一）岩　体

按其建造、结构及强度划分为：坚硬块状侵入岩类；坚硬—较坚硬块状火山岩类；坚硬块状中—深变质岩类；坚硬—较坚硬层状浅变质岩类；坚硬块状碳酸盐岩类；软硬相间层状片状碎屑岩类；软弱层状碎屑岩类。大部分岩类主要分布在陕南秦巴山地和秦岭褶皱带，陕北、关中分布较少。

1. 坚硬块状侵入岩类

广泛分布于秦巴山区及陇山地区，包括各期侵入岩，以中酸性花岗岩、闪长岩为主，次为辉长岩类等。岩性较均一，具块状构造，新鲜岩石干抗压强度一般大于200MPa，是良好建筑石料。软化系数多大于0.8，但岩体风化严重，尤以粗粒花岗岩为甚，剧强风化带一般厚数米至数十米。

2. 坚硬—较坚硬块状火山岩类

主要分布于洛南、商南、安康、平利、西乡及陇山等。以酸—基性火山熔岩为主，间夹火山碎屑岩及沉积岩。岩性复杂，为细碧岩、角斑岩、流纹岩、玄武岩、安山岩、凝灰岩及片岩。块状结构，岩石致密，坚硬—较坚硬，干抗压强度一般为70～160MPa，软化系数大于0.6。

3. 坚硬块状中—深变质岩类

主要分布于秦岭主脊及北坡，以太古宇太华群、前奥陶系秦岭群为主，岩性复杂，主要为角闪片麻岩、斜长片麻岩、混合岩、片岩夹大理岩、石英岩。岩石普遍经历了混合岩化，力学强度高，具良好的工程地质性质。

4. 坚硬—较坚硬层状浅变质岩类

广布于秦岭中、南部及秦岭北坡、洛南以北地区。以志留系，中、上泥盆统为主，次为秦岭北坡的长城系宽坪群、洛南以北地区的蓟县系高山河组、紫阳一带的寒武—奥陶系、勉县—略阳地区的新元古界碧口群、洛南下震旦统罗圈组以及汉中—西乡以南蓟县系三花石群等。以片岩、千枚岩、板岩为主，岩石较坚硬，干抗压强度一般60～150MPa。岩石具有各向异性，当云母或碳质富集时，强度降低。

5. 坚硬块状碳酸盐岩类

较集中分布于米仓山、大巴山北坡、羊山—新开岭、洛南及关中渭北等地。包括蓟县系上震旦统，寒武系、奥陶系、石炭系、二叠系及中、下三叠统，以及凤县—留坝、镇安—山阳、旬阳坝、黄柏塬等地的泥盆系，佛坪一带的寒武—奥陶系，太白及商州以东的前奥陶系秦岭群中部，勉县、略阳地区的新元古界等。岩性主要为白云岩、灰岩、泥质灰岩及大理岩。多呈中厚—厚层状构造，岩石致密坚硬，干抗压强度 80 ~ 220MPa，软化系数一般大于 0.75。

6. 软硬相间层状片状碎屑岩类

主要分布于陕北高原和陕南镇巴以南地区。包括石炭系、二叠系，上三叠统及下中侏罗统部分层段。其中太原组、山西组、富县组和延安组为重要的产煤地层。岩性以砂岩、页岩、泥岩为主夹煤层，局部层位含易溶透镜状石膏。砂岩多呈中厚—厚层状，以泥、钙质胶结为主，硅质胶结次之。岩石干抗压强度 60 ~ 120MPa，软化系数一般 0.38 ~ 0.78。而泥岩、页岩及煤层，易风化，遇水软化膨胀，抗剪强度低。

7. 软弱层状碎屑岩类

分布在陕北、关中地区和陕南盆地。侏罗系为陆相碎屑岩系，是成岩较差的砂岩，新近系、古近系地层包括始新统、中新统及上新统，以砂岩和泥岩为主，粒度多为细砂、粉砂和黏土细颗粒，斜层理和交错层理发育，泥钙质胶结，且软弱，砂岩干抗压强度一般 20 ~ 150MPa，软化系数一般 0.27 ~ 0.45。因力学强度低，雨水浸润后易发生崩解。

按其与埋藏矿产之关系，其坚硬块状侵入岩类、坚硬—较坚硬块状火山岩类富含金属矿床；坚硬块状中—深变质岩类、坚硬—较坚硬层状浅变质岩类富含建材及其他非金属矿床；坚硬块状碳酸盐岩类富含石灰岩矿床；软硬相间层状片状碎屑岩类富含煤炭等能源矿床。

（二）土　　体

土体按成因、颗粒组成和工程地质性质划分为五类，即卵、砾类土（砂砾类土）、砂类土、黏性土、黄土类土及膨胀土。除黏性土、膨胀土主要分布于陕南汉中、安康、西乡等山间盆地外，其余大部分分布于关中及陕北。

砂类土易被风力搬运，使土地沙化、沙漠化；黏性土稳定性差；黄土类土大部分具有湿陷性；膨胀土具遇水膨胀，失水收缩和反复胀缩变形的特点。

1. 卵、砾类土（砂砾类土）

主要为全新统冲积层，分布于黄河、渭河及其支流漫滩和河床。以砂卵石为主，夹含砾粉细砂、粉土、粉质黏土等透镜体，结构疏松，渗透性强。在黄河、渭河地段其厚度一般 20 ~ 40m，渭河支流地段一般小于 10m。

2. 砂类土

因成因不同，工程地质性质差异较大。全新统风积砂，广布于毛乌素沙漠东南缘。岩性以细砂为主，厚度一般 20 ~ 30m，结构均一，孔隙度大，渗透性强，稳定性差，风吹易成流沙；上更新统冲湖积砂（萨拉乌苏组砂层），分布于横山—榆林及其以北。以粉、细砂为主，夹粉土、粉质黏土，为多层结构，厚度一般30～50m，砂层较疏松。

3. 黏性土

新近系上新统红土，零星出露于陕北及关中地区。为红色、棕红色黏土，含钙质结核，底部常为半胶结砂卵石层。黏土固结好，干时坚硬，遇水易软化崩解。

4. 黄土类土

下更新统黄土：零星出露于黄土高原、黄土台塬沟谷下部。黄土黏粒含量13.3%～24.2%，固结压密较好，不具大孔隙，属非湿陷性黄土。

中更新统黄土：主要出露于黄土高原及高级台塬沟谷谷坡中、下部。厚度30～120m，下部较致密。湿陷系数多小于0.010，为非湿陷性黄土。上部垂直节理发育。在横山、洛川等地其湿陷系数一般小于0.015，绥德—子洲一带为0.014～0.052，渭南沈河地区为0.018，属非湿陷—弱湿陷性黄土。

上更新统黄土：广布于陕北黄土高原、关中台塬区的上层及披盖在河流二、三级阶地上，厚5～30m，是黏土类矿床主要开采层。横山一带上更新统底部黄土具大孔隙，结构疏松，湿陷系数0.02～0.07，但其上部湿陷系数一般大于0.07，如横山0.084，旬邑0.085，沈河0.116，赤水0.144。属强湿陷性黄土，具自重湿陷性。而披盖在北山山前洪积扇及二、三级阶地上的黄土湿陷系数一般0.033～0.061，属中等湿陷性黄土。

5. 膨胀土

主要分布于陕南汉中、安康、西乡等山间盆地，在洛南、商丹、漫川关等盆地有零星分布。膨胀土具有干缩、湿胀的特点。分布于汉中盆地东部边缘、西乡盆地南缘低山丘陵区的下更新统膨胀土，厚度一般2～8m，为强膨胀土；广布于汉中、西乡、安康盆地三级阶地上的中更新统膨胀土，厚度一般5～20m，为强—中等膨胀土；少量分布于汉中盆地西部、安康盆地汉江两岸、西乡盆地牧马河两岸二级阶地上的上更新统膨胀土，厚1～6m，为中等膨胀土；零星分布于汉中、安康盆地边缘一级阶地和低山丘陵区的全新统膨胀土，厚度小于3m，为强膨胀土。

七、环境地质条件

随着人类活动范围日益扩展和自然资源的开发利用，地质环境的演变愈来愈烈。近年来随着人类活动加强，特别是矿产资源开采强度和规模的不断加大，地质环境问题日益突出。区内地质环境问题众多，除与海洋有关的问题外，其他各类地质环境问题在全省都有发育。其中滑坡、崩塌、泥石流、地面塌陷、地裂缝、地面沉降、土壤侵蚀、土地沙漠化、区域地下水位下降、地下水污染较严重。

陕西省地质环境分区明显。北部为沙漠高原和黄土高原，沙漠高原地面起伏小，人口稀少，土地、水资源丰富，但环境脆弱，土壤侵蚀、土地沙漠化、盐渍化严重，加之近年来大规模采煤活动，引发大面积的采空区地面塌陷、滑坡、崩塌等地质灾害，同时造成地下含水层破坏，进一步加剧了生态环境的恶化；黄土高原，沟壑纵横，土壤侵蚀强烈，滑坡、崩塌发育，水资源贫乏，生态环境极为脆弱，采煤影响了地下水径流条件（冀瑞君等，2015），造成了地表水体、湿地的萎缩（马雄德等，2015a，2015b）。中部关中盆地，土地肥沃，地面平坦，人口密度大，地下水资源在全省最好，但由于大量抽取地下水引起区域地下水位持续下降，同时引发地面沉降，水质污染严重，其中渭北地区受到采煤活动的影响，引发大量的地面塌陷、滑坡、崩塌灾害，同时破坏了地下含水层，造成地下水漏失，加剧了水资源贫乏；南部秦巴山区地表水资源最丰富，近年来南部地区采矿活动剧烈，引发大量的滑坡、泥石流等矿山地质灾害，同时采矿产生大量的废渣废液，对水资源造成严重的污染。

第三章　矿产资源及开发现状

第一节　矿产资源概况

一、矿产资源类型及优势矿产资源

截至2014年年底，陕西省已发现各类矿产138种，占全国发现矿种的80%，查明具有资源储量的91种，占全国查明矿种59%，尚未查明资源储量的47种，查明储量中能源矿产7种、黑色金属矿产5种、有色金属矿产9种、贵金属矿产2种、冶金辅助原料非金属矿产9种、化工原料非金属矿产12种、建材、非金属及其他矿产47种。

全省保有资源储量列全国前十位的矿产达62种，列居前三的有21种，居前五位有36种。其中盐矿、水泥配料用黄土、透辉石、片麻岩位列第一位；煤层气、铼矿、毒重石等位列第二位；金红石、锶矿、镁盐、高岭土、蓝石棉、蛭石等位列第三位；煤、石油、天然气、钒矿、水泥用灰岩、玻璃用石灰岩、长石等位列第四位。煤、石油、天然气、岩盐、金、钼等矿种不仅资源储量可观，且品级、质量较好，具有明显优势。

二、矿产资源分布特点

陕西省矿产资源分布广泛，资源丰富，面积较大。陕北、关中、陕南都有分布，主要涉及陕北神木、府谷、横山、黄陵县及榆林市榆阳区；关中彬县、长武、旬邑县，铜川市，韩城市，蒲城、白水、澄城、合阳县，凤县、太白、潼关县，华阴市；陕南洛南、山阳、柞水、镇安、旬阳、略阳、勉县和宁强等28个县（市、区）（图3-1）。其他县区分布较少，矿产资源的赋存与分布特点如下。

陕西省煤炭资源十分丰富，全省含煤面积约$5.7\times10^4km^2$，约占全省面积的27.7%，主要分布在关中北部和陕北地区，尤其以榆林煤炭资源最为丰富，累计查明煤炭资源储量占全省总量83%，分为陕北侏罗纪煤田、陕北石炭二叠纪煤田、陕北三叠纪煤田、渭北石炭二叠纪煤田、黄陇侏罗纪煤田等五大煤田（范立民等，2012）。

陕北侏罗纪煤田，分布于府谷、神木、榆阳、横山、靖边、定边一带，包括神府、榆神、榆横矿区和靖边预测区，含煤岩系为侏罗系中统延安组，煤层总体向北西倾斜，至定边、靖边一带埋深近1500～2000m。自东向西煤层层数逐渐减少，主要可采煤层为5^{-1}号煤，神府矿区为1^{-2}（最大厚度10.28m）和5^{-2}号煤（最大厚度8.24m），榆神矿区中部则为2^{-2}号煤（最大厚度12.49m），至榆横矿区北部为3号煤（即榆神矿区的2^{-2}号煤）。

陕北石炭二叠纪煤田，分布于府谷、佳县、吴堡一带，包括府谷—吴堡矿区，矿区中

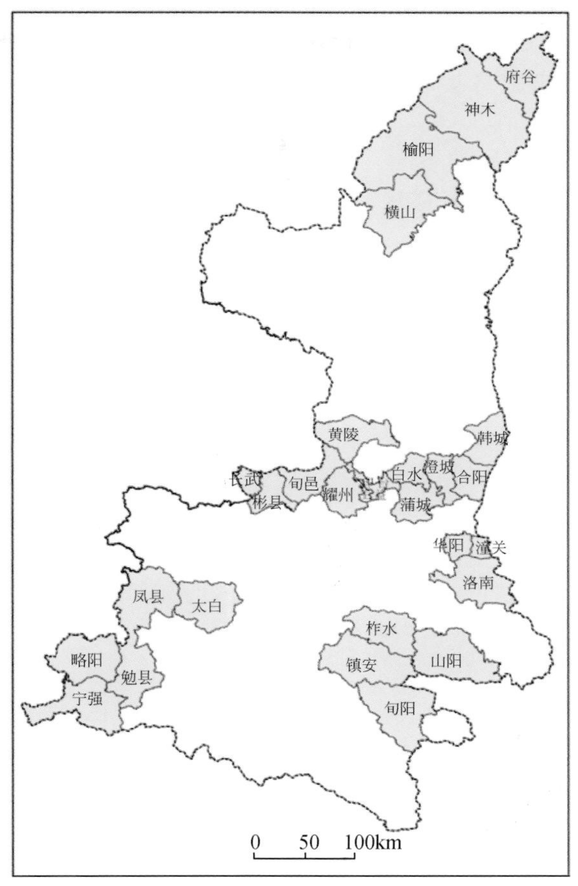

图 3-1　陕西省矿业大县分布图

部煤层埋深超过 1000m、南部埋深 1500m。石炭系上统太原组为主要含煤地层，厚 60 ~ 137m，含煤 9 层；二叠系下统山西组为又一含煤地层，厚 35 ~ 135m，含煤 3 层。在府谷矿区石炭二叠系含煤 10 余层，可采煤层 8 层，总厚 28. 07m。吴堡矿区共含煤 3 ~ 5 层，太原组可采煤层 2 层，总厚 10. 33m；山西组可采煤层 1 层，层位稳定，平均厚 2. 76m。

陕北三叠纪煤田，分布于延安、子长、子洲、安塞、横山等十余县市，包括子长、横山矿区。上三叠统瓦窑堡组为陕北三叠纪煤田含煤地层，岩性以砂岩为主，夹泥岩、油页岩和煤层，子长附近较发育，最厚 368m，向南、北均变薄，含煤层多而薄，一般 6 层，3、5 号煤可采，在子长附近略厚，5 号煤层厚 2m 左右，3 号煤层厚 0. 75m 左右。

渭北石炭二叠纪煤田，分布于韩城、合阳、澄城、白水、蒲城、铜川、耀州等县（市、区），有“渭北黑腰带”之称，包括铜川、蒲白、澄合、韩城矿区，含煤岩系为石炭系上统太原组和下统山西组。太原组含煤 9 层，其中 5、11 号煤为可采层，8 号与 10 号煤之间的灰岩和 5 号煤底板的菱铁矿钙质泥岩，是对比的标志层。山西组含煤 4 层，2、3 号煤为可采层。不同矿区煤层厚度和目前开采深度不尽相同，其中铜川矿区煤层厚 1. 5 ~ 3m，最厚达 6. 89m，开采深度约 155 ~ 350m；蒲白矿区煤层厚 0. 3 ~ 2. 5m，最厚达

20.33m，开采深度一般小于300m；澄合矿区煤层厚0.3～3.5m，最厚达9.47m，开采深度一般小于500m；韩城矿区煤厚1.05～3m，最厚10.8m，开采深度50～460m。

黄陇侏罗纪煤田，东起富县葫芦河，经黄陵、宜君、耀县、旬邑、淳化、彬县、凤翔、陇县、千阳等，包括黄陵、焦坪、彬长、旬耀和永陇、麟游矿区，含煤岩系为侏罗系中统延安组。不同矿区含煤层数不同，黄陵矿区一般为4层，煤层厚0～7.39m，焦坪矿区为7层，煤层厚0～34m，彬长矿区为8层，煤层厚0.15～43.87m，但主要开采煤层均为4号煤层。

陕南煤产地位于秦岭以南，分布于安康、商洛、汉中三市，含煤地层有寒武系、三叠系、侏罗系等。主要以地方国有和乡镇煤矿开采为主，镇巴煤矿为该区最大地方国有煤矿，含煤地层为上三叠统须家河组和下侏罗统白田坝组，岩性以砂岩、砾岩为主，须家河组含结构复杂煤层七组，第二组在水磨沟一带有千层饼之称，煤厚0～7.45m，为水磨沟井田的主采层；白田坝组含局部可采的薄煤一层。安康、商洛市境内为石煤，含钒，多开采钒矿。

石油天然气资源分布于延安、榆林市境内，资源量大，但渗透性低，原油产量已经突破6000×10^4t。

地热主要分布在关中盆地的西安、咸阳、宝鸡、渭南等。地热水主要储存于新近系砂岩裂隙孔隙、渭北的奥陶系碳酸盐岩岩溶裂隙以及秦岭山前的基岩裂隙中。矿泉水主要分布在安康、商洛、汉中市。

金属矿产分布在凤县、太白南部的铅、锌、铜、金成矿区；勉县、略阳、宁强金、镍等多金属成矿区；潼关、华阴、洛南小秦岭金钼成矿区与柞水、镇安、山阳及石泉—汉阴多金属成矿区；旬阳铅锌成矿带；周至—户县金、铜成矿带、大巴山—米仓山等金、银及有色金属成矿区。铁矿分布在全省7市26个县中，其中汉中、商洛储量占比较大；铜矿主要分布在西安、宝鸡、渭南、汉中、安康、商洛，其中渭南市保有储量最大；铅、锌矿分布在西安、宝鸡、渭南、汉中、安康、商洛市，以宝鸡市凤县和安康市旬阳县分布较为集中；钼矿主要分布在渭南市和商洛市；金矿主要分布在秦巴山区，岩金主要分布在潼关县的南部和洛南县的北部小秦岭，砂金主要分布在汉江及其支流和嘉陵江上游，伴生金主要分布在西安、宝鸡、商洛市。

铁矿总特点是矿床类型比较多，数量少，储量规模小，多为贫矿；铜矿矿床类型比较多，矿床数量相对较少，矿床规模小，矿石质量多为中等到贫矿，矿石类型主要为硫化铜矿石，主要矿物为黄铜矿，总体品位较低，开发利用程度偏低，共伴生铜矿石品位低，综合利用率差。金属矿产多赋存于寒武系—古近系地层中。

建筑材料和非金属矿产，主要分布于紫阳、勉县—留坝、宁强地区，赋存于震旦纪—志留纪地层中，其中磷矿主要分布在宝鸡、汉中、商洛；盐矿主要分布在榆林的定边、靖边；石灰岩矿主要分布于凤翔—扶风、耀州区—蒲城、淳化—礼泉一带，赋存于奥陶系地层中。

第二节　矿产资源开发利用现状

陕西矿产资源丰富，分布广、种类全，区域特色明显，是我国矿产资源大省之一，许多矿种在全国占有重要地位。其中煤、石油、天然气、铝土矿、水泥灰岩、黏土类及盐类矿产在全国占据重要地位，其中陕北侏罗纪煤田以资源量大、煤质优而著称于世，是世界上少有的低磷、低硫、低灰、高热量的优质环保动力煤田。关中以金、钼、建材矿产、地下热水和矿泉水为主。陕南秦巴山区以有色金属、贵金属、黑色金属和非金属为主。全省保有资源储量居全国前列的重要矿产有盐矿、煤、石油、天然气、钼、汞、金、石灰岩、玻璃石英岩、高岭土、石棉等，不仅储量可观，且品级、质量较好，在国内市场具有明显优势；但有些关系到国计民生的重要矿产，如铁、铜、锰、铝、锡、钨、铂族金属、萤石、钾盐、磷、金刚石等，或贫矿多，或探明储量少无可供规划矿区，或开发条件差，少数矿种至今仍未查明储量。

一、矿山概况

1. 矿山类型

2012 年，全省有矿山企业 5178 个（含石油、天然气矿种）。矿山数同比减少 159 个，减少 2.98%。其中能源矿山 572 个（煤炭矿山 448 个，其他矿山 124 个），占全省矿山数 11.05%；黑色金属矿山 145 个，占全省矿山数 2.8%；有色金属矿山 154 个，占全省矿山数 2.97%；贵金属矿山 94 个，占全省矿山数 1.82%；冶金辅助原料非金属矿山 49 个，占全省矿山数 0.94%；化工原料矿山 120 个，占全省矿山数 2.32%；建材及其他非金属矿山 4020 个，占全省矿山数 77.64%；水气矿产 24 个，占全省矿山数 0.46%（图 3-2）。

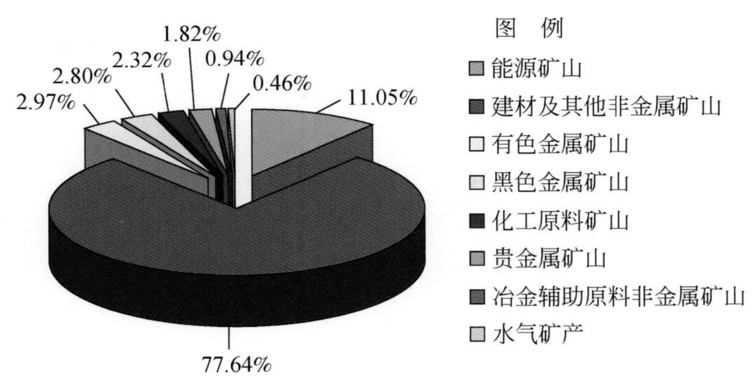

图 3-2　2012 年度矿山类型饼图

2. 矿山生产规模

2012 年全省矿山按生产规模分为大中型、小型两类，大中型 355 个，占 6.86%；小型 4823 个，占 93.14%（图 3-3）。

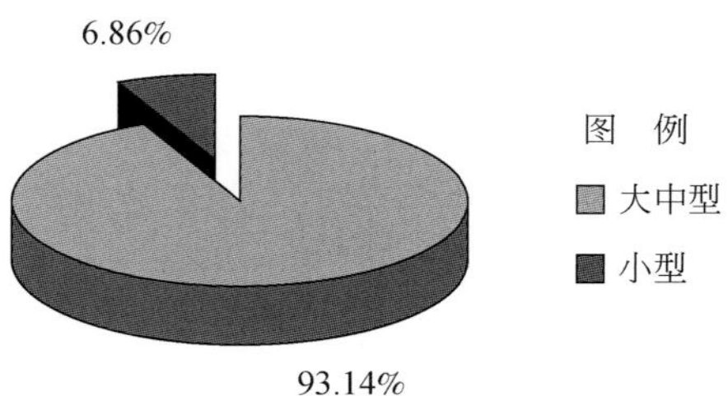

图 3-3 2012 年度矿山生产规模饼图

3. 年度实际生产能力

2012 年全省矿山设计生产能力为 6.48×10^8t，年选矿设计生产能力 2.09×10^8t，2012 年实际生产矿石总量 4.25×10^8t，实际选矿能力 1.19×10^8t（以上均不含石油、天然气）。其中固体矿产 42500×10^4t，液体矿产 3599×10^4t，气体矿产 119×$10^8$$m^3$（图 3-4）。

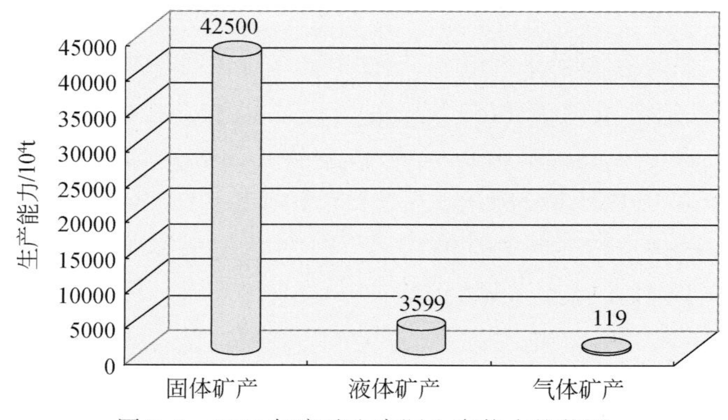

图 3-4 2012 年度矿山实际生产能力柱状图

4. 生产现状

据统计，全省矿山 5178 个，按生产现状分类，其中生产矿山 3031 个，占 58.54%；筹建矿山 503 个，占 9.71%；停产矿山 1644 个，占 31.75%（图 3-5）。

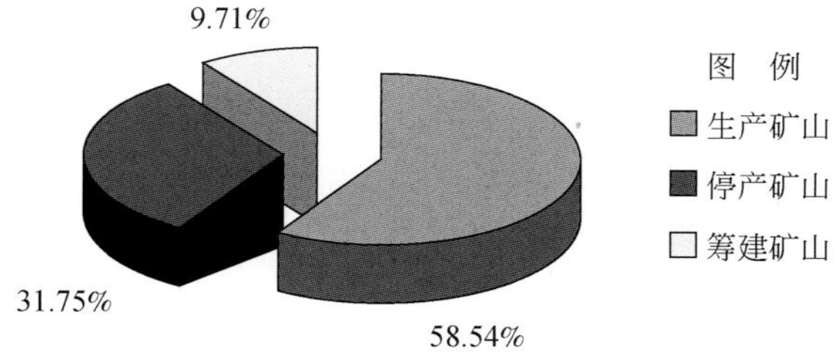

图 3-5 2012 年度矿山生产状态饼图

5. 开采方式

矿山开采方式主要为露天开采和井下开采，煤炭、黑色金属、贵金属、有色金属以井下开采为主，冶金辅助材料用非金属、化工原料非金属、建材及其他非金属以露天开采为主，部分采用井下开采方式。

二、矿产资源开发利用现状

据《2012 年度陕西省矿产资源报告》，全省已开发利用的矿产 114 种，其中能源 7 种，黑色金属 4 种、有色金属 10 种、贵金属 2 种、冶金辅助原料非金属矿产 9 个、化工原料非金属 12 种、建材、非金属及其他矿产 70 种，比去年增加了钨矿、碎云母、水泥用大理岩、水泥用配料板岩 4 种矿产。

已开发利用的矿产中，煤、石油、天然气、地热、铁、锰、铅、锌、钼、汞、锑、金、银、钒、重晶石、石膏、花岗岩、大理石、石灰岩、石英岩、建筑用砂、砖瓦用黏土等为主要开发利用矿产，其中煤、石油、天然气、铅、锌、钼、汞、锑、金、水泥用石灰岩等为优势矿产。

矿山企业年采矿设计生产能力为 6.48×10^8t，年选矿设计生产能力为 2.09×10^8t，2012 年实际生产矿石总量 4.25×10^8t，实际选矿能力 1.19×10^8t（不含石油、天然气）。

2012 年度，全省的矿山企业完成工业总产值 3425.73 亿元，同比增长 14.29%，从行业来看，能源、贵金属矿山产值有所增长，分别增长 15.37%、66.63%，而黑色、有色金属、其他矿山的产值有所下降，同比分别下降 27.43%、3.15%、11.26%。2012 年矿山企业实现利润为 867.63 亿元，同比减少 13.24%，占矿业及相关加工制造业利润总额 1673.06 亿元的 51.86%。

第四章　矿产资源开采强度与地质灾害研究

第一节　矿产资源开采强度概念及指标体系

矿产资源开采强度一直没有一个明确的概念，长期以来，煤炭系统将综采视为高强度开采，但也没有具体的指标体系和划分方法，本书以煤炭资源为主，兼顾其他矿种，对矿产资源开采强度的概念、指标体系进行初步分析。

一、开采强度概念

2012年底，中国矿业大学缪协兴教授在其担任首席科学家的国家973计划“西部煤炭高强度开采下地质灾害与环境保护基础研究”会议上，将大采高、大采面、快速推进（每天推进20m以上）为特点的采煤方法定义为“高强度开采”，但没有给出开采强度的概念和指标。

煤炭高强度开采以大采高、大采面和快速推进为主要特点。大采高，一般采高大于4.50m，神东、神南矿区已经达到7m。大采面，采面工作面长度大于200m，多数300～450m，推进长度2000～7500m。工作面之间煤柱间隔20m左右。高强度开采，生产效率大幅度提高，全部实现机械化开采，但采动损害自然也大。

笔者将开采强度定义为单位面积范围内采出的资源量多少。开采强度不仅与开采方式、机械化程度等有关，还与矿产资源赋存条件、矿层厚度、地质环境等自然条件有关。按照单位面积范围内开采区（采空区）占比，可划分为高强度开采区、中强度开采区和低强度开采区；按照采煤工作面规格划分，大采高、大规格采煤工作面分布区属于高强度开采区，相应的采高小、采煤工作面规格小的区域，为低强度采煤区。因此，高强度开采是以平面上连续开采面积占比大、空间上工作面开采尺寸大（采高大、采面规格大）、时间上开采速度（推进速度）快为特点的开采区域和开采方式（范立民，2014）。又可分为面积开采强度和空间开采强度。

1. 面积开采强度

面积开采强度是指单位面积范围内煤炭资源开采量与总量的占比，或表述为单位面积范围内的开采面积与总面积之比。根据此定义，开采面积与规划区面积之比为开采强度的定量划分标准。将开采强度划分为极高、高、中、低4个级别，其极高开采强度开采区的开采面积与总面积之比大于0.6，高强度开采区的开采面积与总面积之比介于0.6～0.3之间，中强度开采区的开采面积与总面积之比介于0.3～0.1之间，低强度开采区的开采面积与总面积之比小于 0.1。将拟规划区含煤区域全部或大部分割成待开发的井田，如榆神矿区三期规划区，划分的井田占规划区的 80%，属于极高强度规划开发区，没有预留任何环境保护的“缓冲”区域，只要含煤就规划开发，不符合陕北生态环境特征。神府新民矿区含煤面积 $2324km^2$，已经设置采矿权的开采面积 $2300km^2$，属于极高强度开采区。该矿区是目前正在进行的高强度开采典范区，采矿权面积与规划区面积之比高达 90%，目前采空区面积约 $600km^2$，每年以 $100km^2$ 左右的速度扩展，开采强度之大，远远超过了地质环境承载力，不可逆转的地质环境破坏在所难免。

2. 空间开采强度

空间开采强度主要考核采高和采煤工作面规格两个指标。将采高大于 4.50m、采煤工作面长度大于 200m、推进长度大于 2000m 的大规格采煤工作面称为空间高强度开采区。将采高介于 1.30 ~ 4.50m 之间、采煤工作面长度 100 ~ 200m、推进长度 1000 ~ 2000m 的区域界定为中强度开采区。采高小于 1.30m 的区域，无论工作面长度与推进长度多大，其对于地面地质灾害发育程度影响都较低，称为低强度开采区。

也有不少工作面根据井田规格设置，最大推进长度可达 7000m。工作面之间留设 20m 以下的安全煤柱，单个工作面连续平行排列，最终形成大范围的采空区，一旦煤柱失稳，会造成大范围顶板冒落和地面塌陷、裂缝发育，在沟谷地形区可导致边坡滑动与崩塌等地质灾害的发生。

目前榆神府矿区的大型矿井，采高均大于 4.50m（薄煤层赋存区除外），工作面长度 200 ~ 450m，推进长度 2000 ~ 7000m，均属于空间高强度开采类型，部分矿井鉴于生态水位保护目标，采用了限高开采。如榆树湾煤矿（生产能力 8Mt/a）2^{-2}煤层厚 11m，开采高度 5.50m，开采上分层。而大柳塔煤矿大柳塔井（生产能力 18Mt/a）、哈拉沟（生产能力 15.8Mt/a）、榆家梁（生产能力 18Mt/a）、石圪台（生产能力 12.3Mt/a）、张家峁（生产能力 10Mt/a）、红柳林（生产能力 15Mt/a）、柠条塔（生产能力 12Mt/a）、锦界（生产能力 19Mt/a）等煤矿，则全部是一次采全高，采高 4 ~ 7m，多数 5m 左右。对于薄煤层分布区，如榆家梁煤矿 4 号煤层开采区，煤层厚度 0.70 ~ 1.50m，则一次采全高，不留顶底煤，工作面回采率达到 90% 以上，同一区域叠加了上部 2^{-2}、3^{-1}煤层的高强度开采，也属于高强度开采区（图 4-1）。

二、开采强度的指标体系

仍然以煤炭资源为例进行分析，煤炭开采强度主要考核指标包括单位面积内的开采区比例、采高及工作面规格。按照单位面积范围内开采区（采空区）占比，可划分为极高、高、中和低强度开采区；按照采空区规格划分，大采高、大规格采矿工作面分布区属于高强度开采区，相应的采高小、采矿工作面规格小的区域，为低强度开采区。根据目前实际，采煤工作面按照大规格工作面（工作面长度 200m 及以上、推进长度 2000m 以上），则煤炭资源开采强度可划分为极高、高、中和低强度开采，见表 4-1。对于规划区，按照规划的井田（开采）占比计算。当采煤工作面规格减小，如采煤工作面长度小于 100m、

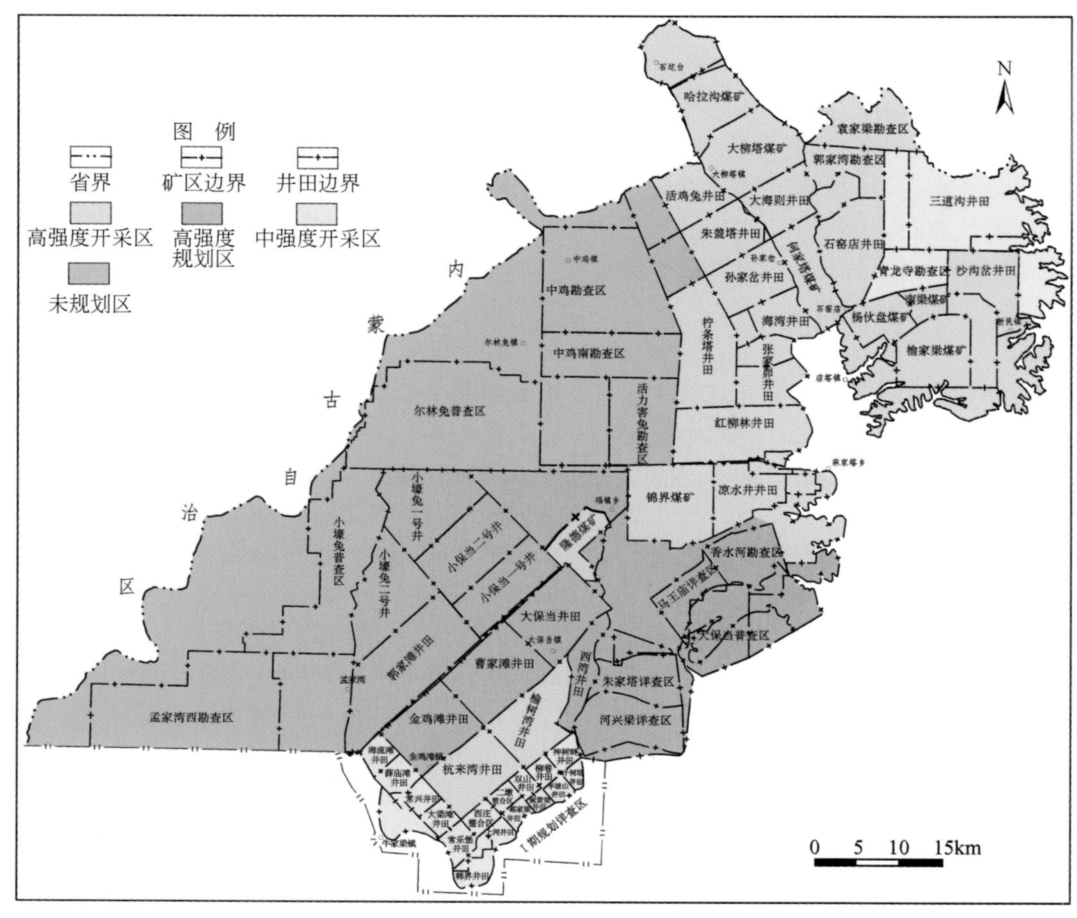

图 4-1　榆神府矿区开采（发）强度分区图

推进长度 500～1200m 左右，则比照表 4-1 降低一个开采强度级别。

表 4-1　煤炭资源开采强度划分指标

采高/m	开采强度			
	平面开采比≥60%	平面开采比 60%～30%	平面开采比 30%～10%	平面开采比≤10%
≥4.50	极高	高	中	低
1.30～4.50	高	中	中	低
≤1.30	中	低	低	低

第二节　矿产资源开采强度分区

开采强度是反映矿床开采特征的一个综合性指标，综合反映回采工艺、回采组织与回采管理的水平，间接反映采矿对地质环境的影响程度、地质灾害发育程度及危害性。采矿工作的接续性好、开采速度快、机械化自动化程度高，同时进行回采的矿量大、矿产资源回收率高，则开采强度高；反之，开采强度就低。

范立民（2014）将煤炭的高强度开采定义为以平面上开采面积占比大、空间上工作面开采尺寸大、时间上开采速度（推进速度）快为特点的开采区域和开采方式。按照单位面积范围内开采区（采空区）占比，可划分为高强度开采区、中强度开采区和低强度开采区。按照采煤工作面规格划分，大采高、大规格采煤工作面分布区属于高强度开采区，相应的采高小、采煤工作面规格小的区域，为低强度开采区。

对于金属矿山的开采强度目前还没有统一的定量指标，金属矿床的开采强度是指矿床开采的快慢程度。当矿体范围及埋藏条件一定时，矿体的开采强度取决于开拓、采准和切割的连续性以及回采强度。常用回采工作年下降深度和开采系数作为开采强度的指标。

对露天开采矿山的开采强度，类比于煤炭资源开采强度的定义，将以平面上开采面积占比大、空间上开采高度大、时间上开采速度快为特点的开采区域和开采方式称为露天开采的高强度开采区。

一、矿产资源高强度开采区

我们通过对全省矿产资源开采现状的调查，系统整理了开采方式、开采深度、采矿工作面规格及矿产资源回收率等指标，对全省矿产资源的开采强度进行了划分，识别出榆神府煤炭高强度开采区、榆横煤炭高强度开采区、子长—宝塔区煤炭高强度开采区、铜川—焦坪—黄陵煤炭高强度开采区、韩城—蒲城—白水—澄合煤炭高强度开采区、彬县—长武—旬邑煤炭高强度开采区、柞水—镇安—宁陕—旬阳多金属高强度开采区、山阳钒矿高强度开采区、勉县—略阳—宁强多金属高强度开采区、凤县太白铅锌矿高强度开采区、小秦岭金钼矿高强度开采区 11 个高强度开采区。

1. 榆神府煤炭高强度开采区

分布于榆林市北部，包括神木北部开采区和府谷新民开采区，神木县麻家塔乡—榆阳区牛家梁镇，府谷县城关镇—海则庙镇一带，面积约 3931.51km^2。主要开采煤炭和建材矿，开采煤层为侏罗系、石炭二叠系煤层，主要开采方式为井下开采，个别煤矿为露天开采，建材矿为露天开采。区内主要分布中国神华集团的大柳塔煤矿、韩家湾煤矿、府谷县沙沟岔煤矿、三道沟煤矿、国能矿业等大中型煤矿。区内共有矿山 204 座，其中煤矿 140 个（大型 46 个、中型 59 个、小型 32 个），建材类矿山 64 个，其中建筑用石料矿山 23 个（中型 1 个，小型 22 个），砖瓦用黏土 36 个（大型 1 个，中型 1 个，小型 34 个），制灰用石灰岩矿 3 个（中型 1 个，小型 2 个），耐火黏土矿 2 个。

区内的煤矿大多矿井采用综合机械化壁式采煤法，长壁综采引起地表出现大面积的沉陷，当采深采高比较小时，地表会呈现非连续移动破坏，当采深采高比较大时，地表呈现连续移动变形沉陷盆地。采用长壁垮落法，若深厚比较大，地表出现连续的均匀下沉，移动平缓，各种变形值较小，有可能实现在建筑物下采矿；若深厚比较小，地表可能出现断裂、台阶或塌陷。采用条带式采矿法或房柱式采矿法，如留设煤柱面积较大，地表移动和变形值小，但丢煤多；如留设煤柱面积较小，煤柱被压垮，则覆岩的破坏和移动几乎与垮落法的相同，地表下沉量明显增加。如榆家梁煤矿多煤层叠加高强度开采，使岩层与地表移动活化，地面变形严重，地裂缝发育（图 4-2）。

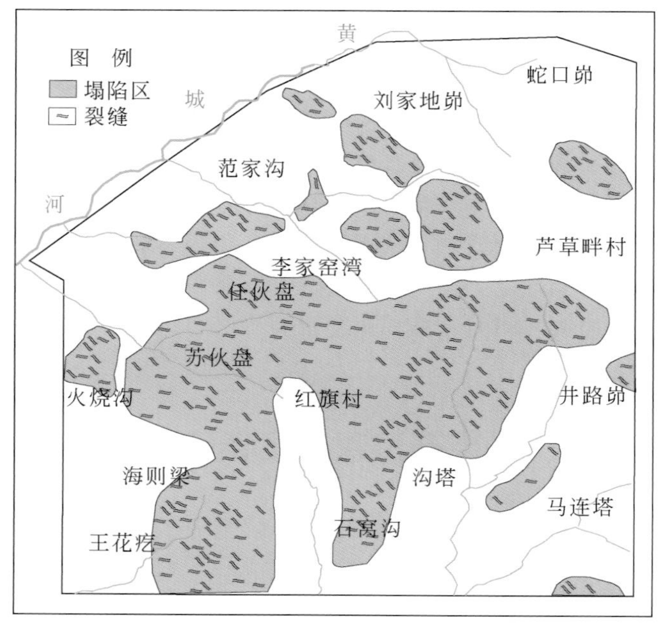

图 4-2　榆家梁煤矿地面沉降及地裂缝发育分布图

2. 榆横煤炭高强度开采区

分布在横山县韩岔乡—波罗堡乡一带，面积约 401.27 km^2。开采侏罗系煤层，为井下开采。区内有矿山 19 个，其中煤矿 17 个（中型 10 个，小型 7 个），砖瓦用黏土矿 2 个（为小型）。

区内各煤矿矿井的设计能力总和达 8Mt/a，采高 1.3～3.4m，为多煤层开采，工作面长度 120～300m，推进长度 1100～4000m，大多采用长臂式炮采开采，全部垮落顶板管理方式，属于空间高强度开采类型。

3. 子长—宝塔区煤炭高强度开采区

分布于子长县栾家坪镇—宝塔区蟠龙一带，面积约 436.21km^2。主要开采石炭二叠系煤，其次为砖瓦黏土矿，煤矿为井下开采，砂石黏土矿为露天开采。区内有矿山 20 个，其中煤矿 7 个（大型 3 个，分别为禾草沟煤矿、禾草沟煤矿二号井、贯屯煤矿；中型 3 个，分别为子长县双富煤矿、子长县南家嘴煤矿、宝塔区四嘴煤矿；小型 1 个，为子长县余家坪乡志安煤矿），砖瓦黏土矿 12 个，建筑用砂矿 1 个，煤矿主要为井工开采，其他矿类为露天开采。

区内各个矿井的设计能力总和为 8.4Mt/a，采高 0.5～2.9m，为多煤层开采，工作面长度 100～200m，推进长度 1200～3000m，大多采用长壁综采采煤法、长壁式机械化开采、长臂式炮采采煤法，全部垮落顶板管理方式，均属于面积高强度开采类型。

4. 铜川—焦坪—黄陵煤炭高强度开采区

分布于铜川市的黄堡镇—红土镇—广阳镇，宜君县太安镇—耀州区庙湾，黄陵县中部仓村乡—腰坪乡—双龙一带，面积约 1775.96km^2。铜川矿区主要开采石炭二叠系煤层，焦坪、黄陵矿区主要开采侏罗系煤层，主要为井下开采，现已闭坑的铜川矿务局焦坪煤矿曾为井采露采相结合。铜川、焦坪、黄陵矿区是陕西省较老的煤炭开采矿区之一，区内有矿山 123 个，其中煤矿 85 个（大型 9 个，包括王石凹、陈家山、下石节、崔家沟、西川、照金煤矿等；中型 8 个，东坡、鸭口、金华煤矿等，其余为小型）。水泥用石灰岩矿 4 个，水泥配料用砂岩矿 3 个，制灰用石灰岩矿 2 个，泥炭矿 1 个，油页岩矿 1 个，建筑用砂矿 2 个，砖瓦用黏土矿 16 个，建筑石料用灰岩矿 7 个，高岭土矿 1 个，耐火黏土矿 1 个，均为小型。

区内煤矿总生产能力为 32Mt/a，采高 1.65 ~ 9.0m，为多煤层开采，工作面长度 120 ~ 300m，推进长度 1200 ~ 3000m，大多采用壁式机械化综采开采，全部垮落顶板管理方式，均属于空间高强度开采类型，如王石凹煤矿采空区出现了大型沉陷、滑坡，并伴生地裂缝发育（图 4-3）。其他矿山为露天开采，开采规模约 2Mt/a，开采方式多为自上而下水平分层开采，其平面上开采面积占比大、空间上开采高度大、时间上开采速度快，因此划分为高强度开采区。

图 4-3　铜川矿区发育的地面塌陷与地裂缝

5. 韩城—蒲城—白水—澄合煤炭高强度开采区

分布于桑树坪镇—新城街办，合阳百良至白水县西界，面积 1896.54km^2。主要开采石炭二叠系煤层，其次为建筑石料用灰岩等建材矿产。区内有矿山 165 个，其中煤矿 80 个（大型 5 个，包括桑树坪、下峪口、象山、王村、澄合二矿等煤矿；中型 8 个，包括蒲白朱家河、马村，南桥煤业矿，白水县西固新兴煤矿等，其余为小型）。铁矿 2 个，铝土矿 1 个，建筑石料用灰岩矿 24 个，砖瓦用黏土矿 39 个，保温材料用黏土矿 1 个，水泥用石灰岩矿 4 个，建筑用石料矿 12 个，陶瓷土矿 1 个，硫黄矿 1 个，为小型。

区内煤矿总生产能力为 27Mt/a，采高 1.9 ~ 8.2m，为多煤层开采，工作面长度 100 ~ 250m，推进长度 1000 ~ 3000m，大多采用壁式机械化综采开采，全部垮落顶板管理方式，属于空间和面积高强度开采类，如象山煤矿，采空区内出现大量的地面塌陷槽和裂缝，塌陷槽宽度最大达3m，错坎高度达1.5m，同时采空区引发滑坡（图4-4）。除铁矿外，其他矿山为露天开采，生产能力总和约8Mt/a，开采方式多为自上而下水平分层开采，其平面上开采面积占比大、空间上开采高度大、时间上开采速度快，因此划分为高强度开采区。

图4-4　韩城象山煤矿地面塌陷引发滑坡和塌陷裂缝

6. 彬县—长武—旬邑煤炭高强度开采区

分布在长武县亭口镇—彬县炭店乡—旬邑县张洪镇一带，面积686.32km²。开采侏罗系煤层，为井下开采。区内有矿山64个，其中煤矿29个（大型11个，包括火石嘴、长武亭南、雅店、大佛寺、旬邑中达燕家河、旬邑县百子沟燕家河煤矿等；中型3个，为水帘洞、黑沟煤矿和旬邑县皇楼沟煤矿；其余为小型），砖瓦用黏土矿35个，全部为小型。

区内煤矿总生产能力为40Mt/a，采高为2.3~18.9m，为多煤层开采，工作面长度150~250m，推进长度1100~2500m，大多采用分层综采放顶煤开采、长壁式机械化综采开采，全部垮落顶板管理方式，属于空间和面积高强度开采类型。

7. 柞水—镇安—宁陕—旬阳多金属高强度开采区

分布于柞水县下梁镇—镇安县东川镇，镇安县青铜关，旬阳县甘溪—关口镇一带，面积约1678.9km²。区内有矿山82个，主要开采铁矿、银矿、铅锌矿等金属矿产，其中铁矿15个，金矿8个，银矿2个，铅矿16个，锌矿9个，钒矿3个，铜矿3个，锰矿1个，硫铁矿1个，重晶石矿4个，熔剂用石灰岩矿1个，萤石矿（普通）1个，滑石矿1个，建筑用石料矿8个，水泥用石灰岩矿5个，砖瓦用黏土矿1个，矿泉水矿1个，砖瓦用砂岩矿1个，水泥配料用页岩矿1个。按照生产规模划分，其中大型7个（陕西银矿，柞水县杨木沟铜钼矿，冯家沟铁矿，陕西大西沟铁矿，久盛矿业东沟金矿，东沟矿区，月西硫铁矿，安康市尧柏水泥有限公司青山寨石灰石矿山），其余均为小型，金属矿山为井工开采，非金属生产矿山为露天开采。

区内矿山生产能力总和约21Mt/a，井工开采矿山多采用浅孔留矿法、房柱采矿法、分段空场采矿法，其回采工作年下降深度大，开采系数大，回采强度大，露天开采矿山开采方式多为自上而下水平分层开采，因其平面上开采面积占比大、空间上开采高度大、时间上开采速度快为特点的开采区域和开采方式，划分为高强度开采区。

8. 山阳钒矿高强度开采区

分布于山阳县中村—商南县湘河镇，面积约920.99km²。区内有矿山49个，主要开采钒矿、铁矿等，其中钒矿26个，铁矿6个，重晶石矿6个，其他建材及非金属矿11个。大型7个（山阳县夏家店金钒矿，山阳县王闫甘沟铁矿，丹凤县石槽沟重晶石，商南县槐树坪钒矿，商南县水沟钒矿，商南县湘河钒矿区，商南县汪家店钒矿），中型3个（五洲矿业中村钒矿，夏家店金矿，竹扒沟—地坪沟铁矿），其余为小型，金属矿山为井工开采，建材非金属生产矿山为露天开采。

区内矿山生产能力总和约3.5Mt/a，井工开采矿山多采用浅孔留矿法、房柱采矿法、分段空场采矿法，其回采工作年下降深度大，开采系数大，回采强度大，露天开采矿山开采方式多为自上而下水平分层开采，因其平面上开采面积占比大、空间上开采高度大、时间上开采速度快为特点的开采区域和开采方式，被划分为高强度开采区。2015年8月12日凌晨发生的滑坡灾害，将位于烟家沟的陕西五洲矿业公司1015洞口及职工宿舍全部掩埋（图4-5）。

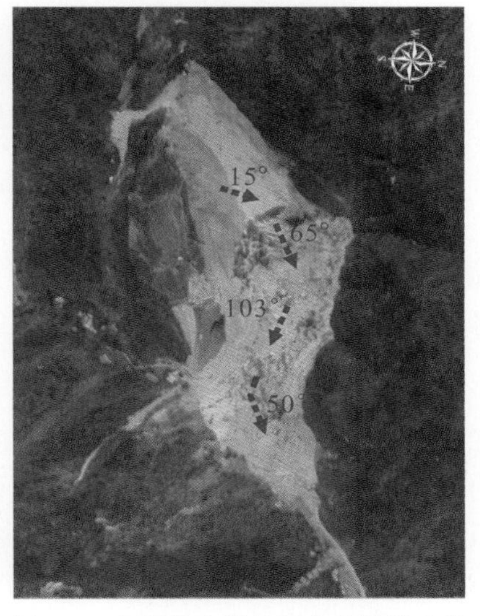

图4-5　山阳县中村镇烟家沟滑坡全貌

9. 勉县—略阳—宁强多金属高强度开采区

分布在略阳、勉县、宁强三县交汇处，面积1220.85km²。区内矿山69个，其中金属矿山42个（金矿10个，铁矿16个、锰矿8个，铜矿3家、铅锌矿4个，镍矿1个），非金属矿山27个（磷矿4个，硫铁矿2个，重晶石矿1个，白云岩矿4个，滑石矿2个，石棉建材矿2个，建筑用石料矿10个，建筑石料用灰岩矿1个，粉石英矿1个）；大型10个（汉中嘉陵矿业黑山沟铁矿，汉中钢铁集团何家岩铁矿，杨家坝铁矿，华澳矿业金矿，略阳铧厂沟金矿，宁强锰矿，略阳县三岔子锰矿，勉县长沟河白云寺铅锌矿，勉县汉江重晶石粉厂，略阳县金家河磷矿），中型10个（宁强县火峰垭金矿，宁强县大石岩金铜矿，略阳县东沟坝金矿，阁老岭铁矿等），其余为小型，金属矿山为井工开采，非金属生产矿山为露天开采。

区内矿山总生产能力约5Mt/a，井工开采矿山多采用浅孔留矿法、房柱采矿法、分段空场采矿法，其回采工作年下降深度大，开采系数大，回采强度大，露天开采矿山开采方式多为自上而下水平分层开采，因其平面上开采面积占比大、空间上开采高度大、时间上开采速度快为特点的开采区域和开采方式，划分为高强度开采区，如宁强县黎家营锰矿和宁强锰矿，采空区引发矿区内的边坡失稳，形成滑坡，造成8人死亡，多人受伤，经济损失重大（图4-6）。

图 4-6　宁强锰矿开采区采空区引发滑坡

10. 凤县太白铅锌矿高强度开采区

分布于凤县南星—双石铺—太白县太白河镇，面积 1186.43km²。区内共有矿山 60 个，主要开采铅锌矿。铅锌矿主要分布于凤县境内，铅矿 20 个（大型 1 个，凤县丝毛岭金铅锌矿；中型 1 个，凤县地成矿业有限责任公司峰崖铅锌矿；其余为小型），锌矿 19 个，均为小型；金矿 4 个（大型 2 个，凤县四方金矿、太白黄金矿业），水泥用石灰岩矿 4 个，石墨矿 6 个，砖瓦黏土矿 3 个，砂金矿 1 个，水泥用大理石矿 1 个，制灰用石灰岩矿 1 个，冶金用脉石英矿 1 个，其余为小型，除铅、锌、金矿外其他均为露天开采。

区内矿山生产能力总和约 2.1Mt/a，井工开采矿山多采用浅孔留矿法、房柱采矿法、分段空场采矿法，其回采工作年下降深度大，开采系数大，回采强度大，露天开采矿山开采方式多为自上而下水平分层开采，因其平面上开采面积占比大、空间上开采高度大、时间上开采速度快为特点的开采区域和开采方式，所以划分为高强度开采区。

11. 小秦岭金钼矿高强度开采区

分布于潼关县与华阴市南部、华县金堆城、洛南县北部一带，面积 686.22km²。主要开采金矿和钼矿，该矿区 1975 年开始开采，20 世纪 80 年代中后期至 90 年代中期，先后有黄金企业及数百家个体从事开发，采矿坑口达 2500 多个，无序开采导致资源快速枯竭，地质灾害频发，环境污染严重。区内现有矿山 57 个，其中金矿 40 个，以中小型为主，开采方式为井工开采，钼矿 10 个［大型 2 个，华县金堆城钼业（6.8Mt/a，回采率 97%）、洛南县王河沟钼矿，中型 2 个，洛南上河钼矿，陕西文金栗峪矿业，其余为小型，4 个为井下开采，其余为露天开采］，建筑用石料矿 3 个，铁矿 2 个（井工开采），冶金用砂岩矿 1 个，麦饭石矿 1 个，为小型，其他均为露天开采。

区内矿山生产能力总和约 3.5Mt/a，井工开采矿山多采用浅孔留矿法、房柱采矿法分段空场采矿法，其回采工作年下降深度大，开采系数大，回采强度大，露天开采矿山开采方式多为自上而下水平分层开采，因其平面上开采面积占比大、空间上开采高度大、时间上开采速度快为特点的开采区域和开采方式，划分为高强度开采区，如潼关金矿区内峪口内堆积大量的采矿废渣，形成泥石流及隐患，2010 年潼关金矿区蒿岔峪 7 · 23 泥石流致 8 死 4 伤（图 4-7）。

图 4-7　潼关金矿区泥石流及隐患

二、矿产资源中强度开采区

矿产资源中强度开采区主要为富县牛武—直罗煤矿区、渭北石灰岩矿区、秦岭北坡建筑用石料矿区、秦巴山区小型金属矿区、石煤矿区、非金属建材矿区等 18 个中强度开采区，其开采面积占比、空间上工作面开采尺寸、时间上开采速度相对高强度开采区较低。

1. 富县牛武—直罗煤炭中强度开采区

分布于富县牛武镇、直罗镇一带，面积约 251.34km^2。区内共有矿山 16 个，其中煤矿 8 个，大型 2 个（芦村一号煤矿、党家河煤矿），中型 1 个（芦村二号煤矿），其余为小型，均为井工开采；砖瓦黏土矿 4 个，建筑用石料矿 4 个，为露天开采。

区内煤矿设计能力总和为 7Mt/a，采高 0.65～1.9m，工作面长度 100～300m，推进长度 1100～3000m，大多采用长壁综合机械化采煤法、长壁高档普采采煤法，全部垮落顶板管理方式，对比煤炭资源开采强度指标，将该区域划分为中强度开采区。

2. 渭北石灰岩中强度开采区

分布于蒲城县北部、白水县南部，董家河镇—石柱乡一带，面积 548.1km^2。主要开采建筑石料用灰岩等建材矿产。区内共有矿山 95 个，其中水泥用石灰岩矿 38 个（大型 4 个，包括尖草坡水泥用灰岩矿，李家沟水泥用灰岩矿，石坡水泥灰岩矿，宝鉴山石灰石矿，中型 1 个，尧山水泥灰岩矿，其余为小型），建筑石料用灰岩矿 5 个，砖瓦用黏土矿 27 个，建筑用石料矿 2 个，制灰用石灰岩矿 14 个，水泥配料用砂岩矿 8 个，煤矿 1 个（井工），均为小型，建材矿为露天开采。

区内矿山生产能力总和约 25Mt/a，以露天开采为主，主要采用自上而下分层开采，开采最大高差约 300m，每层开采高度最大 15m，露天开采矿山平面上开采面积占比较大、空间上开采高度较大、时间上开采速度较快，其开采强度相对较低，因此划分为中强度开采区。如尧柏水泥蒲城公司露天开采石灰岩，造成大面积的山体裸露，生态环境和地质环境破坏，短时间难以恢复（图 4-8）。

图 4-8 石灰岩露天开采破坏地形地貌景观

3. 陇县—千阳石灰岩矿中强度开采区

分布在陇县火烧寨镇—千阳县城关镇一带，面积约593.06km²。区内有矿山67个，其中水泥用灰岩矿14个，冶金用白云岩矿6个，建筑用石料矿6个，煤矿1个，砖瓦用黏土矿22个，其他类矿山18个，均为小型，除煤矿为井工开采外，其他为露天开采。

区内矿山生产能力总和约8Mt/a，以露天开采为主，露天开采矿山平面上开采面积占比较大、空间上开采高度较大、时间上开采速度较快，其开采强度相对于高强度开采区较低，因此划分为中强度开采区。

4. 凤翔—岐山—乾县建材矿中强度开采区

该区呈东西向分布于凤翔县糜杆桥镇—岐山县蒲村—乾县一带，面积约551.71km²。区内现有各类生产矿山48个，主要开采石灰岩矿和砂石黏土矿，露天开采，其中水泥用石灰岩矿24个（大型2个，分别为东山水泥用灰岩矿、南湾水泥用灰岩矿，其他为小型），建筑用石料矿17个，砖瓦黏土矿6个，陶瓷用砂岩矿1个，均为小型。

区内矿山生产能力总和约7.5Mt/a，以露天开采为主，露天开采矿山其平面上开采面积占比较大、空间上开采高度较大、时间上开采速度较快，其开采强度相对于高强度开采区较低，因此划分为中强度开采区。

5. 华县—华阴—蓝田县建材矿中强度开采区

分布于华县高塘镇与华阴市孟塬镇，蓝田县汤峪镇—兰桥乡一带，面积约844.72km²。区内有矿山122个，主要开采建筑用石料等，为露天开采，大型1个，其余为小型。其中建筑用石料矿72个，饰面用石料矿10个，砖瓦黏土矿35个，建筑用大理岩矿2个，玻璃用石英岩矿1个，花岗岩矿1个，铁矿1个。

区内以露天开采为主，露天开采矿山平面上开采面积占比较大、空间上开采高度较大、时间上开采速度较快，其开采强度相对于高强度开采区较低，因此划分为中强度开采区。

6. 商州—丹凤金属及建材非金属矿中强度开采区

分布于商州区牧户关镇—黑山—北宽坪镇，丹凤县商镇—蔡川镇一带，面积约

1133.49km²。区内有矿山56个，其中金属矿16个（金矿4个，铅矿4个，锰矿2个，铜矿1个，钼矿1个，铁矿2个，铜矿1个，锑矿1个；中型3个，为商州区龙王庙钼铅锌矿、陕西秦兴矿业有限公司丹凤公司和丹凤县宏岩矿业有限公司，其他为小型）。非金属矿山40个（建筑用石料矿15个，建筑用大理石矿3个，石墨矿2个，砖瓦用黏土矿6个，其他类非金属矿14个，均为小型），金属矿山为井工开采，非金属矿为露天开采。

区内的金属矿山其回采工作年下降深度较大，开采系数较大，回采强度较大。露天开采矿山平面上开采面积占比较大、空间上开采高度较大、时间上开采速度较快，其开采强度相对于高强度开采区较低，因此划分为中强度开采区。

7. 山阳—商南金属矿中强度开采区

分布于山阳县牛耳川镇—王庄镇，商南县富水乡一带，面积约205.78km²。区内有金属矿山11个，其中铁矿1个，铜矿2个，钒矿2个，锌矿1个，银矿1个，铬铁矿1个（为中型，商南铬镁材料有限公司橄榄岩铬铁矿），镁矿1个；玻璃用脉石英1个，建筑用石料矿1个，其他为小型，除了金属矿山为井工开采外，其余为露天开采。

区内主要为金属矿山，其回采工作年下降深度较大，开采系数较大，回采强度较大。其开采强度相对于高强度开采区较低，因此划分为中强度开采区。

8. 宁陕—佛坪金属矿及建材矿中强度开采区

分布于宁陕县新场乡—镇安县月河镇—广货街，佛坪西岔河镇—大河坝镇一带，面积约792.92km²。区内有矿山43个，其中金属矿9个［铁矿3个，钼矿4个，金矿1个，钒矿1个，中型1个（宁陕县漆树沟—沙络帐铁矿），其余为小型］，非金属矿34个，其中建筑用石料矿18个，饰面用石料矿6个，玻璃用石英岩矿4个，其他非金属矿6个，均为小型，除铁矿、钼矿和金矿为井工开采外，其余均为露天开采。

区内的金属矿山其回采工作年下降深度较大，开采系数较大，回采强度较大。露天开采矿山，其平面上开采面积占比较大、空间上开采高度较大、时间上开采速度较快，其开采强度相对于高强度开采区较低，因此划分为中强度开采区。

9. 旬阳—白河建材及非金属矿中强度开采区

分布于旬阳县北部小河镇—红军镇，神河镇—铜钱关镇，白河县县境大部分区域一带，面积约1008.82km²，主要开采建材和非金属矿，有少量的金属矿。区内有矿山69个，其中汞矿3个，冶金用白云岩矿1个，建筑用石料矿15个，毒重石矿11个，重晶石矿1个，化肥用蛇纹岩矿1个，水泥用石灰岩矿7个，玻璃用石英岩矿7个，制灰用石灰岩矿6个，砖瓦用页岩矿7个，玻璃用石灰岩矿1个，砖瓦用黏土矿1个，金矿1个，钒矿2个，银矿1个，锌矿1个，铁矿2个，铅矿1个，均为小型，除钒矿、冶金用白云岩等，其他金属矿均为露天开采。

区内主要为露天开采矿山，其平面上开采面积占比较大、空间上开采高度较大、时间上开采速度较快，其开采强度相对于高强度开采区较低，因此划分为中强度开采区。

10. 安康南部石煤及非金属中强度开采区

分布于镇巴县仁村乡—紫阳县高桥镇，安康市东南岚皋—平利—镇平县一带，面积约2062.73km²。区内有矿山147个，以开采石煤和建材矿为主，其中石煤矿71个，锰矿5个，铁矿2个，钒矿1个，毒重石矿8个，建筑用石料矿11个，建筑用辉绿岩矿3个，饰面用石料矿27个，砖瓦用页岩矿3个，铸石用辉绿岩矿8个，砖瓦黏土矿1个，水泥用石灰岩矿4个，制灰用石灰岩矿1个，水泥配料用砂岩矿1个，硅质岩矿1个。中型1个（紫阳县桃园—大柞木沟钛磁铁矿），其余为小型。按照开采方式划分，石煤矿和金属矿山为井工开采，非金属矿山为露天开采。

区内石煤矿设计能力总和为2.5Mt/a，石煤主要以“鸡窝”形式分布，大多采用炮采，对比煤炭资源开采强度指标，将该区域划分为中强度开采区。井工开采矿山其回采工作年下降深度较大，开采系数较大，回采强度较大。露天开采矿山平面上开采面积占比较大、空间上开采高度较大、时间上开采速度较快，其开采强度相对于高强度开采区较低，因此划分为中强度开采区。

11. 汉滨—紫阳—岚皋—平利建材矿中强度开采区

分布于汉滨区新坝镇—茨沟镇，紫阳县燎原镇—蒿坪镇，岚皋县民主镇—蔺河镇，平利县洛河镇—女娲山一带，面积约1925.92km²。区内有矿山161个，其中饰面用石料矿23个，建筑用石料矿36个，重晶石矿12个，砖瓦用页岩矿14个，水泥用石灰岩矿19个（大型3个，包括长安金石石灰岩矿等），冶金用石英岩矿2个，水泥用辉绿岩矿5个，玻璃用石英岩矿3个，玻璃用脉石英矿4个，石煤矿13个，叶蜡石矿2个（中型1个），白垩矿2个，钒矿5个，铜矿2个，其他各类矿山19个，其余为小型，除石煤矿、重晶石和金属矿为井工开采外，其余为露天开采。

区内主要为露天开采矿山，其平面上开采面积占比较大、空间上开采高度较大、时间上开采速度较快，其开采强度相对于高强度开采区较低，因此划分为中强度开采区。

12. 石泉—汉阴金属及建材矿中强度开采区

分布于石泉县饶峰镇，汉阴县涧池镇—双河口—铁佛寺镇一带，面积约492.61km²。区内矿山33个，其中金矿4个（中型2个，包括汉阴县黄龙金矿、汉阴县鹿鸣金矿），铁矿1个，建筑用石料矿13个，水泥用石灰岩矿5个，饰面用石料矿3个，玻璃用脉石英矿2个，制灰用石灰岩矿2个，石墨矿1个，建筑用砂矿1个，玻璃用石英岩矿1个，其余为小型，均为露天开采。

区内的金属矿山其回采工作年下降深度较大，开采系数较大，回采强度较大。露天开采矿山平面上开采面积占比较大、空间上开采高度较大、时间上开采速度较快，其开采强度相对于高强度开采区较低，因此划分为中强度开采区。

13. 西乡建材及非金属矿中强度开采区

分布于西乡县桑园—白龙塘镇，峡口镇一带，面积约221.23km²。主要开采饰面用石料和石膏矿，区内有矿山 26 个，其中饰面用石料矿 19 个（均为小型），石膏矿 6 个（大型 1 个，中型 1 个，小型 4 个），磷矿 1 个（大型，西乡县沈家坪晶质磷矿），按照开采方式划分，除石膏矿为井下开采外，其他均为露天开采。

区内主要为露天开采矿山，其平面上开采面积占比较大、空间上开采高度较大、时间上开采速度较快，其开采强度相对于高强度开采区较低，因此划分为中强度开采区。

14. 洋县铁矿及建材非金属矿中强度开采区

分布于洋县黄金峡镇—桑溪镇，戚氏镇—关帝镇一带，面积约 397.23km^2。区内有矿山 28 个，其中铁矿 5 个（中型 1 个），建筑用石料矿 10 个，砖瓦黏土矿 5 个，玻璃用石英岩矿 3 个，玻璃用石灰岩矿 1 个，建筑石料用灰岩矿 2 个，石墨矿 2 个（大型 1 个，为洋县铁河大安沟石墨矿；中型 1 个，为洋县铁河明崖沟石墨矿），其余为小型，除铁矿为井下开采外，均为露天开采。

区内的金属矿山回采工作年下降深度较大，开采系数较大，回采强度较大。露天开采矿山平面上开采面积占比较大、空间上开采高度较大、时间上开采速度较快，其开采强度相对于高强度开采区较低，因此划分为中强度开采区。

15. 南郑—勉县多金属及建材非金属矿中强度开采区

分布于勉县元墩镇—褒城镇，南郑县大河坎镇—碑坝镇—白玉乡一带，面积约 801.11km^2。区内有矿山 71 个，其中铁矿 4 个，铅矿 3 个（中型 1 个，南郑县白玉乡恒心铅锌矿），锌矿 4 个，铜矿 2 个，建筑用石料矿 29 个，水泥用石灰岩矿 6 个（大型 2 个，分别为勉县灯盏窝水泥用灰岩矿和中材汉江水泥股份有限公司上梁山水泥灰岩），建筑石料用灰岩矿 8 个，玻璃用脉石英矿 2 个，砖瓦用页岩矿 7 个，建筑用砂矿 2 个，建筑用花岗岩矿 1 个，建筑白云岩矿 2 个，饰面用石料矿 1 个，其余为小型。按照开采方式划分，除金属矿为井工开采外，其余为露天开采。

区内的金属矿山回采工作年下降深度较大，开采系数较大，回采强度较大。露天开采矿山平面上开采面积占比较大、空间上开采高度较大、时间上开采速度较快，其开采强度相对于高强度开采区较低，因此划分为中强度开采区。

16. 宁强金属及建材矿中强度开采区

分布于宁强县西部广坪镇—阳平关镇，汉源镇—胡家坝镇一带，面积约 373.53km^2。区内有矿山 29 个，其中金矿 2 个（中型 1 个，为玉泉坝金矿）、铜矿 2 个，磷矿 1 个（中型，汉中市阳平关通宝磷矿），建筑用石料矿 12 个，砖瓦用页岩矿 7 个，建筑石料用灰岩矿 2 个，砖瓦用黏土矿 3 个，其余为小型。按照开采方式划分，金属矿采用井下开采，其余为露天开采。

区内的金属矿山回采工作年下降深度较大，开采系数较大，回采强度较大。露天开采矿山平面上开采面积占比较大、空间上开采高度较大、时间上开采速度较快，其开采强度相对于高强度开采区较低，因此划分为中强度开采区。

17. 汉台—城固—留坝建材矿中强度开采区

分布于汉台区河东店镇，城固小河镇，留坝县留候镇—武关驿镇一带，面积约680.42km^2。区内有矿山54个，主要开采玻璃用石英岩，磷矿、锰矿，饰面用石料矿，其中玻璃用石英岩矿19个（中型2个，包括汉中华信利水沟老鹰岩石英矿，汉中石英矿产集团沥水沟石英岩矿），建筑用石料矿8个，玻璃用砂岩矿5个，饰面用石料矿9个，磷矿3个（中型1个，天台山磷矿），建筑石料用灰岩矿3个（中型1个，汉中市徐家坡福利矿石厂），水泥用石灰岩矿2个，锰矿3个（大型1个，天台山锰矿），铁矿1个，银矿1个，其余为小型。按照开采方式划分，磷矿和金属矿为井下开采，其他为露天开采。

区内主要为露天开采矿山，其平面上开采面积占比较大、空间上开采高度较大、时间上开采速度较快，其开采强度相对于高强度开采区较低，因此划分为中强度开采区。

18. 淳化—泾阳建筑用石料中强度开采区

分布于淳化县南部与泾阳县交界处，面积384.87km^2。主要开采建筑石料用灰岩等建材矿产。区内有矿山69个，其中建筑石料用灰岩25个，水泥用石灰岩矿18个（大型1个，为礼泉县叱干镇顶天水泥用灰岩矿，中型1个，为淳化玉狮场矿业有限公司），建筑用石料矿16个，砖瓦用黏土矿3个，水泥配料用砂岩矿5个，冶金用石英岩矿1个，建筑白云岩矿1个，其余为小型，均为露天开采。

区内主要为露天开采矿山，其平面上开采面积占比较大、空间上开采高度较大、时间上开采速度较快，其开采强度相对于高强度开采区较低，因此划分为中强度开采区。

三、矿产资源低强度开采区

矿产资源低强度开采区为除未进行采矿活动的城镇等区域及高强度开采区与中强度开采区以外的采矿活动区域。区内主要开采砖瓦黏土矿与河砂，局部小规模开采金属矿、建材及非金属矿，主要为露天开采矿山，其平面上开采面积占比小、空间上开采高度小、时间上开采速度慢，其开采强度相对于高强度开采区更低，因此划分为低强度开采区。

第三节　高强度开采地质灾害的发育机理

根据高强度开采的特点，其发育机理可分为四种类型：顶板塌陷诱发型，采空区变形诱发型，采矿废渣堆积型和露天采矿边坡诱发型。

一、顶板塌陷诱发型

主要发生在浅埋煤层高强度开采区，如榆神府矿区目前开采的煤层，埋深多小于

150m，高强度开采后，顶板直接冒落，造成地面塌陷、地裂缝发育（范立民等，2015b）（图4-9），导致地下水渗漏（范立民，2007；范立民等，2015b），水位下降，生态环境破坏，并造成地表建（构）筑物损毁。这种类型在陕北、彬长煤矿区广泛分布，另外，金属矿区的一地多层开采即所谓“楼上楼”开采也容易造成塌陷引发灾害。

图 4-9　开采诱发地裂缝灾害

（一）地面塌陷

在采煤沉陷中，按照沉陷的表现形式是否连续分为连续式下沉和不连续下沉，采煤沉降表现形式各异。连续下沉形成的沉陷盆地面积通常比采空区的面积大，其位置和形状与矿层的倾角大小都有关。自盆地中心向边缘渐变，变形特征可以分为三个区：均匀下沉区、轻微变形区、移动区；区域地表变形分为三种变形和两种移动，三种变形是弯曲、倾斜和水平变形，两种移动是水平移动和垂直移动。不连续下沉特点是有限的范围内地表位移变化大，并在下沉剖面的表面上产生不连续的间断面或阶梯状变化。多种的采矿方法可引起这种类型的地表下沉，或有可能是突然发生，影响范围变化很大。

以榆神府矿区为例，该矿区煤层埋藏浅（一般在 100 ~ 400m）、煤层厚、煤层上覆基岩薄，且为巨厚松散层所覆盖。因此，随着浅埋煤层的大规模开采和工作面的推进，工作面出现台阶下沉，有的下沉量达 1000mm，造成基岩全厚切落和地表非连续式裂缝破坏。进而地表出现急剧下沉，一般形成圆锥形、椭圆形塌陷坑（图 4-10）。与此同时，随着采空区面积的逐渐扩大，地表各点下沉速度逐渐增大，地表最大下沉速度也随之增高。如 1996 年建成投产的大柳塔煤矿，采用大型综采，一井一面年产原煤 1100 多万 t。平硐开拓，顶板采用冒落式管理，采空后全部放顶。开采 2^{-2}煤层，标高 910 ~ 1225m，开采深度 50 ~ 140m。地面塌陷面积达 16km^2，塌陷呈裂陷式，地面塌陷损坏房屋 240 间，造成水浇地 6.53hm^2、旱地 4hm^2、林草地 1166.6hm^{2}不同程度损坏。2005 年 10 月采空塌陷造成 204 省道变形强烈。

图 4-10　高强度开采工作面的地面塌陷

据不完全统计，截至 2013 年年底，全省发生地面塌（沉）陷 65 处，塌陷总面积 5236.98hm^2，占采空区面积的 15.6%。地面塌陷主要发生在煤矿，共发生地面塌陷 51 处，塌陷面积 4906.16hm^2，都是由于高强度开采后，顶板直接冒落，造成地面塌陷。地面塌陷形成过程中也伴随着地裂缝的形成，塌陷区的形态特征与开采方式有直接关系，地方煤矿采取房柱式开采，采空区面积较小，塌陷呈带状和串珠状分布；大型矿区采取回采方式开采，采空区面积大，塌陷面积也大，总体呈整体梯级塌陷。不同的采煤方法，其采空区地面塌陷的机理有所差异。

1. 壁式综采采煤方法采空塌陷发育机理

壁式综采采用一定工作面宽度长距离推进方式综采，在采空区形成之后，采空区顶板岩层在自重力和上覆岩土体压力作用下，产生向下弯曲与移动。当顶板岩层内部形成的拉张应力超过岩层抗拉强度极限时，直接顶板会发生断裂、垮塌、冒落，继而上覆岩层也向下弯曲、移动，随着采空范围的扩大，受移动的岩层也不断扩大，从而在地表形成塌陷。在缓倾条件下上覆的岩土体大致可形成三个带，即冒落带、裂隙带和弯曲变形带，三带界限一般不明显，也不一定同时出现，“三带”发育见图 4-11。

一般情况下，矿体距地表埋深浅，且矿体较厚时，则对地表影响较大，冒落带可直达地表，形成地面塌陷带或塌陷坑；当矿体距地表埋深较深，矿体较厚时，则地表一般表现为裂隙带，地面裂隙分布较多；当矿体距地表埋深很深，或矿体很薄时，则对地表影响轻微。此外，通常在塌陷发生的沉降盆地中心部位以垂向下沉为主，水平位移、倾斜位移量较小，形成沉陷盆地；而盆地边缘及外缘裂隙拉伸带以倾斜位移和水平位移变形为主，可能出现地表裂缝、漏斗状塌陷坑等。如榆家梁煤矿采空区地面塌陷、火石嘴煤矿采空区地面塌陷。

2. 房柱式采煤方法采空塌陷发育机理

普罗托耶科诺夫提出的平衡拱理论认为，采用房柱式采煤方法在煤层开挖以后，如不及时支护，其顶板岩体将不断垮落，形成一个拱形，又称塌落拱（图 4-12）。

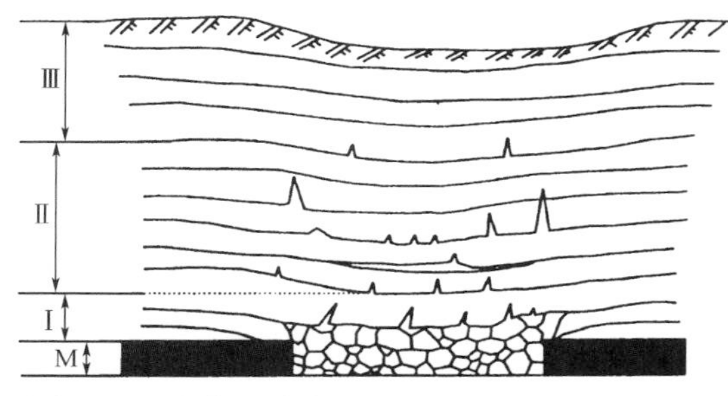

图 4-11　壁式开采采空塌陷“三带”发育示意图

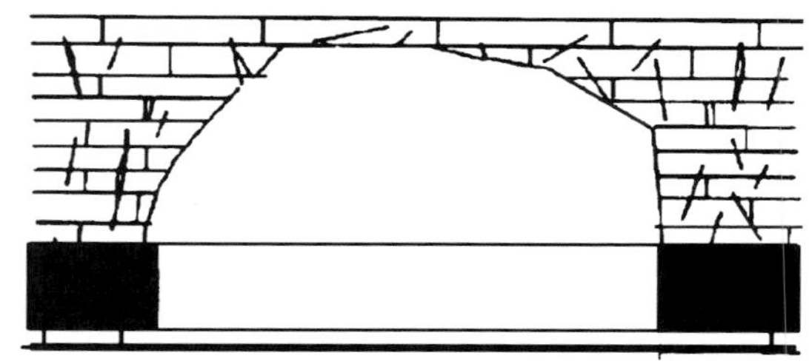
图 4-12　平衡拱示意图

最初这个拱形是不稳定的，若侧壁（煤柱或实体煤）稳定，则拱高随塌落不断增高；反之，如果侧壁也不稳定，则拱跨和拱高同时增大。当开挖处埋深大于 5 倍拱跨时，塌落拱不会无限发展，最终将在围岩中形成一个自然平衡拱，覆岩冒落趋于稳定。

调查中，此类采空区之上地表无明显变形迹象，既无沉陷盆地，也没有形成裂缝，或者是已经形成地面裂缝但被表层松散层所自然掩埋。但是随着煤柱不断压裂、风化剥落，发生片帮、失稳，则会引起地面突然塌陷，形成塌陷坑，而且许多采用房柱式开采的煤矿没有对矿区零散居民提前搬迁，塌陷形成的裂缝往往对居民房屋造成破坏甚至发生伤亡事件，这种塌陷威胁持续时间长，不易消除，如榆阳区永乐煤矿地面塌陷。

金属矿山采空区地面塌陷主要与矿体特征、采矿方法、矿区的地层特征有关，其采矿方法主要为崩落法、空场法和充填法，使用较多的采矿方法主要有全面采矿法、房柱采矿法、留矿采矿法、分段矿房法、壁式充填采矿法、臂式崩落法和有底柱分段崩落法。其中臂式崩落法和有底柱分段崩落法采矿后产生的地面塌陷较严重，地面塌陷主要呈塌陷坑状，塌陷坑分布较多，但单个塌陷坑的面积较小。全面采矿法、房柱采矿法、留矿采矿法、分段矿房法等方法产生的地表变形相对较轻，主要表现为地表裂缝。如洛南县境内的王河沟钼矿地面塌陷。

（二）地 裂 缝

地裂缝（范立民，1996；范立民等，2015b）是矿区最常见的一种地质灾害，煤炭资源开采引起的地表变形是一个逐步演变的过程，随着工作面的推进，覆岩与地表破坏、地裂缝发育也是一动态过程。通常与地面塌陷是一种伴生或共生关系。根据发育时段，可分为采动过程中的临时性裂缝和地表稳沉后的永久性裂缝两种。一般认为，采动地裂缝是由于开采引起的地表移动超过表土的极限变形而形成的。采动过程中的临时性裂缝一般发生在工作面上方，随着工作面的推进，覆岩破断直至地表开裂而形成。随着工作面推过裂缝后，地表受到压缩变形，位于下沉盆地中的大部分裂缝将逐步闭合。地表稳沉后的永久性裂缝一般发生在工作面的边界附近，即地表拉伸变形最大的区域，自初始开采直至地表稳定，裂缝逐步加大且永久存在。地裂缝的形态各异，有直线形、之字形、梳状、椭圆状等（图4-13）。

a

b

c

图4-13　榆神矿区高强度采煤区地裂缝形态

a. “之”字形（神木县大柳塔）；b. 梳状（神木县西沟乡）；c. 梳状（神木县西沟乡）

根据形成机理，采动地裂缝可分为拉伸型裂缝、挤压型裂缝、塌陷型裂缝、滑动型裂缝四种类型（刘辉、邓喀中，2014）。

拉伸型裂缝是由于地表水平拉伸变形超过表土的极限抗拉伸应变而将表土直接拉裂形成的，一般在地表拉伸变形区内密集发育。其主要特点为：采动过程中随着地表拉伸变形超过表土极限拉伸变形而形成，一般超前于工作面一定的距离，工作面停采后在采空区外侧一定范围内形成永久性裂缝，其宽度小、发育浅、无台阶。

挤压型裂缝是地表压缩变形超过表土的抗压缩能力时，表土受到挤压而形成的隆起，在地表压缩变形区内发育。其主要特点为：在采动过程中，随着地表的压缩变形而呈动态发育，随着工作面的推进，逐渐愈合，地表凸起，裂缝宽度小，有一定的自愈能力。

塌陷型裂缝是由于采动引起覆岩破断直至地表塌陷而形成的，一般在工作面正上方随着工作面的推进而同时发育。其主要特点为：采动过程中随着覆岩的整体垮落而发育，一般滞后于开采工作面，随着工作面的推进，逐渐愈合，宽度大、发育深、落差大。

滑动型裂缝是当工作面位于沟谷地形下时，采动容易引起地表坡体的滑移且发生局部破断，不同于覆岩整体破断的塌陷型裂缝和地表拉伸变形的拉伸型裂缝，滑动型地裂缝是由于采动引起地表拉伸和坡体滑移的耦合影响而形成的，受到地质采矿环境及地形地貌条件的影响较大，一般而言，基岩采厚比越小，地表坡度越大，发育越明显。其主要特点为：坡体局部破断而形成台阶，横向宽度大，竖向落差大，较难愈合。

据调查统计，截至2013年年底，全省矿山共发生地裂缝92处，数千条（组），其中榆神府矿区地裂缝数量达到1802条（组）（范立民等，2015b），多为顶板塌陷诱发导致。地裂缝主要分布于煤炭开采区，分布面积2881.09hm^2，绝大部分与地面塌陷相伴生，如榆神府矿区麻黄梁、大砭窑、大柳塔、榆家梁等煤矿采空区的地裂缝就非常发育，最大裂缝宽度超过2m。

二、采空区变形诱发型

与顶板塌陷诱发型类似，在开采深度中等或大的区域，高强度开采造成覆岩变形（图4-14）、弯曲，并引发地面塌陷裂缝（范立民，2015b），在地势平坦的区域，地表最明显的移动和变形是产生沉陷裂缝、陷落坑等。在山区条件下，地表的移动和变形除具有一般的地表移动形式外，还可能存在另外两种形式：滑坡和滑移。滑移是指在开采引起的地表移动过程中，表土层或风化层在重力分量的作用下沿山坡向下的缓慢移动。它是在采动沉陷过程中同时发生的。滑坡是指该地区本来就存在滑坡条件或古滑坡，由采动诱发滑坡或引起新的滑动。在缓倾斜矿层开采条件下，山区地表滑移主要发生在风化表土层内，因而在基岩与风化表土层接触面上有较大的错动，且山区地表移动范围一般比平地大。原因主要是滑移引起的水平移动、水平变形和移动边界接近平地或沟谷时地表上升。

图4-14 高强度采煤引起的坡体松动（神木县活鸡兔）

据调查，全省发现崩塌及隐患点99处，其中94处是由地下采空区变形诱发的。例如1995年发生于陕西澄合董家河煤矿的西河村崩塌。矿山滑坡发生数量仅次于地面塌陷及地裂缝、崩塌。现场调查发现因采矿活动发生滑坡及隐患78处，其中74处是由于地下采空区变形诱发的。主要集中分布于府谷、黄陵、铜川、彬县—旬邑煤矿区，凤县、略阳—宁强金属矿区。例如2003年9月23日，宁强锰矿发生中型滑坡。

三、采矿废渣堆积型

矿产资源开发过程中，采矿废土石、煤矸石、选矿尾矿渣等固体废弃物堆放不合理，破坏植被，挤占沟道，堵塞河道，造成行洪不畅，在一定的水动力条件下，导致堆渣移动或滑移、崩塌从而产生泥石流（徐友宁等，2006）。矿山废渣主要堆放在狭窄的沟谷和高陡的斜坡上，发生泥石流的形式以沟谷泥石流为主，坡面泥石流次之，除了暴雨引发外，采矿爆破、矿震、采空塌陷等也会引发泥石流。在花岗岩、碳酸岩类等坚硬岩性分布的区域，一般以水石流为主，如秦岭潼关金矿区、凤县铅锌矿区；而在软弱岩类及黄土等松散层分布较厚的地区，一般以泥流为主。

对矿渣引发的泥石流，其发生的频率主要取决于人类活动的程度，体现在两个方面：矿山建设中表土剥离、排渣场压占沟道、植被严重破坏，从而降低了对洪水的调节能力，使得雨水汇流速度明显加快，增加了洪水总量和洪峰流量；矿山采排出的矿石渣堆堵塞沟道，抬高河床、洪水排泄不畅。

此类型多发生在小秦岭金属矿区、陕南金属矿区，金属矿呈矿脉赋存，开采过程中产生大量矿渣，在沟道中堆积，另外，违规堆放的不安全尾矿库，构成泥石流物源，加之降水量大，在暴雨季节会形成泥石流。

根据调查，全省矿区共有泥石流及隐患点 66 处，全部为采矿废渣堆积引起。这些泥石流集中分布于秦巴山区和小秦岭金矿区及其周围、凤县—太白金属矿区。例如略阳县煎茶岭镍矿泥石流。1994 年 7 月 11 日暴雨引发潼关金矿区特大泥石流灾害，造成 51 人死亡、上百人失踪。1996 年 8 月东桐峪发生大规模矿渣型泥石流灾害。2000 年 8 月文峪、西峪、大湖峪相继发生泥石流。

四、露天采矿边坡诱发型

边坡失稳是指在采矿过程中边坡的土体在自身重力和外界作用力下失去原有的平衡，出现滑坡、崩塌等现象，一般具有以下特点：露天采矿边坡一般高度较大，边坡揭露的岩层较多，地质条件差异大，变化复杂；露天矿高陡边坡越往上稳定性越差，软弱夹层较多，受风化、地表水侵蚀的时间较长，易产生滑塌现象；露天边坡采用爆破、机械开挖形成，岩体稳定性遭到破坏，边坡岩体较破碎。

在露天开采过程中，边坡局部地段岩体节理、裂隙发育，岩性较差，随着开采的延深，边坡暴露面积增大，暴露时间延长。加之人类工程活动的影响，造成坡体前缘形成凌空面，破坏了边坡的原有应力分布，造成边坡开裂、塌陷及大面积滑坡。影响边坡稳定性的因素主要有岩性，岩体结构、地质构造、水、震动、构造应力、自然风化、开采技术条件等。

图 4-15　西安市灞桥镇黄土滑坡

此类型多发生于石灰岩或砖瓦黏土露天开采区，露天边坡失稳常导致滑坡、崩塌发生。据调查，全省发现崩塌及隐患点 99 处，其中 5 处是由露天采矿边坡诱发形成的。矿山滑坡发生数量仅次于地面塌陷及地裂缝、崩塌。现场调查发现因采矿活动发生滑坡及隐患 78 处，其中 4 处是由露天采矿边坡诱发形成的。如 2011 年 9 月 17 日灞桥席王街办造成 32 人死亡的滑坡，除连续高强度降雨外，与砖厂对黄土边坡的开挖也有一定的关系（图 4-15）。

第四节 基于地质环境承载力的煤炭开发规模——以榆神府矿区为例

长期以来，煤炭资源的开发规模一直是作者关注的焦点，尤其是榆神府矿区，生态环境脆弱，水资源贫乏，环境承载力有限，合理、适度的开发规模，不仅可以促进区域经济健康发展，还不会过度扰动地质环境，为此，作者基于在榆神府矿区长期工作的积累，提出了一些意见和建议。

一、榆神府矿区煤炭开发存在问题

2014 年榆林市境内有煤矿 254 处，核定生产能力 34913×10^4t，占全省的 72%，主要分布在神木、府谷、横山、榆阳四县（区），其中神木北部、府谷西部和榆阳区东北部一带开采强度过大，超过了区域环境承载力。

（1）窟野河流域过度开发，开采强度极大，带来了严重的地质灾害和生态隐患。地面沉降，地裂缝广泛发育（范立民等，2015b），地下水位明显下降，地下水循环系统发生重大改变（冀瑞君等，2015），水体、湿地面积萎缩（马雄德等，2015a，2015b），多数萨拉乌苏组泉、烧变岩泉干涸，河流流量锐减，甚至成为季节河。窟野河 2000 年开始成为季节河，2002 年后每年断流超过 200 天，目前若无人工干预，常年处于断流状态，对黄河中游的补给也产生很大影响。高强度开采带来的一系列地质环境问题，已经影响到区域生态环境和民生，必须引起高度关注。

（2）秃尾河流域部分地段错误地选择了开采区域。20 世纪 90 年代初，我们还没有意识到陕北生态环境的脆弱性和保水采煤这一科学问题，窟野河流域被严重过度开采。进入 21 世纪后，煤炭企业虽然意识到秃尾河流域应该有选择性地开采，但由于各种利益的纠缠，仍然错误地将锦界井田作为首期开发的大型矿井（19Mt/a），并建成投产，使锦界煤矿比榆神府矿区其他煤矿付出了更加昂贵的生产成本（矿井涌水量达 5800m^3/h，是陕西境内乃至全国矿井涌水量最大的煤矿），同时对生态环境也不可避免地造成负面影响。值得肯定的是，随着“保水采煤”技术的成熟和推广应用，秃尾河流域其他区域的开发布局、开采方式更理性，更科学。

（3）榆神矿区三、四期的开发问题。榆神矿区一、二期主干矿井已经建成，三、四期前期工作正在紧锣密鼓地推进，但值得高度注意的是由于区域性的环境承载力限制，整个陕北煤炭基地和整个神东煤炭基地（含内蒙古鄂尔多斯市）都应该停止新建煤矿，三、四期的开发应该暂停或只开发建设小保当一号煤矿且生产规模控制在 15Mt/a 以内，10 年内不宜开发榆神矿区三、四期规划区。

二、地质环境承载力和适度开发理念

随着社会经济发展的不断加快，人类开发、利用和改造地质环境的规模、强度、速度越来越大，地质环境受到的影响和压力与日俱增，地质环境问题日显突出。大规模的工程建设开挖和加载，破坏了岩土体平衡状态，产生沉降、位移、失稳；矿产资源开采引发采空区地面塌陷以及地裂缝、滑坡、崩塌、泥石流等地质灾害；地下水的过量抽取造成水位下降、水资源枯竭，引起了地面沉降和岩溶塌陷。人们已经认识到地质环境对人类社会、经济活动的承受能力是有限的，即存在阈值，这个阈值就是地质环境承载力。

地质环境承载力是指一定时期、一定区域范围内及一定的环境目标下，在维持地质环境系统结构不发生质的改变，地质环境系统功能不朝着不利于人类社会、经济活动方向发展的条件下，地质环境所能承受人类活动的影响与改变的最大潜能。地质环境承载力的概念从本质上反映了地质环境与人类活动之间的辩证关系，建立了地质环境与人类活动之间的联系纽带，为地质环境与人类活动之间的协调发展提供了理论依据。

夏玉成（2003a）参照地质环境容量的定义，将煤矿区地质环境承载能力定义为在一定的生态环境质量目标下，煤矿区可以承受的采矿工程对地质环境产生的扰动强度的最大值，或煤矿区可承受的最大开采强度。

（一）地质环境承载能力内涵

（1）地质环境系统的任何一种结构都有承受一定程度外部作用的能力，即地质环境抗扰动能力。在这种程度之内，系统可以通过自身内部各部分子系统协调，使其本身的结构、特征、总体功能均不会发生质的变化。煤矿区的地质环境对采煤产生的扰动也具有一定的抵抗能力，当开采强度超过了地质环境本身的抗扰动能力时，地质环境系统结构就会发生质变，产生地质环境问题。

（2）地质环境的承载对象是人类活动。地质环境承载能力是人类工程活动的规模、强度和速度的极限值，其大小可以用人类活动的规模、强度和速度等量来表现。就煤矿区而言，其开采强度不同，地质环境的破坏程度不同，当开采强度大于地质环境承载能力的时候，地质环境将遭受破坏。

（3）地质环境承载力本身是一个表征地质环境系统属性的客观量，是地质环境系统产出能力和自我调节能力的表现。在不同的环境目标下，或在不同的区域，其地质环境承载能力也不同。例如，在荒山、沙漠地区，开采引起的地表沉陷对地面生态环境、人们生活不会产生很大影响，该地区的地质环境承载能力也相对较强；而对于居民区和工业区，不允许地表有明显的下沉和变形，因此，对于这些地区，其开采强度需要严格控制。

综上所述，矿区地质环境承载能力受地质环境抗扰动能力、开采强度和矿区的自然生态条件影响。开采强度决定了开采对地质环境产生的扰动程度，地质环境本身的抗扰动能力与自然生态环境所能承受的扰动共同决定了地质环境承载能力的大小。

（二）煤矿区地质环境承载能力的特征

1. 客观性

地质环境承载力是地质环境系统结构特性的一种抽象表示。地质环境系统的任何一种结构，均有承受一定程度外部作用的能力，在这种程度之内的外部作用下，保持着其结构和功能的相对稳定，不会发生质的变化。即在一定时期内，地质环境系统在结构、功能方面不会发生质的变化。地质环境的这种本质属性，是其具有承载力的根源。显然，地质环境本身所固有的客观条件从根本上决定了地质环境承载力的大小。因而，地质环境承载力在地质环境系统结构、功能不发生本质变化的前提下，其质和量是客观存在的，是可以衡量和把握的。

2. 可变性

地质环境承载能力是由地质环境抗扰动能力、开采强度和煤矿区的自然生态条件共同构成的一个系统，尽管地质环境的抗扰动能力是"先天"决定的，是不能由人改变的，但人类活动可以改变土地利用单元的属性，随着土地利用单元属性的改变，其对采动损害的承受能力也将发生变化。因此，矿区地质环境承载能力在不同地区、不同时期是可变的。

3. 可控性

地质环境承载力的可变性在很大程度上是由人类活动加以控制。人类在掌握地质环境演变规律和人类活动-地质环境相互作用机制的基础上，对地质环境进行有目的的开发、利用和改造，寻求地质环境限制因子并降低其限制强度，从而可以使地质环境承载力在量和质两方面朝着人类预定的目标变化，以保障人类社会、经济活动的可持续发展。人类活动对地质环境所施加的作用，必须有一定的限度。因此，地质环境的可控性是有限度的可控性。正是地质环境承载力的可控性，才使得研究地质环境承载力具有现实意义。

（三）适度开发理念

适度开发是建立在地质环境承载力基础上的开采规模，就是根据当地的自然环境条件和地质环境承受能力，将煤炭资源开发的环境影响降低到最低程度所确定的资源开发规模（范立民，2004a，2015b），这一规模是符合可持续发展的原则的，也是当前应采取的开发思路，而不能仅仅按照煤炭资源量来确定开发的规模与速度，更不能为了提高地方经济水平来盲目确定开发规模。

适度开发的思想源远流长，2000 多年前的春秋战国时期，我国就有了封山育林、定期开禁的法令。1975 年湖北出土的竹简《田律》涉及资源与环境保护："春二月，毋敢伐材木林及雍堤水。不夏月，毋敢夜草为灰……" 这些文字清晰地体现了朴素的适度开发思想，尽管所论述的不是矿产资源，对我们今天的矿产资源开发仍然有重要的借鉴意义。1994 年我国政府公布《中国 21 世纪议程——中国 21 世纪人口、环境与发展白皮书》，全面论述了开发与环境保护的关系，适度开发的思想得到了进一步的阐述。

其实，在我们的实际工作中，一直体现着适度开发的原则，在完成了一个矿区的详查地质工作后，进行矿区总体规划，就要确定矿区的总生产能力，厘定整个矿区开发的"度"。同时，对规划的各矿井，仍然要确定矿井生产规模，确定井型，厘定单个矿井生产的"度"。只是近年来，大多数矿井进行了"挖潜改造"，打破了原来合理厘定的"度"，提升了生产能力，在取得显著经济效益的同时，带来了较多的环境问题。神木北部矿区的各生产矿井就是如此，大柳塔煤矿大柳塔井的最终设计生产能力是 6Mt/a，但目前实际核定能力是18Mt/a。大柳塔煤矿活鸡兔井也由5Mt/a提升到了19Mt/a。新民矿区榆家梁煤矿设计能力是一期0.3Mt/a，二期0.6Mt/a，目前为18Mt/a，开采强度之大，地面变形、塌陷之严重，前所未有。

适度开发总的来说就是在查清资源、环境家底的基础上，制定出适合本地区生态环境、经济发展、社会发展相协调的资源开发规模。尽管目前没有定量研究煤炭开发的"度"，但一些具体的事例，已经清楚地表明，必须有一个明确的"度"。神木北部矿区与内蒙古自治区的东胜矿区均属于神华集团的开采区，初步形成了300Mt/a以上的生产规模，而且原煤产能还在快速增长。对这一区域乌兰木伦河及其下游窟野河的影响，是非常显著的。在没有彻底解决煤炭开采引起的地下水渗漏、地面塌陷等地质环境问题之前，应该保持现有规模，不仅不应该开新井，而且应该关闭一批小煤窑，关闭对地下水资源影响大的一些中型煤矿。

神木北部矿区是陕北开发最早的地区，目前与内蒙古东胜矿区相连，组成神东矿区，大型矿井一个连一个，其间夹杂着一些中、小型矿井，星罗棋布，遍地开花，大量煤矿的连片开发，引起了地下水位的大幅度下降，对地下水资源造成了不可恢复的破坏，对生态环境也产生了较大影响。窟野河流域地下水是一种类似于山涧盆地的小型含水盆地，每一个含水盆地有一个泉眼，一旦这些泉眼断流，各沟流自然干枯，小河没水大河干，窟野河断流就非常自然了。另外，过度开发还出现了煤层自燃、地面变形与塌陷、植被死亡等环境问题，大自然已经敲响了过度开发的警钟，适度的开发规模已成为陕北地区开发决策的重大课题。

对于榆神府矿区，当前的煤炭资源家底已查明，各矿区的地质工作程度尽管存在较大差异，也基本满足了整体规划的要求。煤炭开发对生态环境的影响，过去尽管作了一些调查研究，但近年来的开采是陕北历史上开采强度最大、现代化程度最高、开发规模最大、开采区域也最集中的时期，开采过程中出现了许多新的问题，一直没有进行必要的补充调查研究。陕北地区目前应该加强基础地质工作，在全区基本达到详查阶段的基础上，结合资源赋存特征与煤炭开发的影响程度，进行全区的总体规划，并严格按照总体规划进行开发，对于国家批准的井田边界，在探矿权、采矿权登记过程中，不能随意变更。

因此，建议适度开发矿产资源，对于目前的高强度开采区，要防止开发规模的进一步扩大，对于未开发区，要结合区域的自然环境和地质环境承载力合理规划生产能力，矿产资源开采强度应与环境承载力相适应，最大限度降低矿区地质灾害的发生，在环境承载力范围内开发矿产资源。

三、基于地质环境承载力的煤炭开发规模

煤炭资源的开发规模不仅要考虑煤炭资源的保障程度、开采技术条件和开发成本，更要考虑地质环境承载力。只有在地质环境承载力范围内的开发力度，才可能实现区域煤炭工业的持续健康发展。

地质环境承载力包括土地、大气、水资源等诸多要素。根据以往研究，榆神府矿区土地辽阔，大气环境质量优良，承载力较强，只有水资源承载力有限，因此，满足水资源承

载力的煤炭开发规模是问题的关键所在。

（一）水资源总量及开发利用现状

榆林市地处中温带大陆性季风区半干旱草原，气候干燥，蒸发强烈，多年平均降水量400mm左右，蒸发量高达2000mm左右。该区多年平均水资源总量$23.45\times10^8m^3$，其中，地表水资源量$12.56\times10^8m^3$，地下水资源量$17.32\times10^8m^3$，两者重复计算量$6.43\times10^8m^3$。当地水资源可利用总量$13.65\times10^8m^3/a$。其中，地表水可利用量$6.51\times10^8m^3/a$，地下水可开采量$10.35\times10^8m^3/a$，两者重复计算量$3.21\times10^8m^3/a$。加上国家分配的黄河水$7.62\times10^8m^3/a$，榆林市水资源可利用总量$21.27\times10^8m^3/a$。人均拥有水量$979m^3$，相当于全国人均占有水量的43%；每亩耕地拥有水量$344m^3$，相当于全国平均水平的26%。2011年榆林总用水量为$7.32\times10^8m^3$，其中农业用水量为$4.91\times10^8m^3$，占总用水量的67.08%，高出全国平均水平14.3%；工业用水量为$1.65\times10^8m^3$，占总用水量的22.54%；生活用水量为$0.76\times10^8m^3$，占总用水量的10.38%。人均用水量为$218.3m^3$，低于全国人均水平52%；万元GDP用水量为$31.9m^3$，低于全国平均水平$129m^3$的75%；农灌亩均用水量为$341.9m^3$，低于全国平均水平的17%，农灌用水有效利用系数约为0.30～0.45，低于全国0.51的平均水平。

榆林市水资源具有总体缺水与局部富水并存、地表水泥沙含量大、局部水质差、时空分布不均、部分区域富煤区与富水区重叠、煤水矛盾突出等特点，实现煤炭资源开采与水资源保护并重的难度极大。

（二）水资源承载能力

榆林市可供利用的水资源总量为$21.27\times10^8m^3/a$。按照榆林市2011年万元GDP用水量为$31.9m^3$计算，水资源可承载的经济规模为6668亿元。按全国2011年万元GDP用水量为$129m^3$计算，水资源可承载的经济规模为1649亿元。榆林市2011年农业和生活用水总量分别为$4.91\times10^8m^3$和$0.76\times10^8m^3$。由于农业用水总量大，有效利用系数低，节水潜力较大，且随着区内工业经济的发展，耕地数量逐年减少，农业的发展主要靠技术进步和管理水平的提高，同时农业节约的水量可满足人口增长而增加的需水量。因此，区内农业用水和生活用水总量可保持不变，同时从可利用水资源总量中留出5%作为应急水源，则留给工业的可用水量为$14.54\times10^8m^3/a$。

（三）基于水资源承载力的煤炭科学产能

在论证煤炭开发的水资源承载力之前，首先根据近年来各产业用水比例在工业总产值中所占比重给出3种假设条件，即总水量的45%、50%、55%用于煤炭开发，按吨煤耗水$2.5m^3$计算3种假设情景下的煤炭产能分析如下：

（1）情景一：工业可用水中各产业的用水比例按当地2011年各产业在工业总产值中所占比重确定，即原煤生产占45%，能源化工占17%，火力发电占8%，油气开采占22%，一般工业占8%。计算可得水资源可支撑原煤生产最大规模为$2.62\times10^8t/a$。

（2）情景二：工业可用水中原煤生产占50%，能源化工占17%，火力发电占3%，油气开采占 22%，一般工业占 8%。计算可得水资源可支撑原煤生产最大规模为 2.91×10^8 t/a。

（3）情景三：工业可用水中原煤生产占 55%，能源化工占 15%，火力发电占 3%，油气开采占 19%，一般工业占 8%。计算可得水资源可支撑原煤生产最大规模为 3.20×10^8 t/a。

因此，榆神府矿区水资源可承载的最大煤炭开采规模为 3.20×10^8 t/a，考虑到近年来禁牧措施的实施和现有生产规模，将其确定为 3.50×10^8 t/a，目前矿区核定生产能力是 3.49×10^8 t/a，实际生产能力可能还要大些，煤炭生产规模已经达到了环境承载极限，不宜再扩大生产规模。

（四）保水采煤条件下的煤炭开发规模

保水采煤条件下，榆神府矿区煤炭的科学开采规模会大幅度缩水，神木北部、新民矿区开发规模将会大幅度降低。榆神矿区一期规划区开发规模基本合适，二期规划区尽管总规模基本合适，但锦界井田属于不宜开发区域，该煤矿的生产能力达 20Mt/a。三期规划区只宜开发小保当一号煤矿，规模 15Mt/a。四期规划区暂时不宜开发。这样，整个榆神府矿区的合理开发规模不会超过 3.5×10^8 t/a，即使考虑到目前的节水实际，科学的开发规模也许不宜超过 5×10^8 t，神木北部、新民矿区关闭部分矿井，将其产能转移到榆神矿区四期规划区，总规模也不宜增加。

因此，榆神府矿区开发规模不是越大越好，而要科学确定一个适度的开发规模（范立民，2004a；范立民、冀瑞君，2015），具体意见是：

（1）停止新建煤矿。榆神府矿区产能已经超过了地质环境承载力，除小保当一号煤矿外，10 年内应该停止新建矿井，榆神矿区三期规划区内规划的井田应暂停前期工作。四期开发区应暂停前期论证，待彻底解决陕北煤炭基地的黄河引水问题后，再考虑其前期工作。

（2）实行煤矿数量和产量的双控制。关闭年产 0.3Mt/a 以下的煤矿，全区煤矿数量控制在 100 处以内，单井产量提高到 3Mt/a 以上，总产量控制在 3.5×10^8 t/a 以内。神北矿区、新民矿区实行只关闭老井、不开新井的政策。榆神矿区一、二期最好不开新井，包括部分已经开展了前期工作的井田也应该暂缓建设和开采。榆神矿区三期只开工建设小保当一号煤矿，规模控制在 15Mt/a 以内，其他井田暂缓前期工作。榆神矿区四期规划区，十年内不开发。

（3）推广保水采煤技术。按照保水采煤地质条件分类分区进行开发，已经建设或投产的矿井推广保水开采技术。开工建设未投产的矿井开展专门论证，选择合适的采煤方法，确保采煤与含水层结构保护的统一规划。未开发的井田或区域，前期工作开展前，要开展采煤对含水层影响的论证，提出保水采煤对策。

四、区域性煤炭开发规划问题

2005 年我们总结的陕西省煤炭资源特点是：一是区域性强，陕北占全省 85% 的保有资源储量，占有 89% 未占用资源储量；二是勘查程度总体较低，其中处于普查阶段的约占 51%，详查阶段的约占 12%，勘探阶段的仅占 37%；三是开发利用现状南北差异大。关中地区煤炭资源开发时间早，程度高，陕北地区开发时间晚、程度低；四是大型矿山企业少，中小型多。近年来，虽然这些特点有的已经过时，大量的小煤矿政策性关闭、整合，但总体上，现代化矿井依然偏少，中型煤矿较多，现代化、自动化程度仍然需要提高。

根据以上特点，结合产业政策和经济发展需求，陕西省煤炭资源开发利用的指导思想是以建设“国内一流、国际知名”的能源化工基地为目标，按照“大集团引领、大项目支撑、群集化推进、园区化承载”的模式，发展思路是“退出渭北，建设彬长，重点开发陕北”，充分体现“在保护中开发，在开发中保护”。按高效现代化矿井标准建设，建成一批千万吨级矿井，全省煤炭产能控制在 6×10^8t 以内。

2011 ~2013 年中国工程院谢克昌院士主持开展了“能源金三角发展战略研究”，研究区域为陕西榆林、内蒙古鄂尔多斯、宁夏宁东能源“金三角”区，该研究分八个子课题，作者参加了彭苏萍院士主持的第三子课题“能源金三角资源环境承载力研究”，对榆林、鄂尔多斯、宁东地区煤炭资源开发规模进行了系统研究，确定“金三角”地区原煤产能宜控制在 10×10^8t 左右（2013 年已经超过这一规模），尽管部分官员对此颇有微词，但地质环境承载力有限，要么无节制地发展经济、污染环境，要么控制经济发展规模，实现经济发展与环境保护协调一致，唯 GDP 时代该结束了。

因此，建议在编制煤炭工业长期规划中，充分考虑区域性地质环境承载力，不仅全省有一个适度的规模，大区域（如能源金三角地区）、各矿区也要合理确定开采规模、开采区域、开采强度。集中、连片式的高强度开发不可取，必须留足环境保护的“缓冲地带”，促进陕西煤炭工业健康发展（彭苏萍等，2015）。

第五章　矿产高强度开采区地质环境问题与地质灾害

第一节　主要地质环境问题及分布特征

一、矿山地质环境问题分类

矿产资源高强度、大规模开发，创造了巨大的经济效益和社会效益。但是长期以来，由于矿产资源的不合理的开发利用，许多矿山对矿区及周边生态环境造成了破坏和影响，产生了各种各样矿山地质环境问题。根据本次矿山地质环境现状调查，矿业活动产生的地质环境问题主要有引发地质灾害、地下含水层破坏、地形地貌景观影响与破坏、占用破坏土地资源、矿山“三废”产生的环境污染等。其中分布广、影响大、最突出、最严重的矿山地质环境问题是矿山地质灾害，每年都造成巨大的经济损失，其次是矿业开发占用破坏土地资源、地形地貌景观的问题，加剧了人多地少矛盾，造成地形地貌景观与周围环境不协调，此外矿业开发破坏地下含水层，导致地下水漏失，从而影响当地居民的生产生活用水。

1. 矿业开发引发了地质灾害

矿业开发改变矿区地质环境条件，引发了矿山地质灾害，造成了巨大的经济损失。不同开采方式引发地质灾害的差别亦较大，井工开采主要引发地面塌陷、地裂缝、崩塌、滑坡等，露天开采主要引发崩塌、滑坡等。

陕北、关中煤炭地下开采形成大面积的采空区，随着时间推移，采空区变形形成地面塌陷坑及地裂缝，地面塌陷同时引发地表坡体失稳形成崩塌、滑坡等灾害，矿山工程及其附属设施建设过程中引发崩塌、滑坡等地质灾害，关中、陕南地区金属矿及非金属类矿山在露天开采过程中，经常发生边坡失稳产生滑坡和崩塌等灾害。大量矿渣及尾矿的不合理堆放，除了占用大量土地、污染水土资源及大气外，还经常发生滑坡、泥石流，尤其是一些私营矿山，在河床、公路、铁路两侧开山采矿，乱采滥挖，乱堆乱放，废渣土堆放在河床、沟道、河口、公（铁）路边等处，遇到暴雨可能产生滑坡并形成泥石流，将其尾矿、废渣等冲入江河湖泊，造成水库河塘淤塞、洪水排泄不畅，冲毁公路铁路，交通中断，给国民经济造成严重损失。

2. 矿业开发使矿区含水层受到影响破坏

矿业活动对水资源的破坏包括含水层结构破坏、区域地下水位下降。由于采空区及其上覆岩土体的松动开裂以及地面塌陷等原因，含水层结构受到影响与破坏，进而改变或破坏了水资源的均衡和补径排条件。随着煤层上覆岩体的破坏，岩土体中的孔隙水压力发生变化，使含水层的渗流状态发生变化，含水层结构遭到不可恢复性破坏，地下水位短时间内快速下降，甚至造成含水层疏干。此外地下水含水层顶底板结构破坏后，组成岩土体结构发生变化，大气降水通过地表裂隙直接补给地下含水层，含水层中地下水又通过隔水底板与采空区之间的裂隙快速排泄，造成包气带厚度增大，与地下水的水力联系减弱，含水层蓄存地下水的功能降低，丧失供水功能，植被因缺水枯萎，土地沙化加剧。

地下开采还对地表水资源、水环境影响巨大，矿山在建、采过程中强制性抽排地下水以及采空区上部塌陷开裂使地下水、地表水渗漏，严重破坏了水资源的均衡和补径排条件，导致矿区及周围地下水位下降、泉流量下降甚至干枯，地表水流量减少或断流。在一些地方，地下水位下降形成了大面积疏干漏斗，造成泉水干枯及污水入渗，破坏了矿区的生态平衡。引起矿区水源破坏，供水紧张，植被枯死和灌溉困难等一系列生态环境问题。露天开采要抽排地下水，使矿区地下水位下降，贮存量减少，局部由承压转为无压。第四系潜水在露天矿开采过程中被疏干，对当地水文地质环境造成严重破坏。

矿业开发对水均衡都有不同程度破坏，尤其是煤矿区更为突出。全省矿坑水主要来自煤矿，大部分经处理后综合利用用于工业生产用水、井下灭尘；采矿引起的地面塌陷还造成地表水和浅层地下水漏失，影响土地的有效利用和植被生长。

3. 矿业开发影响破坏地形地貌景观

矿业活动对地形地貌景观影响主要表现在露天开采形成裸露的采面、采矿活动产生的固体废弃物随意堆放以及地下开采产生地面塌陷破坏地形地貌景观。

关中、陕南非金属矿露天开采及陕北少量露天煤矿开采是地形地貌景观破坏的最主要、最直接形式。露天开采一般是剥离覆盖层，开采以后往往形成深坑，易导致常年积水，或形成湿地，对自然保护区、人文景观、风景旅游区、城市周围、主要交通干线两侧可视范围内的地形地貌景观造成严重影响。

在陕南金属矿区和陕北部分煤矿露天开采区，采矿产生大量废石土、尾矿等固体废弃物，以及露天采矿剥离表层土堆积形成外排土场，都破坏、占压了土地，有的堆积成山，也改变了矿区原有地形地貌，对地形地貌景观的影响严重。

陕北、渭北煤采区地面塌陷是该区地形地貌景观破坏的主要方式。塌陷区面积可达到几平方千米，改变原始地形地貌形态。同时，地面塌陷还对自然保护区、人文景观、风景旅游区、城市周围、主要交通干线两侧可视范围内地形地貌景观造成影响。

4. 矿业开发占用破坏土地资源

采矿工业占用和破坏土地，包括采矿活动占用土地（如厂房、工业广场、排矸场、废石土堆场）；为采矿服务的交通（公里、铁路等）设施，采矿生产过程堆放的固体废弃物所占用土地，以及因矿山开采而引发的滑坡、崩塌、泥石流、地面裂缝、地表大面积塌陷破坏的土地资源等。

在陕北和渭北煤炭开采区土地资源占用破坏主要是采空地面塌陷及裂缝对土地资源的

破坏，以及工业场地对土地资源占用；关中和陕南非金属矿区主要是露天开采破坏土地资源，陕南金属矿区主要是采矿场、废石土及尾矿压占破坏土地。矿产资源开发占用和破坏土地，包括采矿场、工业场地、固体废弃物堆放，露天采场、地面塌陷对土地资源的破坏。

5. 矿业开发使矿山环境受到污染

采矿产生的矿坑水、生活废水等多就近向沟谷、河流排放；采矿废石、煤矸石多沿沟坡堆放。这些废液、废渣、废气大部分都含有害物质，处置不当都将成为污染源。矿山“三废”已对矿区水体、土壤环境造成了污染，但污染程度不同。

随着矿山的开发，矿区排放大量的废水，它们主要来自矿山建设和生产过程中的矿坑排水，洗矿过程中加有机和无机药剂而形成的尾矿水，露天矿、废渣堆、尾矿及矸石堆受雨水淋滤、渗透溶解矿物中可溶成分的废水，以及矿区其他工业、生活废水等。这些受污染的废液，大部分未经处理，部分矿山将矿坑水、生活废水直接排放到矿区周边的河流、沟渠，使矿区地表水体受到污染，并进一步污染了农作物，有害元素成分经挥发也污染空气。

废石、煤矸石及粉煤灰长期堆放，在风化作用下易分解，促使大量有害元素进入土壤及地下水中，尤其是矿渣在风化作用后形成污染物，进入矿区周围的水体和土壤，造成水土环境污染。煤矸石及煤矿火烧区的自燃产生大量的有害气体及烟尘，其主要成分为 SO_2、CO、H_2S、NO_X，对周围空气造成严重污染，严重损害周边居民的正常生产生活，抑制周围农作物的生长，造成农作物减产，生物量减少。

二、主要矿山地质环境问题分布特征

陕西省矿山地质环境问题的分布，由于矿山所处地质环境的复杂性和地质结构的特殊性及矿产资源赋存的差异性，矿业开发导致矿山环境问题的类型也各不相同。

1. 不同地域矿山地质环境问题特征各异

全省矿山地质环境问题具有广泛分布、局部集中的特点，其分布规律与矿产资源的空间分布特点有关。

陕北主要开发能源矿产，产生的主要地质环境问题是产生大面积采空区引发地面塌陷、破坏地下水含水层，使生态环境进一步恶化。主要分布于神木、府谷、榆阳、黄陵、铜川北部焦坪、耀西侏罗系煤层开采区，横山、彬县、旬邑侏罗系煤层开采区零星分布。

关中北部煤矿开采区主要开采石炭—二叠系煤层，长期大规模开采产生的主要矿山地质环境问题，除地面塌陷、地裂缝、地下含水系统破坏外，还有多年来积存的大量煤矸石等。黄土台塬区砖瓦黏土矿，北部及南部边缘灰岩水泥、建筑石料矿区，崩塌、滑坡较突出，同时露天开采形成大面积的裸露采坑及基岩面。

陕南金属、煤炭、非金属三大类矿山产生的地质环境问题种类较多，较为突出的是金属、石材等矿产开发产生的废石、尾矿、选矿废液乱堆乱排产生泥石流与矿山环境污染等。秦岭北坡潼关小秦岭区金矿区，因历史上长时间大量小规模开采，废石、尾矿、选矿废液乱堆乱放，矿山泥石流隐患及环境污染问题突出。

2. 不同矿类产生的矿山地质环境问题各异

矿山地质环境问题比较严重的地区是矿产资源高强度开采区、矿山数量多的煤矿区和金属矿区。煤矿开采引发地质灾害占矿山地质灾害总数比例较大，金属类矿山次之。

2014 年年底全省有煤矿 569 处，年生产能力 56391×10^4t，煤炭开发历史较长，部分区域开采强度高，采矿方式主要是地下开采。问题最突出的矿山地质环境问题是采空引起的地面塌陷、地裂缝，这与煤层埋藏较浅，煤层厚度大有关，其次是矸石占地和疏干排水对水资源的破坏，再次就是历史上煤矿的不合理开采，形成的崩塌、滑坡等灾害。

金属矿产资源丰富，尤其是金、铅锌矿开发利用程度高。最突出的矿山地质环境问题是采矿弃渣、尾矿的不合理堆放造成的占压破坏土地、引发泥石流等，由于金属矿山废液、废渣中重金属离子等有毒有害物质含量高，污染问题严重。

化工、冶金原料非金属矿开发强度较高的有硫铁矿、磷矿、萤石、冶金用白云岩等，主要地质环境问题是地下开采引起地面塌陷、地裂缝、滑坡等。

建材及其他非金属矿产主要开发水泥用灰岩、建筑用石料、砖瓦用黏土等矿种，建材及其他非金属矿山以露采为主的建材类矿山，在开采过程中产生的矿山地质环境问题，突出表现为土地资源占压破坏与地形地貌景观影响。其次为崩塌、滑坡等地质灾害；以地下开采为主的石膏、石墨矿山，最突出的矿山地质环境问题是地面塌陷。

3. 矿山地质环境问题分布特征

1）矿山地质灾害

据调查统计，截至 2013 年年底，矿业开发引发的地质灾害 400 处，其中地面塌陷 65 处、塌陷裂缝 92 处、滑坡及隐患点 78 处、崩塌及隐患点 99 处，泥石流及隐患点 66 处（表 5-1、表 5-2）。

表 5-1　全省矿山地质灾害类型统计表　　单位：处

地级市	灾害类型					合计
	地面塌陷	地裂缝	崩塌	滑坡	泥石流	
榆林	14	17	59	35	1	126
延安	8	12	14	10	2	46
铜川	1	1	2	4	0	8
渭南	15	28	4	5	5	57
西安	0	0	2	3	1	6
咸阳	13	24	4	8	0	49
宝鸡	1	0	2	1	10	14
汉中	13	10	5	7	22	57
安康	0	0	4	5	10	19
商洛	0	0	3	0	15	18
合计	65	92	99	78	66	400

表 5-2 全省不同矿类地质灾害统计表 单位：处

灾种	能源	黑色金属	有色金属	贵重金属	化工原料非金属	建材及其他非金属	合计
地面塌陷	51	10	3	0	1	0	65
地裂缝	82	8	1	0	1	0	92
崩塌	82	7	4	2	2	2	99
滑坡	62	2	6	3	1	4	78
泥石流	5	16	31	12	0	2	66
合计	282	43	45	17	5	8	400

全省10市与6大类矿山均有地质灾害发生，其中榆林、咸阳、延安等矿山地质灾害分布较多，西安、铜川较少；能源类矿山地质灾害发生数量较多，次为黑色金属和有色金属，这与陕西省的矿产资源开发利用现状是一致的。

能源矿山发生地质灾害较多，以地面塌陷、地裂缝和崩塌为主，占总数的70.5%；金属矿山次之，金属矿山开采主要引发泥石流、崩塌、滑坡，矿山工程建设主要引发崩塌、滑坡，这与不同矿类的开采方式和强度有密切关系。从调查结果看，中型矿山发生地质灾害较多，小型矿山次之（表5-3）。

表 5-3 按照矿山规模统计地质灾害数量表 单位：处

矿山规模	大型	中型	小型	合计
矿山地质灾害点数	83	171	146	400

2）含水层破坏

高强度采煤对含水层的影响主要是矿产资源开采后围岩发生垮落，形成垮落带和裂隙带，从而使含水层遭到破坏，导致地下水漏失，水位下降，并间接对与被破坏含水层有水力联系的其他含水层产生影响，保水采煤问题亟待科学解决。含水层的破坏程度取决于覆岩破坏形成的导水裂隙带高度。因此，导水裂隙带以上含水层以及与被破坏含水层没有水力联系的含水层不会受到开采的影响。

露天开采破坏矿层以上含水层，露天开采过程抽排地下水，使矿区地下水位下降，贮存量减少，局部由承压转为无压。第四系潜水在露天开采过程中将被疏干，对当地的水文地质环境造成严重破坏。

含水层破坏从分布来看，主要在煤矿和金属矿山，其他类型矿山较少。从分布地域上看，主要分布在陕北的神府、榆神、榆横、黄陵矿区和关中的蒲白、澄合、韩城、彬长矿区煤炭开采区，陕南勉略宁多金属开采区、商南钒金红石开采区、柞水—镇安多金属开采区。

采矿活动抽排地下水，或因采空区和塌陷区渗漏，致矿区及周围地下水位区域性下降，泉流量衰减甚至干枯，地表水减少或断流，植被枯萎，土地沙化。据调查，大柳塔煤矿区井水干枯、水位下降数量占调查数量77.27%，泉水干枯、水位下降数量占到调查数量74.3%，如母河沟泉采矿前泉水流量超过10L/s，现已干枯。张家峁井田内原有115处泉，总流量 42. 95L/s，由于地方煤矿开采，2006 年调查已经造成 102 处泉干涸，总流量仅剩余 1. 81L/s（张大民，2006）。双沟泉、白渠泉等出现水量大幅减少、枯竭。受煤炭开发影响，神木县已有数十条溪流断流，窟野河从 2000 年开始出现断流，2002 年断流 220 天，之后，每年断流都超过 200 天，变成季节性河流，如果神东矿区截流区不放水，店塔以下就处于断流状态。

3）土地资源占用破坏

从矿山类型看，土地资源占用与破坏在全省各类矿山均有分布，主要分布在煤炭矿山、金属矿山以及露天开采的非金属矿山。

从地域上看，主要分布在陕北神府矿区、榆神、榆横、黄陵矿区和关中蒲白、澄合、韩城、彬长矿区等煤采区，煤炭矿山土地资源占用与破坏主要是由于采煤引起的地面塌陷破坏土地资源和工业场地占用土地。小秦岭金矿区、陕南勉略宁多金属开采区、商南钒金红石开采区、柞水—镇安多金属开采区、凤太铅锌矿区等，这些区内土地资源破坏主要是采矿活动产生大量的废渣土及尾矿占压大量土地资源。陕北砖瓦黏土矿开采区，关中的华县、华阴建材矿开采区、凤翔—岐山—乾县建材矿开采区、陇县—千阳石灰岩矿开采区、耀州区灰岩开采区，陕南的汉台—城固建材矿开采区、紫阳建材矿区开采破坏大量的土地资源。

4）地形地貌景观破坏

地形地貌景观破坏主要是非金属矿的露天开采及金属矿开发过程中产生的废石影响地形地貌景观。主要分布在陕北的砖瓦黏土矿开采区，关中的华县、华阴建材矿开采区、凤翔—岐山—乾县建材矿开采区、陇县—千阳石灰岩矿开采区、耀州区灰岩开采区，陕南的汉台—城固建材矿开采区、紫阳建材矿区开采区域，主要是露天开采以剥挖方式破坏原始地形及地表生态环境，改变原始地形地貌景观，造成与周边环境的不一致和不协调。小秦岭金矿区、陕南勉略宁多金属开采区、商南钒金红石开采区、柞水—镇安多金属开采区、凤太铅锌矿区等，主要是采矿活动产生的大量的废渣土以及尾矿堆放，改变原始的地形地貌景观，造成与原始地形地貌景观的不协调。

第二节　矿山地质环境问题及其危害

矿业活动对矿区地质环境破坏，造成的矿山地质环境问题主要有引发地质灾害，破坏地下含水层，影响地形地貌景观、占用破坏土地资源及废水（液）、固体废弃物污染等，对矿区及周边的环境危害较大。

一、矿山地质灾害类型、规模及危害现状

采矿活动强烈改变了矿区地质环境，引发各种地质灾害，如地面变形灾害（地面塌陷、地裂缝等）、斜坡失稳（崩塌、滑坡、泥石流）等。省内矿山地质灾害的类型主要有地面塌陷及裂缝、崩塌，其次为滑坡、泥石流（范立民等，2015d）。不同类型及其特征分述如下。

1. 地面塌陷

地下矿物开采后，采空空间周围的岩层失去支撑而向采空区内逐渐移动、弯曲和破坏。随开采工作面的不断推进，逐渐地从采场向外、向上扩展，直至波及地表，引起地表下沉，从而形成地表塌陷坑或裂缝。地面塌陷主要分布在陕北和关中煤炭开采区，陕南相对较少。

榆神府煤矿区，大多开采侏罗纪煤层，仅在府谷县城附近开采石炭—二叠系煤层。煤层厚度大，一般 5 ~ 10m，且绝大部分地层近于水平，易开采。煤层顶板以砂岩、泥岩为主，上覆第四系黄土和砂层。神木和府谷县境内煤层厚，埋深浅，开采易产生地面塌陷。

澄合、蒲白煤矿区，位于渭北石炭二叠纪煤田中段，地处渭北黄土台塬，大面积被黄土覆盖，基岩仅见于深切的河谷底部。国有煤矿采用长壁式开采，乡镇煤矿一般为巷柱式开采。主要开采石炭—二叠系 5 号煤层，平均采厚 2. 5 ~ 3. 5m，采深在塬面部位，白水一般 120 ~ 350m、蒲城 90 ~ 260m、合阳 140 ~ 180m、澄城 300 ~ 400m、沟谷地带 50 ~ 70m。长时间、高强度的开采使地面塌陷频发。蟠龙—桥西一带的地面塌陷位于罕井镇，塌陷范围为蟠龙、庙台、桥西和唐塬 4 个村，该地面塌陷最早出现于 2008 年 5 · 12 汶川地震之后，蟠龙村和桥西村大部分村民房屋墙体和地面开裂，房屋基础局部开始下陷并倒塌，大部分水窖或水井毁坏，村庄多处出现裂缝，农田和果园局部下陷达 10 ~ 20cm，道路和水渠同样遭受破坏。据统计该地面塌陷已经造成蟠龙村、桥西村、庙台村和唐塬村 3352 间房、耕地 316. 66hm^2、水窖 602 眼、水渠 24km、道路 17km 遭受严重损坏，786 户 2960 人受威胁，直接经济损失超过 8000 万元。

彬长矿区延安组 8 层煤中，1、2、3、$4^{上-1}$、$4^{上-2}$、$4^{上}$、4^{-1}煤为局部可采，4 煤为全区主要可采煤层。如大佛寺矿 40301 工作面采深 385m，工作面宽度 150m，采厚 12. 7m，采深与采厚比 30，基岩厚度 260. 79m，该工作面于 2006 年年底始采，以每月 80m 左右速度向前推进，于 2007 年 5 月到达停采线处停采。于 2007 年 3 月出现裂缝，随着工作面的向前推进裂缝区域逐渐扩大，裂缝区域内的房屋、窑洞、水窖破坏严重，已形成宽度约 450m、长 660m 的椭圆形的裂缝区域，塌陷范围基本上呈对称形式。塌陷区域的最大下沉值现已达到 1. 9m（2007 年 6 月）。

据调查统计，截至 2013 年年底，核查和调查的 4335 个矿山已累计形成采空区面积 33551. 93hm^2，主要集中在榆林地区，占总采空区面积的一半以上，发生地面塌（沉）陷总面积 5236. 98hm^2，占采空区面积的 15. 6%（表 5-4）。地面塌陷 65 处，其中中型 9 处，小型 56 处，发生在煤矿 51 处，其他类型矿山 14 处（表 5-5）。地面塌陷主要发生在煤矿，共发生地面塌陷 51 处，塌陷面积 4906. 16hm^2，累计采出煤炭 105486. 8×10^4t。主要集中分布于陕北、渭北煤矿区及彬长矿区，其中榆林市 14 处，塌陷面积 1666. 5hm^2，渭南市 15 处，塌陷面积 1705. 0hm^2，咸阳市 13 处，塌陷面积 903. 84hm^2。地面塌陷危害是多方面的，常造成植被与景观破坏、土地退化、建筑物毁损，区域地下水位下降，井泉干枯，地表水流量减小甚至断流，危害持久难以恢复。

表 5-4　按照市分类矿山地面塌陷统计表

地级市	采空区面积/hm^2	塌陷面积/hm^2	地面塌陷数量/处
榆林	17222.27	1666.5	14
延安	4175.07	630.82	8
铜川	3270.06	105.08	1
渭南	4785.50	1705	15
西安	44.5	0	0
咸阳	1865.45	903.84	13
宝鸡	218.63	1.1	1
汉中	1689.93	224.64	13
安康	84.35	0	0
商洛	196.17	0	0
总计	33551.93	5236.98	65

表 5-5　地面塌陷分类统计表

分类	发育类型	数量	占总数百分比/%
矿山类型	煤矿	51	78.46
	非煤矿	14	21.54
地面塌陷规模/km^2	小型（<1）	56	86.15
	中型（1～5）	9	13.85
	大型（5～10）		
	特大型（>10）		

煤矿采空区地面塌陷发育特征主要和煤层赋存特征、采煤方法、矿区的地层特征有关。煤矿主要分布在陕北和渭北，采煤方式主要有壁式机械化综采、房柱式开采和壁式炮采等，顶板管理方法主要为全部垮落式顶板管理。陕北大型煤矿主要采用壁式机械化综采，其他地方煤矿在2009年前一般均采用房柱式采煤，对于渭北地区主要采用壁式综采和壁式炮采，也有房柱式采煤。

1）榆家梁煤矿采空塌陷区

榆家梁煤矿位于神木县店塔镇，于2001年1月建成并投产，设计年生产能力800×10^4t，采用一井一面年产原煤1600×10^4t，属于大型机械化综采。平硐开拓，顶板采用冒落式管理，采空后全部放顶。2001～2002年主要开采了一盘区3个工作面，2003～2004年5月开采二盘区1个半工作面，开采4^{-2}煤层，标高1190～1206m，开采深度为35～85m，共形成采空塌陷面积12.15km^2，塌陷呈裂陷式。一盘区范家沟村，因地面塌陷造成房屋破坏，道路变形，岩层错落。近期开采二盘区45202综采工作面，地面整体下沉0.8m，地表塌陷裂缝最宽达30cm、下错40cm（图5-1），塌陷边缘地段裂缝与工作面走向平行，塌陷中心裂缝总体与工作面走向垂直，多条裂缝呈阶梯式平行错落，塌陷区内共有4个村庄，312户1215人，毁坏房屋253间，造成水浇地7.3hm^2、旱地8.7hm^2、林草地800.8hm^2不同程度损坏。

图 5-1　榆家梁煤矿塌陷裂缝

2）火石嘴煤矿采空塌陷区

火石嘴煤矿早在 20 世纪 70 年代开始采用房柱式零星采煤，井田已大部分形成采空区。2003 年 9 月开始采用综采放顶煤工艺，开采煤层 4^{-2}煤层，其采空区内 4^{-2}煤层埋深约 142.8～703.0m，煤层厚度平均约 7.54m，其中可采厚度一般为 0.96～12.57m，平均有效深厚比大于 90，局部有效深厚比为 30～60，随着煤层开采，采空区不断地形成与扩大，在地面形成较为明显的变形（图 5-2）。

图 5-2　火石嘴煤矿地面塌陷坑

根据矿山开采历史及采空区地面塌陷现场调查，火石嘴井田南部发育地面塌陷灾害形成时间较长（约 7 年以上），变形已趋于稳定，地面塌陷对局部房屋、道路等影响严重，尤其是使水帘村、小灵台一组、二组、坡头庄房屋破坏严重，小灵台村道路破损严重，威胁到居民的生命财产安全及交通乘车安全。

3）榆阳区永乐煤矿地面塌陷

整合前矿山开采 3 号煤层，采用短壁条带式采煤，采 10m 留 5m 宽煤柱，房柱式回采。截至 2011 年 6 月，区内共形成采空区 0.7068km²。采空区地面塌陷位于矿区西侧，1998～2002 年形成，地面塌陷发生于 2007 年，塌陷区南北长约 475m，东西宽约 370m，面积 0.1543km²。塌陷体略呈不规则梯形状，稍有凹地特征。区内分布有多条塌陷伴生地面裂缝，裂缝宽 3～20cm 不等，可见深度约 0.3～0.7m，走向多为 NW、SW 向，延伸 30～200m不等，塌陷区可见塌陷形成沟槽 2 处，受降雨影响形成小型冲沟，宽约 1.2～2.8m，深 2～2.5m，延伸约 200m，走向 10°（图 5-3）。

图 5-3　永乐煤矿采空区地面塌陷及塌陷槽

图 5-4　洛南县王河沟钼矿采空区地面塌陷

4）洛南县王河沟钼矿地面塌陷

洛南县王河沟钼矿发现采空区塌陷坑 14 处，塌陷坑面积 0.3～1hm^2，平面形态似长方形，稳定性较差，主要威胁矿山道路的安全，危险性中等，影响程度属较严重（图 5-4）。

2. 地裂缝

全省矿山地裂缝均为地下采矿引发，与地面塌陷是一种伴生或共生关系，常常出现在地面塌陷区边缘或外围，有时是地面塌陷的前兆。地裂缝不仅破坏耕地、林木、果园、房屋，给当地造成极大的直接经济损失，同时它还破坏地表及地下水资源，使土地沙化，水土流失加剧，造成的间接经济损失难以估计。

据调查统计，截至 2013 年年底，全省矿山共发生地裂缝 95 处，其中大型裂缝 1 条，中型 49 条，小型 45 条（表 5-6）。值得说明的是，地裂缝的数量统计有多种结果，2014 年对榆神府矿区的调查，地裂缝达到 1806 条（组）（范立民等，2015），而且这一数据随着采煤的进展和地表部分地裂缝自然弥合、治理，也在变化。

表 5-6　地裂缝分类统计表

分类	发育类型	数量	占总数百分比/%
地裂缝规模/km^2	小型（L<100m，影响范围<0.5km^2）	45	47.37
	中型（100<L<1000m，影响范围 0.5～5km^2）	49	51.58
	大型（L>1000m，影响范围>5km^2）	1	1.05
	合计	95	100

地裂缝主要分布于陕北、关中煤炭开采区，分布面积 2881.09hm^2，绝大部分与地面塌陷相伴生。府谷县兴胜民煤矿地面塌陷面积为 0.1358km^2，地面塌陷形成于 2009 年 8 月，发育有多条裂缝，长度约 300～400m，宽度约 3～5cm，垂直差距为 5～10cm。彬县煤炭有限责任公司下沟煤矿城关镇上沟村采空区地面塌陷及裂缝，形成于 2000 年 3 月，分布面积 0.041km^2，村中及附近农田先后出现 7 条近东西的地裂缝，长约 200～300m，宽

0.2～0.3m，下错0.3～0.4m，曾造成上沟村一、二组76户187间房受损，影响382人（图5-5、图5-6）。

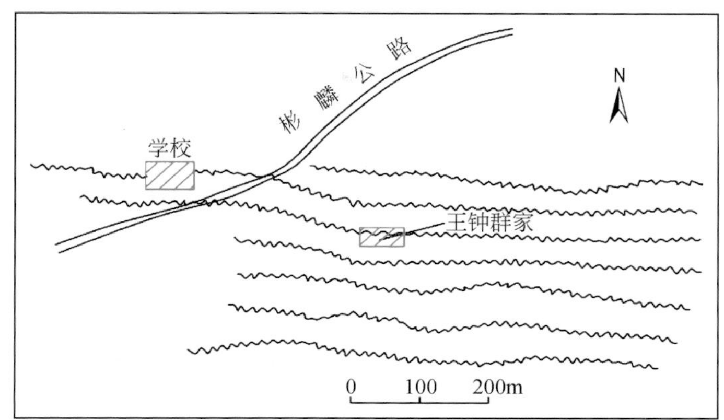

图5-5　下沟煤矿采空区地面塌陷裂缝平面示意图

图5-6　下沟煤矿地面塌陷破坏耕地和公路

3. 崩塌

据调查，全省发现崩塌及隐患点99处，已发生4处，隐患点95处，其中大型1处、中型19处、小型79处（表5-7）。

表5-7　崩塌分类统计表

分类	发育类型	数量	占总数百分比/%
斜坡类型	人工土质	37	37.37
	人工岩质	33	33.33
	自然土质	18	18.18
	自然岩质	11	11.11
崩塌类型	错断式	7	7.07
	滑移式	28	28.28
	拉裂式	42	42.42
	倾倒式	22	22.23

续表

分类	发育类型	数量	占总数百分比/%
崩塌规模/$10^4 m^3$	小型（<1）	79	79.80
	中型（1～10）	19	19.19
	大型（10～100）	1	1.01
	特大型（>100）	0	0

图 5-7　澄合董家河煤矿西河村崩塌

发生于煤炭矿山 85 处，金属类矿山 11 处（其中金矿 1 处、铁矿 4 处、锰矿 1 处、铅锌矿 2 处、钼矿 1 处、钒矿 2 处），非金属类矿山 3 处（磷矿 2 处、水泥用石灰岩 1 处）；发生于露天开采的矿山 5 处，井下开采的矿山 94 处。分布于黄土沟壑、关中北部石灰岩和秦巴山区。因边坡受地面塌陷、地裂缝影响产生崩塌。区内崩塌规模虽不大，但具有落差大、速度快、突发等特点，一旦形成灾害，损失巨大。例如 1995 年发生于陕西澄合董家河煤矿的西河村崩塌，崩塌体积约 $10\times10^4 m^3$，曾造成 3 人死亡，8 间窑洞被埋，直接经济损失 50 余万元（图 5-7），该崩塌平面示意图和剖面示意图见图 5-8、图 5-9。

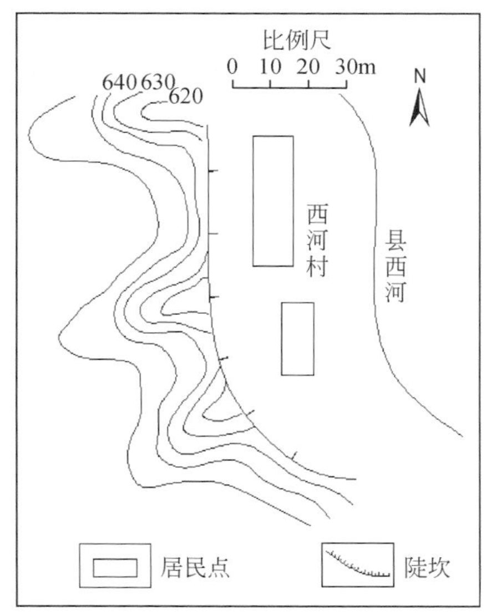

图 5-8　西河村崩塌平面示意图

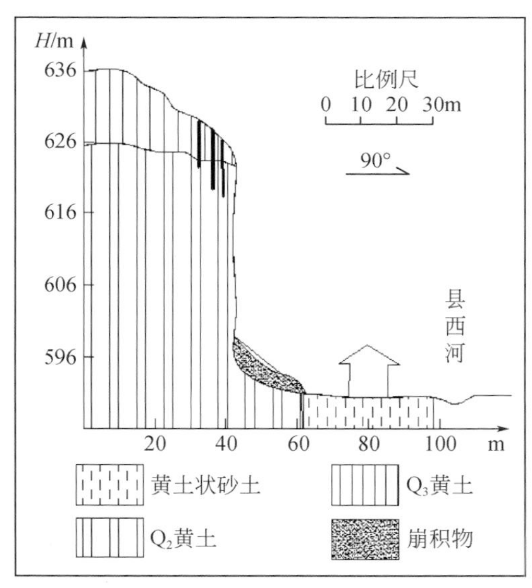

图 5-9　西河村崩塌剖面示意图

4. 滑坡

据调查统计，矿山滑坡发生数量仅次于地面塌陷及地裂缝、崩塌。现场调查发现因采矿活动发生滑坡及隐患78处，已发生14处，隐患64处，其中有大型滑坡4处、中型15处、小型59处（表5-8）。

表5-8　滑坡分类统计表

分类	发育类型	数量	占总数百分比/%
物质组成	土质	59	75.64
	碎石土	10	12.82
滑坡类型	岩质滑坡	9	11.54
	牵引式滑坡	63	80.77
	推移式滑坡	15	19.23
滑体规模/$10^4 m^3$	小型（<10）	59	75.64
	中型（10～100）	15	19.23
	大型（100～1000）	4	5.13
	特大型（>1000）	0	0

滑坡发生于煤矿64处，金属类矿山9处（金矿3处、锑矿1处、锰矿2处、铅锌矿5处），非金属类矿山5处（磷矿1处，水泥用石灰岩4处）；露天开采矿山发生4处，井下开采矿山74处。主要集中分布于府谷、黄陵、铜川、彬县—旬邑煤矿区，凤县、略阳—宁强金属矿区。例如2003年9月23日，宁强锰矿发生中型滑坡，死亡4人，伤8人，毁坏汽车3辆，直接经济损失约120万元（图5-10），该滑坡平面示意图和剖面示意图见图5-11、图5-12。

图5-10　宁强锰矿滑坡全貌

5. 泥石流

根据调查，全省矿区共有泥石流及隐患点66处，其中已发生的有9处，泥石流隐患57处（表5-9）。发生于煤矿5处，金属矿山59处（铁矿9处、钼矿2处、铅锌矿17处、金矿12处、镍矿6处、铜矿3处、钒矿5处、银矿1处、锑矿2处、锰矿2处），非金属矿山2处（石墨矿1处、石英岩矿1处）。这些泥石流集中分布于秦巴山区和小秦岭金矿区及其周围、凤县—太白金属矿区。例如略阳县煎茶岭镍矿在1998年暴雨时，黄家沟上游矿渣被冲下，形成泥石流，毁坏下游尾矿库坝，2008年受5·12地震影响，黄家沟尾矿库四期子坝局部滑塌，约$3\times10^4m^3$尾砂泄入西渠沟河，形成泥石流，使下游河道堵塞，6户村民54间房屋被毁，上游形成堰塞湖，约16.67hm^2农田被毁，幸无人员伤亡（图5-13），该泥石流平面分布示意图见图5-14。

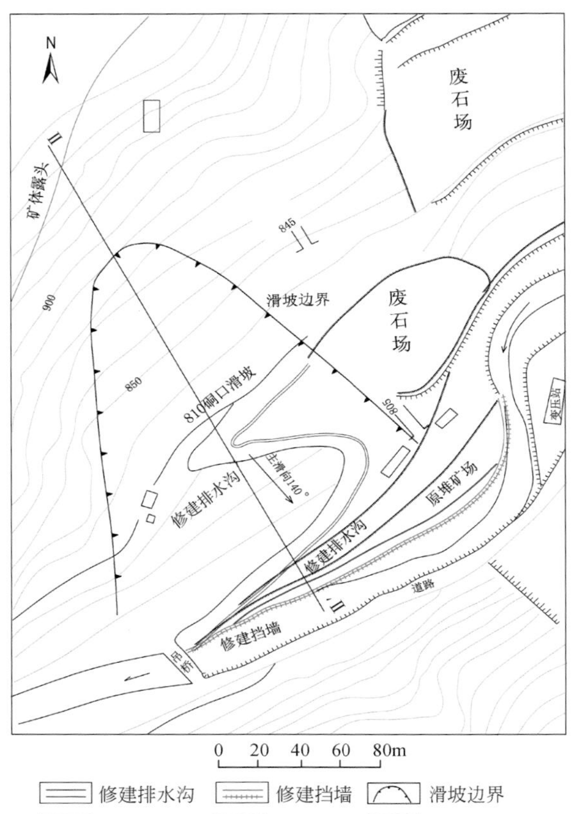

图 5-11　滑坡平面位置示意图

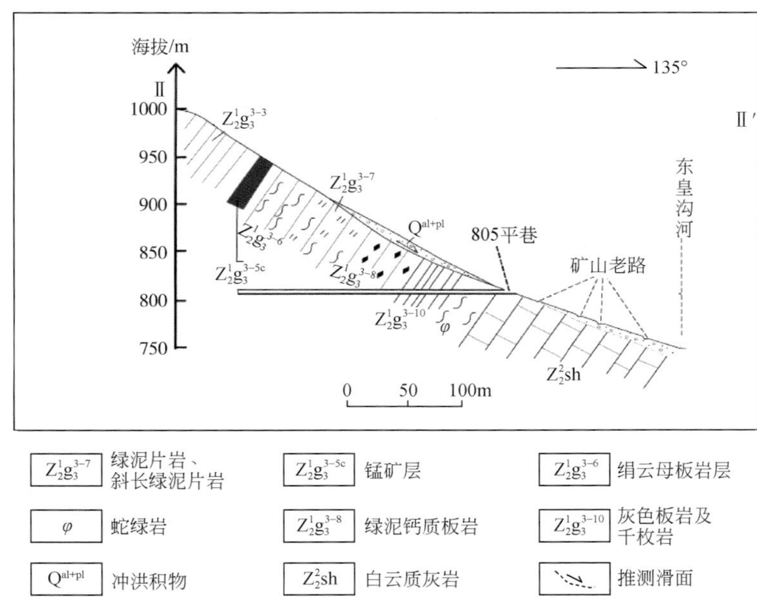

图 5-12　滑坡剖面示意图

表 5-9　泥石流分类统计表

分类	发育类型	数量	占总数百分比/%
发生标志	已发生	9	13.64
	隐患	57	86.36
易发程度	高易发	1	1.52
	中易发	30	45.45
	低易发	35	53.03
	不易发	0	0

图 5-13　黄家沟泥石流摧毁农田和民房

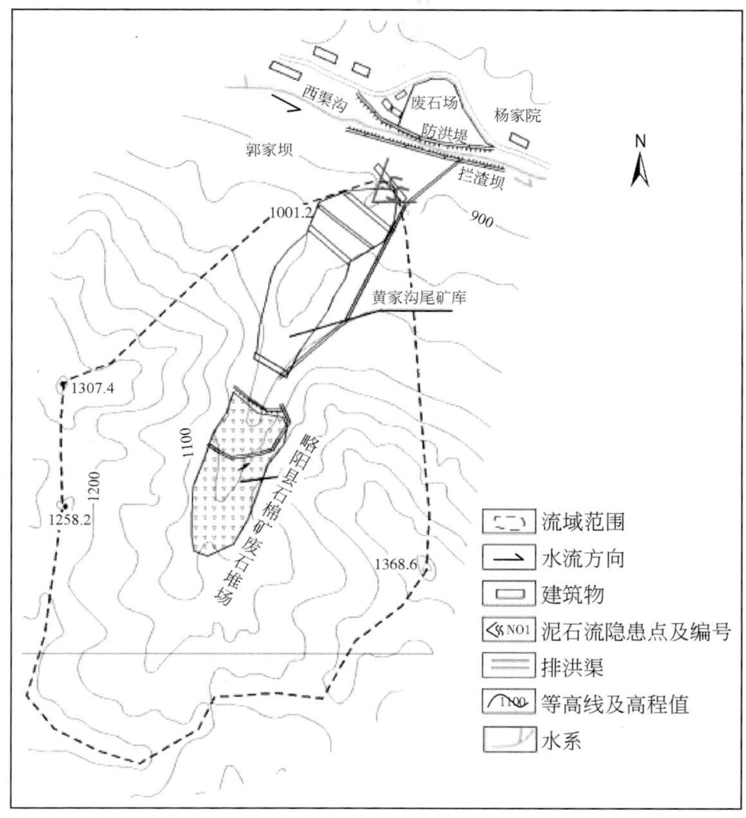

图 5-14　煎茶岭镍矿黄家沟泥石流平面分布示意图

二、矿业开发对地形地貌景观破坏

1. 露天开采对地形地貌景观破坏

开挖、剥离是露天开采的主要方式，也是最主要、最直接的土地破坏形式。露天开采一般是剥离覆盖层，采后往往形成深坑，易导致常年积水，或形成湿地，对自然保护区、人文景观、风景旅游区、城市周围、主要交通干线两侧可视范围内地形地貌景观造成严重影响（图 5-15 ~ 图 5-17）。

图 5-15　阴湾煤矿露天采坑

图 5-16　王河沟钼矿露天采场

图 5-17　李家沟水泥灰岩矿露天采面

2. 排土场和固体废弃物占压土地

露天采矿剥离的表层土堆积形成外排土场，以及废石等固体废弃物都占压土地，有的堆积成山，这不仅造成了资源浪费，也改变了矿区原有地形和地貌。

据调查，矿业活动对地形地貌影响主要表现在煤矿矸石堆放、废渣堆放、建材及非金属矿露天开采，形成大面积的露天采坑，表层剥离，基岩裸露，破坏了原有的地形地貌，矿业活动对地形地貌景观破坏严重，区内的人文景观远离矿业活动，矿业开采对地形地貌景观破坏影响严重（图 5-18、图 5-19）。

图 5-18　阴湾煤矿排土场

图 5-19　镇巴屈家山锰矿废渣堆

3. 地面塌陷

地面塌陷是矿山开采过程中形成的最为严重的问题之一。在地下开采中，大量矿石被从地下采挖出来，形成的地下空间必然要由周围的岩石来填补，特别是失去支撑，因而往往容易形成地面塌（沉）陷，有些导致地表潜水位上升，加之大气降水排泄不畅，常常会造成积水成塘，塌陷区面积可达到几平方千米，改变原始地形地貌形态。同时，地面塌陷还对自然保护区、人文景观、风景旅游区、城市周围、主要交通干线两侧可视范围内地形地貌景观造成影响（图 5-20）。

图 5-20　府谷县南梁煤矿地面塌陷

三、矿业开发占用破坏土地资源

矿产资源开发占用和破坏土地，包括采矿场、工业场地、固体废弃物对土地占用，露天采场、地面塌陷对土地资源的破坏。

据统计，矿山占用破坏土地 24964. 91hm²。其中耕地 1052. 25hm²，占总数的 4. 2%；林地 3137. 98hm²，占总数的 12. 6%；草地 6253. 66hm²，占总数的 25. 0%；园地和建筑用地 116. 35hm²，占总数的 0. 5%；其他类型土地 14404. 67hm²，占总数的 57. 7%。按行政区划分，其中安康、宝鸡、汉中、商洛、铜川、渭南、西安、咸阳、延安、榆林行政区域内矿山占压破坏土地资源分别为 3183. 46hm²、2127. 35hm²、2663. 85hm²、2302. 4hm²、2066. 3hm²、4283. 16hm²、668. 69hm²、2259. 34hm²、1337. 91hm²、4072. 47hm²（表 5- 10）。陕北、关中土地资源破坏以耕、草地和其他类型土地为主，陕南以林地为主。

表 5-10　全省矿山不同行政区占用破坏土地统计表　　单位：hm²

土地类型 / 地级市	耕地	林地	草地	建筑用地	园地	其他	合计
安康	4. 14	491. 31	705. 03	0. 00	0. 00	1982. 98	3183. 46
宝鸡	22. 82	141. 20	491. 04	0. 00	0. 00	1472. 29	2127. 35
汉中	36. 44	1170. 80	202. 92	7. 94	15. 79	1229. 96	2663. 85
商洛	82. 04	511. 61	520. 20	0. 00	1. 80	1186. 75	2302. 4
铜川	80. 30	96. 70	479. 94	0. 00	0. 00	1409. 36	2066. 3
渭南	392. 63	95. 57	1117. 67	19. 04	7. 09	2651. 16	4283. 16
西安	21. 40	51. 67	188. 33	0. 00	0. 00	407. 29	668. 69
咸阳	250. 51	109. 66	501. 18	2. 34	27. 78	1367. 87	2259. 34
延安	33. 03	256. 29	509. 78	21. 16	3. 82	513. 83	1337. 91
榆林	128. 94	213. 18	1537. 57	0. 00	9. 60	2183. 18	4072. 47
合计	1052. 25	3137. 98	6253. 66	50. 47	65. 88	14404. 67	24964. 91

按照矿类划分，贵金属矿产、黑色金属矿产、化工原料非金属矿产、建材及其他非金属矿产、能源矿产、其他、水气矿产、特种非金属矿产、冶金辅助原料非金属矿产、有色金属矿产破坏土地资源分别为 852. 58hm²、1288. 09hm²、682. 31hm²、11835. 81hm²、8567. 46hm²、47. 62hm²、21. 58hm²、258. 23hm²、300. 80hm²、1110. 325hm²（表 5-11）。

表 5-11　全省矿山不同矿类占用破坏土地统计表　单位：hm^2

土地类型/矿类	耕地	林地	草地	建筑用地	园地	其他	合计
贵金属	30.51	218.51	167.01	2.50	0.00	434.15	852.68
黑色金属	48.58	376.19	218.36	1.65	0.00	643.31	1288.09
化工原料非金属	0.50	99.06	174.95	0.00	0.00	407.80	682.31
建材及其他非金属	122.69	1231.88	2817.48	14.00	9.94	7639.82	11835.81
能源矿产	814.12	831.03	2571.46	45.93	40.54	4264.38	8567.46
其他	0.00	2.92	12.26	0.00	0.00	32.44	47.62
水气矿产	0.00	0.10	12.50	0.00	0.00	9.08	21.68
特种非金属矿产	4.69	71.21	52.42	0.00	0.00	129.91	258.23
冶金辅助原料非金属矿产	5.10	18.80	73.81	0.00	0.00	203.09	300.80
有色金属矿产	26.06	288.28	153.42	1.80	0.00	640.69	1110.25
合计	1052.25	3137.98	6253.66	65.88	50.47	14404.67	24964.91

图 5-21　麻黄梁煤矿塌陷破坏耕地

开采中，以工业场地占压和地面塌陷及塌陷裂缝对土地的占用破坏量大（图 5-21）。按照破坏方式划分，其中露天采场破坏土地 12842.12hm^2，工业广场、废石土渣堆、煤矸石堆和尾矿库占用土地分别为 5041.06hm^2、1598.57hm^2、456.22hm^2、433.32hm^2，地面塌陷、地裂缝、崩塌、滑坡及泥石流破坏土地分别为 1517.51hm^2、438.48hm^2、22.25hm^2、17.09hm^2、37.74hm^2，其他活动共占用破坏土地资源 2560.57hm^2（表 5-12），露天采场破坏和工业场地占压土地超过总数一半。

表 5-12　矿山地质环境问题占用破坏土地统计表　单位：hm^2

土地类型/破坏类型	耕地	林地	草地	建筑用地	园地	其他	总计
露天采矿场	240.44	1405.01	3179.88	12.00	9.94	7994.85	12842.12
工业广场	319.17	634.30	1403.71	50.52	4.13	2629.23	5041.06
废石土堆	11.92	420.56	227.55	0.36	0.00	938.18	1598.57
煤矸石堆	8.79	73.22	190.63	0.00	0.00	183.58	456.22
尾矿库	9.78	240.36	21.94	1.80	0.00	159.44	433.32

续表

土地类型 / 破坏类型	耕地	林地	草地	建筑用地	园地	其他	总计
地面塌陷	162.46	133.69	284.01	1.20	25.07	911.08	1517.51
地裂缝	221.96	96.02	104.50	0.00	11.00	5.00	438.48
崩塌	0.00	21.21	0.20	0.00	0.00	0.84	22.25
滑坡	1.93	10.59	0.00	0.00	0.00	4.57	17.09
泥石流	1.33	1.47	8.20	0.00	0.00	26.74	37.74
其他	74.47	101.55	833.04	0.00	0.34	1551.17	2560.57
总计	1052.25	3137.98	6253.66	65.88	50.48	14404.68	24964.93

四、矿山废水及废渣对环境影响

（一）废水对环境影响

矿山废水包括矿坑水、选矿废水、生活污水。矿山废水以酸性水为主，有毒、有害物质（铅、砷、镉、汞）、COD、BOD_5以及悬浮物等超标。

根据神木县大柳塔地区河流污染调查资料，地表水中硫化物、总磷均超过地表水Ⅲ类标准，其中硫化物平均超标11.94倍。生活污水及工矿排水导致局部地段的河流氟化物超标；在小煤矿集中分布河沟中，煤尘污染河道造成COD超标。矿井水监测结果显示，硫化物、总磷均超国家污水排放Ⅰ级标准，超标0.24～0.78倍不等。如沙沟岔沟内分布着许多个煤矿，两座炼焦厂，煤矿矿坑水多数直接排放到沟中，炼焦厂排出的废水同样直接向沟中排放，加之矸石、煤场、道路上的煤尘灰，加剧了污染。沟道内大大小小的简易蓄水池，造成河水排泄不畅，在河道内已形成了厚20～40cm的“黑色”淤积层，局部地段由于煤炭中含有硫的成分，水质呈黄绿色，污染河道长约5km。

矿山废水主要来源于矿坑水、选矿废水和生活污水。据统计，2013年全省矿山废水、废液产出量$12171.53\times10^4m^3$，其中能源矿山的废水、废液年产出量$10158.67\times10^4m^3$、占总量的83.37%，其他金属及非金属矿山的废水、废液年产量$2012.86\times10^4m^3$，占总量的16.63%（表5-13）。按废水、废液的类型划分，矿坑废水年产出量$10563.21\times10^4m^3$，占总量的86.92%，选矿废水年产出量$909.84\times10^4m^3$，占总量7.52%，生活污水年产出量$671.19\times10^4m^3$，占总量的5.56%。说明矿山废水废液中能源矿山废水、废液的年产生量较大，占总量的80%以上，其中主要为矿坑废水。

表 5-13　按照矿类统计矿山废水、废液产出量　　单位：10^4m^3

矿类	安康	宝鸡	汉中	商洛	铜川	渭南	咸阳	延安	榆林	合计
贵金属	7.98	0.00	288.74	501.99	0.00	0.00	0.00	0.00	0.00	798.71
黑色金属	0.00	0.00	583.00	0.00	0.00	0.00	0.00	0.00	0.00	583.00
建材及其他非金属	0.00	0.00	0.00	0.00	0.30	0.00	0.00	0.00	0.00	0.30
能源矿产	0.00	247.00	39.83	0.00	497.30	1014.79	2638.80	979.09	4741.86	10158.67
特种非金属	0.00	0.00	7.20	0.00	0.00	0.00	0.00	0.00	0.00	7.20
有色金属	43.98	31.18	533.84	14.54	0.00	0.11	0.00	0.00	0.00	623.65
合计	51.96	278.18	1452.61	516.53	497.60	1014.90	2638.80	979.09	4741.86	12171.53

矿山废水年排放总量为 $879.72\times10^4m^3$，其中能源矿山废水、废液年排放量 $804.31\times10^4m^3$，占总量的 91.43%，其他矿山废水、废液年排放量 $75.41\times10^4m^3$，占总量的 8.57%（表 5-14）。

表 5-14　按照矿类和市统计矿山废水、废液排放量　　单位：10^4m^3

矿类	安康	宝鸡	汉中	商洛	铜川	渭南	咸阳	延安	榆林	合计
贵金属	7.25	0.00	9.35	21.93	0.00	0.00	0.00	0.00	0.00	38.53
黑色金属	0.00	0.00	0.03	0.00	0.00	0.00	0.00	0.00	0.00	0.03
能源	0.00	50.81	0.75	0.00	1.50	6.11	225.28	169.54	350.32	804.31
有色金属	9.78	0.49	12.11	14.47	0.00	0.00	0.00	0.00	0.00	36.85
合计	17.03	51.30	22.24	36.40	1.50	6.11	225.28	169.54	350.32	879.72

按照废水、废液的类型划分，矿坑废水年排放量 $812.91\times10^4m^3$，占总量的 92.4%，选矿废水年产出量 $19.4\times10^4m^3$，占总量的 2.2%，生活污水年产出量 $51.78\times10^4m^3$，占总量的 5.4%（表 5-15）。说明矿山废水年排放量中以能源矿山年排放量为主，占到 90% 以上，其中主要为矿坑废水。

表 5-15　全省矿山废水产出与排放统计表　　单位：10^4m^3

矿类		能源	黑色金属	有色金属	贵金属	建材及其他非金属	合计
年产出量	矿坑废水	9425.01	581.71	205.26	299.22	7.50	10518.40
	选矿废水	0.00	0.00	413.90	495.83	0.00	909.84
	生活污水	663.16	1.29	4.54	3.65	0.00	671.19
	合计	10088.17	583	623.70	798.70	7.50	12101.11
年排放量	矿坑水	760.55	0.03	26.45	25.88	0.00	812.91
	选矿废水	0.00	0.00	10.40	9.00	0.00	19.40
	生活污水	43.75	0.00	0.00	3.65	0.00	51.78
	合计	804.30	0.03	36.85	38.53	0.00	879.72

综合上述，2013 年全省废水废液年产出量 12171. 53×10^4 m^3，其中排放量 879. 72×10^4 m^3，利用量 11291. 81×10^4 m^3，综合利用率 92. 8%。矿坑废水年产出量 10563. 21×10^4 m^3，年排放量 812. 91×10^4 m^3，综合利用量 9750. 3×10^4 m^3，利用率 92. 3%；选矿废水年产出量 909. 84×10^4 m^3，年排放量 19. 4×10^4 m^3，综合利用量约 890. 44×10^4 m^3，利用率 97. 9%；生活废水年产出量 671. 19×10^4 m^3，排放量 51. 78×10^4 m^3，综合利用量 619. 41×10^4 m^3，利用率 92. 3%。大部分国有和部分较大集体矿山建有井下水处理站和生活污水简单处理设施，私营矿山废水未处理直接排放，导致水环境和土壤污染。煤矿矿坑水主要污染物为总悬浮颗粒物，金属矿山矿坑水和选矿废水主要含悬浮颗粒物及重金属，生活污水主要含 COD、BOD、SS 等有机污染物，直接排放将加大水体的浊度，造成重金属污染等。煤矿矿坑水间歇性排放，经处理后循环利用于井下灭尘、工业广场生产、储煤场防尘、绿化浇水，部分企业简单沉淀处理后用于工农业生产，剩余部分直接排到附近的沟谷、河流中，生活污水经处理后部分用于地面洒水、绿化，其余的直接排到自然环境中（图 5-22 ~ 图 5-25）。

图 5-22　留石村煤矿水处理厂

图 5-23　丝毛岭金铅锌矿坑道排水

图 5-24　矿坑水污染榆东渠灌溉水

图 5-25　尾矿水污染河流

（二）废渣对环境影响

矿山废渣主要包括废石（土）、煤矸石、粉煤灰等，区内废渣堆散布在矿区内外，改变着地形、地貌和破坏整体自然景观，废石（土）占压大量土地，灰尘污染空气，废石（土）和煤矸石淋滤水含有害物质对水土造成污染，废渣的不合理堆放引发矿山地质灾害，对生态环境构成危害。

据调查统计，截至2013年底，全省矿山废渣多年累计积存量达7291.98×10^4t，主要来自金属矿山，其中有色金属矿山废渣累计堆存量4308.64×10^4t，占总量的59.1%，能源矿山废渣累计堆存量1183.83×10^4t，占总量16.2%，贵金属矿山废渣累计堆存量1199.02×10^4t，占总量的16.4%，黑色金属矿山废渣累计堆存582.18×10^4t，占总量的8.0%，特种非金属和建材及其他非金属矿山废渣累计堆存18.33×10^4t，占总量的0.3%（表5-16）。按废渣的类型划分，废（石）土累计堆存量1749.38×10^4t、煤矸石累计堆存量1114.48×10^4t、尾矿累计堆存量4426.39×10^4t、粉煤灰累计堆存量1.57×10^4t、其他废渣累计堆存量0.16×10^4t（表5-17）。

表5-16　按矿类分类矿山废渣累计积存量统计表　　单位：10^4t

矿类	安康	宝鸡	汉中	商洛	铜川	渭南	西安	咸阳	延安	榆林	合计
贵金属	40.05	0.00	822.82	207.15	0.00	129.00	0.00	0.00	0.00	0.00	1199.02
黑色金属	4.5	0.00	570.48	7.20	0.00	0.00	0.00	0.00	0.00	0.00	582.18
建材及其他非金属	0.00	0.00	10.78	0.00	0.00	0.05	1.50	0.00	0.00	0.00	12.33
能源矿	0.00	32.78	7.28	0.00	33.26	200.62	0.00	30.70	668.60	210.57	1183.81
特种非金属	0.00	0.00	6.00	0.00	0.00	0.00	0.00	0.00	0.00	0.00	6.00
有色金属	413.99	489.16	163.52	3234.37	0.00	2.40	5.20	0.00	0.00	0.00	4308.64
合计	458.54	521.94	1580.88	3448.72	33.26	332.07	6.70	30.70	668.6	210.57	7291.98

表5-17　矿山废渣分类产出积存量及污染情况统计表　　单位：10^4t

项目 废渣类型	年产出量	年利用量	累计堆存量	利用方式	有害物质	危害对象
废（石）土	229.05	57.14	1749.38	其他	粉尘	居民地、农田
煤矸石	1894.84	1458.84	1114.48	填料、筑路、制砖	Hg、Pb、SO_2、CO、重金属元素	农田、河流
尾矿	196.76	15.86	4426.39	其他	重金属	农田、河流、其他
粉煤灰	6.79	3.35	1.57	筑路、制砖	粉尘、重金属元素	农田、居民地
其他	0.96	0.31	0.16	其他	BOD、COD、有毒元素等	居民地、河流
合计	2328.40	1535.50	7291.98	—	—	—

据调查统计，2013年全省矿山废渣年产出量2328.40×10^4t，主要来自能源矿山。其中能源矿山产出量1963.26×10^4t，占总量的84.3%，有色金属矿山产出量144.49×10^4t，占总量的6.2%，贵金属矿山产出量100.93×10^4t，占总量的4.3%，黑色金属矿山产出量105.37×10^4t，占总量的4.5%，建材及其他非金属矿山产出量8.02×10^4t，占总量的0.35%，特种非金属6.0×10^4t，占总量的0.3%；化工原料非金属0.33×10^4t，占总量的0.05%（表5-18）。按照废渣类型划分，废石（土）年产出量为229.05×10^4t、煤矸石1894.84×10^4t、尾矿196.76×10^4t、粉煤灰6.79×10^4t、其他0.96×10^4t（表5-17）。

表 5-18　按矿类和市分类矿山废渣年产出量统计表　单位：10^4t

矿类	安康	宝鸡	汉中	商洛	铜川	渭南	西安	咸阳	延安	榆林	合计
贵金属	10.08	0.00	74.85	8.00	0.00	8.00	0.00	0.00	0.00	0.00	100.93
黑色金属	4.50	0.00	100.87	0.00	0.00	0.00	0.00	0.00	0.00	0.00	105.37
化工原料非金属	0.00	0.00	0.33	0.00	0.00	0.00	0.00	0.00	0.00	0.00	0.33
建材及其他非金属	0.00	0.00	7.02	0.00	0.00	1.00	0.00	0.00	0.00	0.00	8.02
能源矿产	0.00	1.84	3.50	0.00	14.42	86.81	0.00	404.26	249.08	1203.35	1963.26
特种非金属	0.00	0.00	6.00	0.00	0.00	0.00	0.00	0.00	0.00	0.00	6.00
有色金属	35.86	24.61	78.32	2.50	0.00	0.80	2.40	0.00	0.00	0.00	144.49
合计	50.44	26.45	270.89	10.50	14.42	96.61	2.40	404.26	249.08	1203.35	2328.40

据调查统计，截至 2013 年年底，废渣总利用量约 1535.45×10^4t。其中有色金属矿山年利用量 19.86×10^4t，占总量的 1.3%，能源矿山年利用量 1512.59×10^4t，占总量的 98.5%，贵金属矿山废渣年利用量 2×10^4t，占总量的 0.1%，建材及其他非金属矿山年利用量 1×10^4t，占总量 0.1%（表 5-19）。按废渣类型划分，其中废石（土）年利用量 57.14×10^4t、煤矸石年利用量 1458.84×10^4t、尾矿年利用量 15.86×10^4t、粉煤灰年利用量 3.35×10^4t、其他利用量 0.31×10^4t（表 5-17）。

表 5-19　按矿类和市分类矿山废渣年利用量统计表　单位：10^4t

矿类	宝鸡	汉中	铜川	渭南	咸阳	延安	榆林	合计
贵金属	0.00	2.00	0.00	0.00	0.00	0.00	0.00	2.00
建材及其他非金属	0.00	0.00	0.00	1.00	0.00	0.00	0.00	1.00
能源矿产	1.84	0.00	19.94	61.95	184.34	127.41	1117.11	1512.59
有色金属	0.00	19.86	0.00	0.00	0.00	0.00	0.00	19.86
合计	1.84	21.86	19.94	62.95	184.34	127.41	1117.11	1535.45

近年主要用于填料、制砖、铺筑道路等。但由于废渣积存时间长而且量大，综合利用才刚刚开始，因此废渣对当地区域环境的影响较严重。

1. 占用破坏大量土地

矿山废渣堆放占用土地、破坏植被。据调查，截至 2013 年年底，矿山废渣占用土地 525.9hm^2，其中废石土占用土地 204.2hm^2、煤矸石占用土地 236.4hm^2、尾矿库占压土地 79.6hm^2、粉煤灰及其他类占压破坏土地资源 5.7hm^2，对地质环境造成了严重影响（图 5-26）。

图 5-26　煤矸石和矿废渣占用土地

2. 环境污染

据调查，截至 2013 年年底，废渣累计存放量约为 7789.98×10^4t。大多露天置放，是主要污染源。废石土堆长期堆放，在风化、扬尘作用下增加了大气中总悬浮物微粒，造成大气污染；煤矸石露天堆放，在风化、雨水淋滤作用下形成酸性废水，其中含有大量硫酸盐、Hg、Pb 重金属元素等，对居民地、农田、河流造成水环境和土壤的污染，此外煤矸石自燃后产生出大量的 SO_2、CO 等有害气体，造成大气污染；尾矿废水中含有悬浮物、油类、COD 和有毒有害元素等，未经处理超标排放，对环境造成污染。尾矿废水污染水体和土壤，直接会导致农作物减产，还可能导致农产品有毒有害元素超标，长期食用将导致慢性中毒。尾矿粒度细，表面干燥无覆盖时，遇大风飞扬，形成砂尘，污染环境（图 5-27、图 5-28）。

图 5-27　东沟坝金矿尾矿库

图 5-28　陈耳金矿尾矿库

3. 引发崩塌、滑坡及泥石流

矿山固体废弃物堆积过高，坡度过大，就容易造成滑坡、崩塌；降雨等作用使得固体废弃物的含水量达到饱和，易形成泥石流灾害。陕南地区矿山大都直接将废渣、尾矿堆于沟谷中，成为泥石流的物质源，一旦山谷中形成较强的径流条件，即可能形成泥石流灾害（图 5-29、图 5-30）。

图 5-29　陈耳金矿泥石流隐患

图 5-30　大西沟钼矿泥石流隐患

第三节　矿山开发对水环境的影响

陕西地处干旱半干旱地区，尤其是陕北榆神府矿区，生态环境脆弱，水资源相对短缺，矿山开发不仅破坏含水层结构，改变地下水循环途径，扰动地下水补给径流排泄条件，还影响地下水水质，对地表水水体、湿地也会产生明显的影响。本节以榆神府矿区为例，简要叙述矿山开发对地下水、地表水环境的影响。

一、矿业开发对地下水的影响与破坏

矿业开发过程中，矿坑疏干地下水降低矿区地下水位，采空区上部岩土体裂隙带、地面裂缝、塌陷使地下水、地表水下渗漏失，破坏了地下含水系统，改变了地下水的径流排泄方式，使矿区地下水系统的均衡受到严重影响与破坏，其危害是多方面的。

（一）含水层结构破坏

采空塌陷破坏含水层的主要方式是导水裂隙，主要含水层位于煤层的上方，地下采空后，尤其是壁式采煤法开采后，形成“三带”，其中“裂隙带”具有导通上部含水层和采空区作用，因此会引起含水层水的渗漏，而且煤层采深采厚比越小，导水裂隙带越容易贯通地表，进而造成地表水的漏失。

榆神府矿区采煤主要对烧变岩含水层和萨拉乌苏组潜水含水层造成影响，造成含水层结构破坏，区域地下水位下降，但地下水水质变化不明显。如店塔镇孙营岔一矿，开采煤层为 5^{-1} 号煤层，经过整合前的不间断开采，已经形成大片采空区，矿坑排水一般涌水量 $20m^3/d$，最大涌水量 $40m^3/d$，由于煤层埋深不均匀，一般在 20 ~ 190m，5^{-1} 号煤层开采产生的冒落带和导水裂隙带对部分含水层结构造成破坏，导致地下水位下降，含水层疏干或半疏干，对含水层结构造成一定影响，并改变地下水径流途径（冀瑞君等，2015）。榆神府矿区部分开采强度大的区域，萨拉乌苏组地下水水位下降 5 ~ 12m，煤矿开采对其影响较大。

关中地区矿业开发主要对石炭系上统太原组砂岩含水层及上部砂岩含水层、奥陶系石灰岩岩溶裂隙承压含水层、奥陶系石灰岩岩溶裂隙水、二叠系下统山西组中部砂岩含水层等造成影响，富水性极弱—弱，影响方式为串漏，井水水位下降变化明显，水质变化不明显。

陕南金属矿开采区矿层大多位于最低侵蚀基准面之上，采矿活动主要对岩溶-裂隙潜水含水岩组、碳酸盐岩裂隙岩溶水、风化基岩裂隙含水层、寒武系下统基岩裂隙潜水含水层造成影响，这些含水层富水性弱—强，采矿活动对地下水结构影响较严重，区域地下水位下降，水质变化不明显。

（二）地下水资源的流失

在矿业开发过程中，地下水较丰富的矿区一般都要强制性地抽排地下水保证采矿安全，抽排出的地下水部分被矿山综合利用，以及用于农业灌溉，多余的直接排放，造成地下水的流失。

截至2013年年底，陕西矿山矿坑水年产出5375.3×10^4m^3，其中来自能源矿产4617.0×10^4m^3，占总量的85.9%，金属和其他非金属矿山共758.3×10^4m^3，占总量的14.1%（表5-20）。说明矿坑水主要来自能源矿山，也就是煤矿，煤矿矿坑水主要含有煤、岩尘颗粒及石油类，经简单处理后大部分综合利用，主要用于井下灭尘及处理后作为工业生产用水，剩余的直接排放（图5-31）。

表5-20　按矿类和市统计矿坑水年产生量　　单位：10^4m^3

矿类	安康	宝鸡	汉中	商洛	铜川	渭南	咸阳	延安	榆林	合计
贵金属	0.7	0.0	84.6	18.8	0.0	0.0	0.0	0.0	0.0	104.1
黑色金属	0.0	0.0	465.1	0.0	0.0	0.0	0.0	0.0	0.0	465.1
能源矿产	0.0	236.5	33.5	0.0	301.0	288.6	1493.3	553.5	1710.7	4617.0
特种非金属	0.0	0.0	3.6	0.0	0.0	0.0	0.0	0.0	0.0	3.6
有色金属	34.9	0.3	135.9	14.5	0.0	0.0	0.0	0.0	0.0	185.6
合计	35.6	236.8	722.5	33.3	301.0	288.6	1493.3	553.5	1710.7	5375.3

图5-31　煤矿矿井水排放

按照开采方式划分，井下开采产生量5290.8×10^4m^3，占总量的98.4%，露天开采和井工及露天开采产生量84.6×10^4m^3，占总量的1.6%（表5-21）。说明矿坑水主要来自井下开采，井下开采对地下含水层水量的影响较严重。煤炭开采对地下水资源量的浪费与消耗是较大的，金属矿山和建材及非金属开采矿山对地下水影响较小。

表 5-21　按开采方式和市统计矿坑水年产生量　单位：10^4m^3

开采方式	安康	宝鸡	汉中	商洛	铜川	渭南	咸阳	延安	榆林	合计
井工、露天	0.0	0.0	55.5	0.0	0.0	0.0	0.0	0.0	2.3	57.8
井下开采	35.6	236.8	647.4	33.3	298.4	288.6	1493.3	553.5	1703.9	5290.8
露天开采	0.0	0.0	19.6	0.0	2.6	0.0	0.0	0.0	4.6	26.8
合计	35.6	236.8	722.5	33.3	301.0	288.6	1493.3	553.5	1710.8	5375.4

（三）生态环境恶化

矿业开发破坏了含水层和包气带结构体系，造成大量水资源漏失，植被枯萎死亡，植被覆盖率降低，导致矿区生态环境恶化，土地沙化、水土流失加剧。

前些年大规模的煤炭开采对矿区生态环境破坏严重日趋显现，目前陕北地区煤炭开采使矿区内水资源供需矛盾激化，矿区内已有数十条地表河流断流，大柳塔一带 20 多处泉眼干涸，张家峁井田内采煤前有 115 处水泉，乡镇煤矿开采造成其中 102 处泉干涸，总流量减少 95.8%，窟野河大部分时间断流已变成季节河（图 5-32），秃尾河流域因地下水位下降大片灌木林退化，乔木出现干枯。

图 5-32　窟野河流量减少

二、高强度采煤对水环境变化的影响分析

本研究选用模糊综合评判法，对矿井水环境质量作出合理的评价，为矿区矿井水资源的开发利用、污染治理提供科学的依据。

（一）研究区概况

榆神府矿区位于我国西北干旱地区，地处毛乌素沙漠南缘与黄土高原丘陵沟壑区的接壤地带。地势西北高，东南低，海拔一般在 800 ~ 1400m，榆溪河、秃尾河、窟野河等河谷呈条带状镶入区内，面积约 $8298km^2$。

依据本区地下水的含水介质、赋存条件及水力特征，地下水划分为第四系萨拉乌苏组孔隙潜水、白垩系洛河组砂岩裂隙孔隙水、侏罗系基岩裂隙承压水三种类型。萨拉乌苏组含水层分布于榆阳区和神木地区沙漠滩地及以西区域，其含水介质为一套第四纪晚更新世形成的河湖相松散堆积层，厚度一般为 40 ~ 90m，单井涌水量一般在 $1000m^3/d$ 以上，是该区地下水的主要赋存层位；白垩系洛河组砂岩含水层，厚度总体上由西南向东北方向变薄，在神木县大柳塔—尔林兔—榆阳区孟家湾一线尖灭。岩性为以沙丘相沉积砂岩、沙漠湖相沉积的泥质砂岩和泥岩，最大厚度360m左右，单井涌水量多在300～1500m^3/d；侏罗系基岩裂隙承压水包括侏罗系中统安定组、直罗组、延安组含水层，以侏罗系砂岩为主，结构致密，裂隙不发育，富水性差，是一微弱的含水岩组。

区内煤层与萨拉乌苏组之间发育由离石组黄土和保德组红土共同构成的强隔水层和安定组、直罗组、延安组顶部共同组成的相对隔水岩组，煤层开采条件下对这两层隔水层的破坏程度决定了对萨拉乌苏组含水层的影响程度。

（二）水样采集与分析

水样采集范围主要是研究区内榆阳区、神木县和府谷县。为全面评价研究区内矿井水水质状况及污染程度，采样点依据均匀分布的原则，共采集矿井水样50个。这些水样采自各矿井水的排水口，采样点分布如图5-33所示。

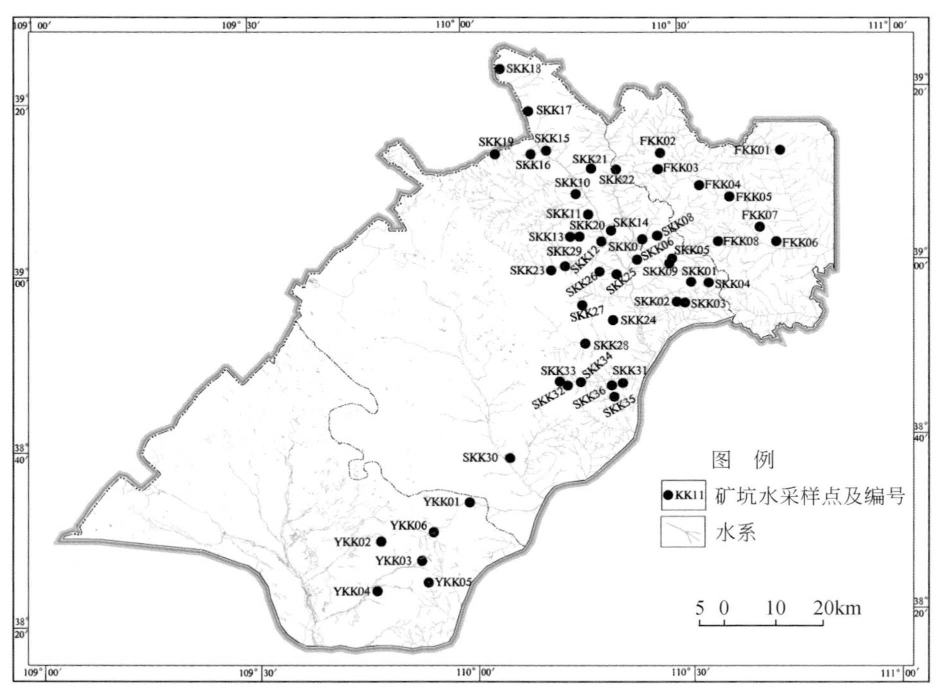

图5-33 矿井水采样位置分布图

根据污染评价项目性质和采集方法要求，选择塑料制品作为本次水样采集容器，实验室用蒸馏水洗剂后，野外取样时，再用采集的水体冲洗多遍，将容器对样品的影响降至最低。测试项目包括总硬度、氟化物、氯化物、硫酸盐、硝酸盐、锌、砷、汞、锰、六价铬、矿化度。测试方法依据《生活饮用水卫生标准检测方法》（GB/T 5750—2006）和《煤矿水水质分析的一般规定》（MT/T 894—2000）等。

（三）矿井水水质评价

在煤炭开采过程中，矿井水的外排可能会造成地表水体污染，污染的地表水体在其径流中遇到合适的地质条件又可以渗透的形式补给地下水，又加剧地下水的污染。

模糊综合评价是以模糊数学为基础，应用模糊关系合成的原理，将一些边界不清且不易定量的因素定量化，从多个因素对被评价事物隶属等级状况进行综合评价的一种方法。该评价法用于矿井水水质评价的步骤如下。

1. 水质评价等级的划分

根据模糊综合评价法模型要求结合《地下水质量标准》（GB/T 14848—93）确定模糊综合评价水质标准，评价等级分5个等级，组成的评价等级集合：$V=\{$Ⅰ，Ⅱ，Ⅲ，Ⅳ，Ⅴ$\}$。由于地下水分类标准的Ⅳ级与Ⅴ级标准的界值是同一个值，规定了小于等于该值为Ⅳ级水，大于该值为Ⅴ级水。而水环境质量标准的划分一般都是指一个浓度区间。为了符合评价的要求，按择优不从劣的原则，用如下方法确定分级代表值：Ⅰ级和Ⅱ级水标准界值的中值为Ⅱ级水的分级代表值；依次进行类推，将Ⅴ级水的标准界值作为Ⅴ级水的分级代表值，本书的模糊综合评价水质标准见表5-22。

表5-22　模糊综合评价水质评价标准　　单位：mg/L

项目	Ⅰ级	Ⅱ级	Ⅲ级	Ⅳ级	Ⅴ级
总硬度	150	225	375	500	550
F^-	1	1	1	1.5	2
Cl^-	50	100	200	300	350
SO_4^{2-}	50	100	200	300	350
NO_3^-（以N计）	2.0	3.5	12.5	25	30
Zn	0.05	0.275	0.75	3.0	5.0
As	0.005	0.0075	0.03	0.05	0.05
Hg	0.00005	0.000275	0.00075	0.001	0.001
Mn	0.05	0.05	0.075	0.55	1.0
Cr^{6+}	0.005	0.0075	0.03	0.075	0.1
矿化度	300	400	750	1500	2000

2. 确定的水质级别隶属度

设评价中取 n 个污染因子，取 k 水样中某一污染因子 i 的实测值为 x_{ki}，其 j 级标准值为 c_{ij}，则污染因子对各级水的隶属函数如下：

对1级水的隶属函数，即 $j=1$ 时：

$$r_{i1}=\begin{cases}1 & (x_{ki}\leqslant c_{i1})\\ \dfrac{c_{i2}-x_{ki}}{c_{i2}-c_{i1}} & (c_{i1}\leqslant x_{ki}\leqslant c_{i2})\\ 0 & (x_{ki}>c_{i2})\end{cases}\tag{5-1}$$

对于第 f 级水的隶属函数，即 $j=f$（$f>1$，$f+1<\mathrm{m}$）时：

$$\mathrm{r}_{if}=\begin{cases}0 & (x_{ki}\leqslant c_{i,f-1},x_{ki}>0)\\ \dfrac{x_{ki}-c_{i,f-1}}{c_{i,f}-c_{i,f-1}} & (c_{i,f-1}<x_{ki}\leqslant c_{i,f})\\ \dfrac{c_{i,f+1}-x_{ki}}{c_{i,f+1}-c_{i,f}} & (c_{i,f}<x_{ki}\leqslant c_{i,j+1})\end{cases} \tag{5-2}$$

对第 m 级水的隶属函数，即 $j=m$：

$$r_{im}=\begin{cases}0 & (x_{ki}<c_{i,m-1})\\ \dfrac{x_{ki}-c_{i,m-1}}{c_{i,m}-c_{i,m-1}} & c_{i,m-1}\leqslant x_{ki}\leqslant c_{i,m}\\ 1 & x_{ki}>c_{i,m}\end{cases} \tag{5-3}$$

式中，n 为污染矿井水的因子数；m 为矿井水水质的级别数；r_{if}为第 i 个样本质量 x_{ki}对第 f 级矿井水水质标准的隶属程度。

隶属度可以看成是污染因子的浓度和同矿井水水质标准的函数，根据式（5-1）、式（5-2）和式（5-3）计算，每项污染因子对水质级别的隶属度构成了该水样的模糊矩阵，以 YKK01 为例，根据各个评价因子的隶属函数及其实测值，求出各评价因子对于各级水的隶属度，并组成模糊矩阵 $\boldsymbol{R}$。

$$\boldsymbol{R}=\begin{cases}0.667 & 0.33 & 0 & 0 & 0\\ 1 & 0 & 0 & 0 & 0\\ 1 & 0 & 0 & 0 & 0\\ 0.712 & 0.288 & 0 & 0 & 0\\ 0 & 0 & 0.269 & 0.731 & 0\\ 1 & 0 & 0 & 0 & 0\\ 1 & 0 & 0 & 0 & 0\\ 1 & 0 & 0 & 0 & 0\\ 1 & 0 & 0 & 0 & 0\\ 1 & 0 & 0 & 0 & 0\\ 0.91 & 0.09 & 0 & 0 & 0\end{cases}$$

3. 确定的权重系数

在模糊综合评价法中，各评价因子对矿井水水质的贡献不一样，故需要进行权重计算，权重计算方法采用污染浓度超标加权法，见式（5-4）：

$$w_{ki}=\frac{x_{ki}}{s_i} \tag{5-4}$$

式中，$s_i=\dfrac{1}{n}(c_{i1}+c_{i2}+\cdots+c_{in})$；$x_{ki}$为 k 水样中第 i 个因子的实测值；s_i为第 i 个因子各级水标准的平均值。

对 w_{ki}做归一化处理：

$$a_{ki}=w_{ki}/\sum_{i=1}^{n}w_{ki} \tag{5-5}$$

式中，w_{ki}为权重因子；a_{ki}为 k 水样中第 i 个因子的权重值。

把各单因子的实测值和评价标准值带入以上式子，可组成因子权重集 A：

$$A=(a_{k1}, a_{k2}, \cdots, a_{kn})$$

根据式（5-4）和式（5-5）计算出各采样点各污染因子的权重系数，YKK01 评价因子的权重计算结果 A=（0.165，0.107，0.01，0.109，0.503，0，0，0，0，0，0.106）。

4. 模糊综合评价结果

采用相乘相加模型得到综合评价成果，见表 5-23。

由表 5-23、图 5-34 可知，调查区 46% 为Ⅲ级水，其次是Ⅴ级水占到了 34%，Ⅰ级和Ⅱ级水各占 8% 和 10%，仅柠条塔煤矿（SKK23）矿井水为Ⅳ级。

调查区内Ⅰ～Ⅲ级水占到了 64%，有榆阳区的杭来湾煤矿（YKK02）、白鹭煤矿（YKK04）和榆树湾煤矿（YKK06）矿井水，神木县的王才伙盘煤矿（SKK20）、大海则煤矿（SKK21）、赵仓峁煤矿（SKK26）、汇兴煤矿（SKK27）和大砭窑煤矿（SKK36）矿井水，府谷县的瑞丰煤矿（FKK02）和伙盘沟煤矿（FKK05）矿井水等，表明这些矿井水水质较好，说明煤矿的开采对涌出的地下水水质影响不大，只需要对矿井水进行悬浮物沉淀和消毒就可用于矿井生产用水和工业项目用水。

表 5-23　模糊综合评价成果表

编号	所属矿区	Ⅰ级	Ⅱ级	Ⅲ级	Ⅳ级	Ⅴ级	评价结果
YKK01	方家畔煤矿	0.401	0.096	0.135	0.368	0.000	Ⅰ
YKK02	杭来湾煤矿	0.221	0.181	0.481	0.117	0.000	Ⅲ
YKK03	柳巷煤矿	0.158	0.126	0.431	0.284	0.000	Ⅲ
YKK04	白鹭煤矿	0.300	0.530	0.169	0.000	0.000	Ⅱ
YKK05	麻黄梁煤矿	0.157	0.255	0.395	0.193	0.000	Ⅲ
YKK06	榆树湾煤矿	0.195	0.066	0.416	0.323	0.000	Ⅲ
SKK01	七里庙三矿	0.134	0.091	0.334	0.321	0.121	Ⅲ
SKK02	柳沟联办煤矿	0.083	0.076	0.109	0.113	0.619	Ⅴ
SKK03	泰华煤矿	0.118	0.036	0.055	0.123	0.669	Ⅴ
SKK04	高庄煤矿	0.172	0.096	0.287	0.097	0.348	Ⅴ
SKK05	杨伙盘煤矿	0.174	0.338	0.485	0.003	0.000	Ⅲ
SKK06	老张沟煤矿	0.109	0.130	0.210	0.000	0.550	Ⅴ
SKK07	孙营岔一矿	0.105	0.137	0.325	0.147	0.285	Ⅲ
SKK08	王塔煤矿	0.089	0.015	0.277	0.263	0.356	Ⅴ
SKK09	榆家梁煤矿	0.085	0.045	0.109	0.333	0.427	Ⅴ
SKK10	朱概塔煤矿	0.047	0.290	0.527	0.136	0.000	Ⅲ
SKK11	龙华煤矿	0.099	0.018	0.190	0.195	0.499	Ⅴ
SKK12	海湾煤矿	0.981	0.019	0.000	0.000	0.000	Ⅰ
SKK13	海湾煤矿	0.238	0.005	0.385	0.135	0.236	Ⅲ

续表

编号	所属矿区	Ⅰ级	Ⅱ级	Ⅲ级	Ⅳ级	Ⅴ级	评价结果
SKK14	赵家梁煤矿	0.064	0.218	0.511	0.208	0.000	Ⅲ
SKK15	大柳塔煤矿	0.144	0.078	0.339	0.263	0.177	Ⅲ
SKK16	活鸡兔煤矿	0.038	0.072	0.166	0.176	0.548	Ⅴ
SKK17	哈拉沟煤矿	0.369	0.003	0.569	0.059	0.000	Ⅲ
SKK18	石圪台煤矿	0.211	0.190	0.369	0.230	0.000	Ⅲ
SKK19	板定梁煤矿	0.005	0.000	0.000	0.000	0.994	Ⅴ
SKK20	王才伙盘煤矿	0.434	0.563	0.003	0.000	0.000	Ⅱ
SKK21	大海则煤矿	0.181	0.410	0.409	0.000	0.000	Ⅱ
SKK22	乌兰色太煤矿	0.080	0.106	0.137	0.118	0.559	Ⅴ
SKK23	柠条塔煤矿	0.158	0.261	0.234	0.278	0.069	Ⅳ
SKK24	红柳林煤矿	0.177	0.107	0.166	0.231	0.319	Ⅴ
SKK25	张家峁煤矿	0.008	0.001	0.035	0.113	0.843	Ⅴ
SKK26	赵仓峁煤矿	0.202	0.361	0.401	0.037	0.000	Ⅲ
SKK27	汇兴煤矿	0.746	0.136	0.118	0.000	0.000	Ⅰ
SKK28	河湾煤矿	0.083	0.274	0.355	0.058	0.230	Ⅲ
SKK29	四门沟煤矿	0.143	0.231	0.197	0.000	0.430	Ⅴ
SKK30	恒瑞源煤矿	0.005	0.069	0.009	0.000	0.916	Ⅴ
SKK31	新圪崂煤矿	0.319	0.475	0.206	0.000	0.000	Ⅱ
SKK32	圪柳沟煤矿	0.564	0.021	0.416	0.000	0.000	Ⅰ
SKK33	凉水井煤矿	0.181	0.182	0.630	0.006	0.000	Ⅲ
SKK34	榆神路煤矿	0.024	0.101	0.550	0.325	0.000	Ⅲ
SKK35	鑫轮煤矿	0.072	0.370	0.512	0.046	0.000	Ⅲ
SKK36	大砭窑煤矿	0.191	0.208	0.589	0.012	0.000	Ⅲ
FKK01	安山煤矿	0.170	0.143	0.478	0.208	0.000	Ⅲ
FKK02	瑞丰煤矿	0.142	0.113	0.456	0.288	0.000	Ⅲ
FKK03	能东煤矿	0.207	0.100	0.444	0.248	0.000	Ⅲ
FKK04	顺垣煤矿	0.133	0.000	0.115	0.317	0.435	Ⅴ
FKK05	伙盘沟煤矿	0.258	0.395	0.347	0.000	0.000	Ⅱ
FKK06	常胜煤矿	0.035	0.216	0.453	0.296	0.000	Ⅲ
FKK07	德丰煤矿	0.059	0.099	0.268	0.239	0.336	Ⅴ
FKK08	东沟联办矿	0.071	0.065	0.029	0.287	0.548	Ⅴ

Ⅳ～Ⅴ级水占36%，位于神木和府谷地区的其他矿区，水质较差，矿化度高，已经遭到不同程度的污染。用于矿井生产用水时，需要进行悬浮物沉淀和消毒处理，用于工业用水时，需要进行除盐处理，可选择电渗析法、反渗透法等对矿井水进行处理。各矿井水综合评价结果分布详见图5-35。

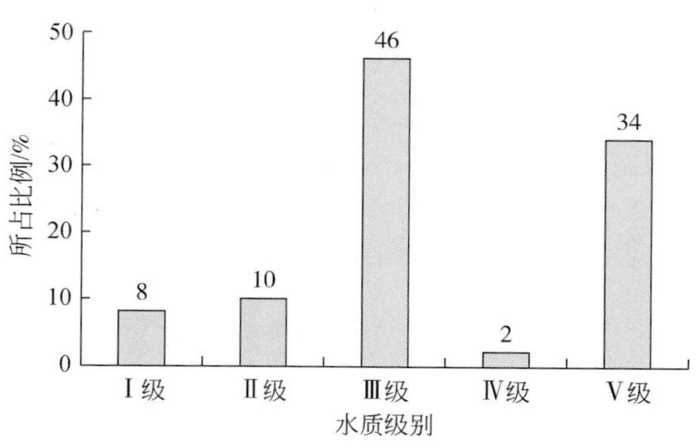

图 5-34　矿井水水质各等级比例

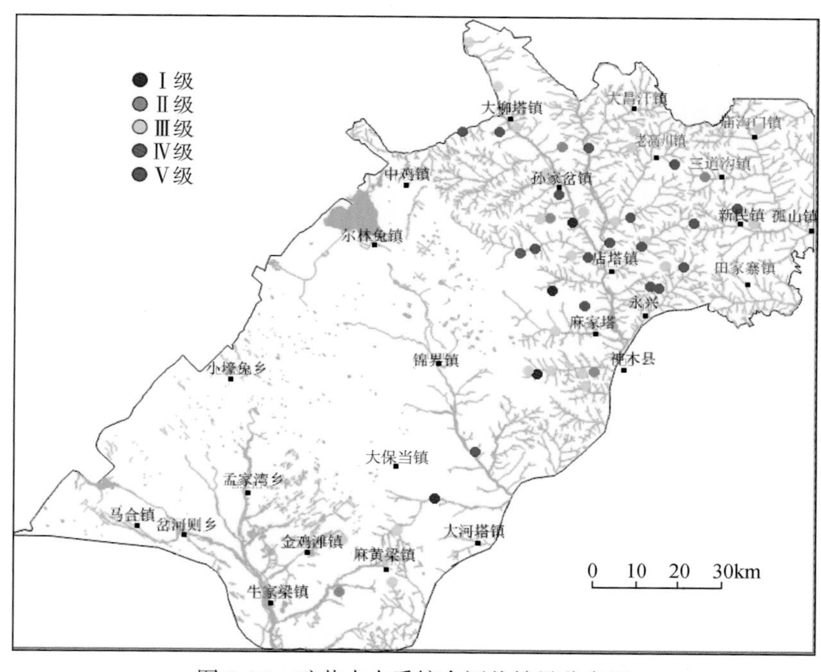

图 5-35　矿井水水质综合评价结果分布图

（四）结　　论

矿井水的综合利用途径有很多，不同的利用途径，对水质有不同的要求，故可以根据矿井水的利用途径来确定矿井水的处理程度。

（1）榆神府区有洗煤厂、电厂、甲醇厂、焦化厂等工业项目，需要大量用水，故矿区的矿井水利用途径首选就近的工业用水。

（2）根据评价结果，研究区内Ⅰ级和Ⅱ级水各占8%和10%，46%为Ⅲ级水，其次是Ⅴ级水占到了34%，仅柠条塔煤矿（SKK23）矿井水为Ⅳ级。

(3) 榆阳区矿井水均为Ⅲ级及优于Ⅲ级的水，水质较好，说明煤矿的开采对涌出的地下水水质影响不大，只需要对矿井水进行悬浮物沉淀和消毒就可用于矿井生产用水和工业项目用水，神府部分矿区的水质较差，矿化度高，用于矿井生产用水时，只需要进行悬浮物沉淀和消毒处理，用于工业用水时，需要选择电渗析法、反渗透法等进行除盐处理。

三、高强度采煤对地表水体、湿地的影响分析

以榆神府矿区为例，分析了25年来采煤对水体、湿地的影响。

(一) 研究区概况

榆神府矿区面积8369.1km^2，共有5个流域单元，包括孤山川流域、窟野河流域、秃尾河流域、无定河流域4个外流流域和1个内流区即红碱淖内流区，主要地貌类型为黄土丘陵区，沙漠滩地区和河谷阶地区（图5-36）。区内侏罗纪煤田含煤8层，可采和局部可采煤3~7层，属中侏罗统延安组（J_2y）。其中最上部的1^{-2}、2^{-2}、3^{-1}、4^{-2}煤层埋藏浅，煤层厚度大，单层厚度2~12m，平均3~5m，是目前的主要开采对象。经2010年整合后，区内有生产煤矿254处，核定生产能力规模3.49×10^{8}t。

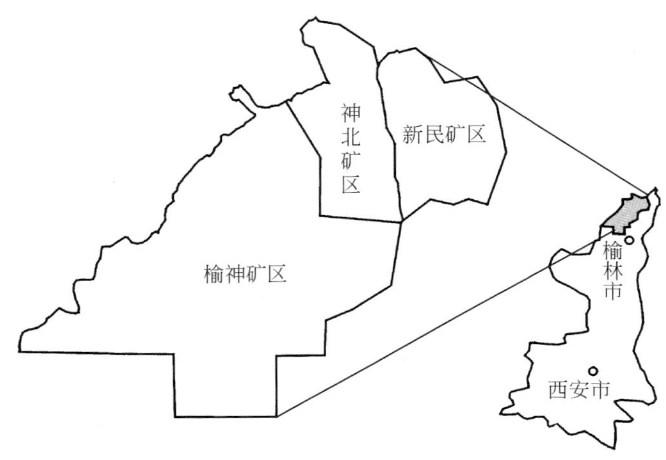

图5-36 研究区位置及概况示意图

区内有河流4条，大小滩地50多个，规模最大的红碱淖滩地，水域面积54.87km^2，平均深度6.68m，湖周形成宽达500~2000m的湿地，湿地范围内植被种类丰富，湿生和中生植物长势良好，对维持区域生态良性发展至关重要。

本区区域性气候属干旱、半干旱温带大陆性季风气候，降水稀少，蒸发强烈，多年平均降水量354mm左右（1970~2010年），偏枯年（75%）降水量为307.4mm。尽管降水量少，但本区沙梁相间分布，地形波状起伏，十分利于大气降水入渗。大气降水入渗后经内部转化，除蒸发消耗外，在地形地质条件适合处泄出地表，形成湖淖、海子、河流及湿地。地表水体的形成受地形地质条件的控制，在区域上呈现多样性。①滩地区地表水（湖淖、海子）以接受潜水和浅层承压水补给为主。滩地区由沙丘地和湖盆滩地组成，地形开

阔、平坦，四周微向中部倾斜，包气带由风积、湖积物组成，岩性以细砂、粉细砂为主，结构松散，透水性强，极易接受大气降水入渗，形成潜水和浅层承压水，沿地势从四周以上升泉或下降泉的形式补给湖淖等地表水体。这类水体常年有水，面积较大，水面积季节性变化微弱，与地下水动态变化相关度较高。例如红碱淖 1990 年入湖量为 $4588\times10^4m^3$，其中地下水资源占 80%，约 $3671\times10^4m^3$。②黄土及盖沙区地表水（河水）以潜水和地表径流补给为主。秃尾河中上游、榆溪河中上游、海流兔河等河段，地貌形态主要为波状起伏的沙丘和地形平缓的滩地，地形较为平缓，一般 6°~10°，利于大气降水入渗，地下水以泉的形式补给地表河水。窟野河中下游流经黄土区，地表堆积物以黄土为主，降水入渗系数小，河流阶地为基座式，堆积物以粉土、粉质黏土为主，下部偶含砂砾石，基座为砂岩和砂泥岩，不利于降水入渗，从而形成径流补给地表水体。

（二）研究方法

本书对地表水体的定义参照了《土地利用现状分类》（GB/T 21010—2007）111—河流、112—湖泊、113—水库、114—坑塘的含义；对湿地的定义参照了 116—内陆滩涂的含义。

地表水体及湿地的解译主要使用 Spot 卫星数据，同时以 ETM（TM）数据作为辅助。遥感解译方法以目视解译为主，在资料及野外调查的基础上，建立地表水体及湿地在不同影像、不同区域的解译特征，以基础遥感影像图为底图，以地表水体及湿地为基本单位开展遥感解译工作。最终以 MAPGIS 为平台，综合编制各类解译成果图件并建立相关数据库。

井泉在 1∶50000 影像上无法识别，仅收集资料，实地调查。

（三）结果与分析

1. 水体湿地分布特征

地表水体主要包括河流水面、水库、沙漠滩地中的海子以及人工坑塘。研究区内河流水面主要为孤山川及其部分支流、窟野河及其支流乌兰木伦河及牸牛川、秃尾河及其支流、榆溪河及其支流。自然形成的海子（淖子）主要分布在西部沙漠滩地区内，呈不规则形状分布，但大多长轴方向为北西向。水库在影像上特征明显，在不少河流上均有分布。人工坑塘广布全区，以沙漠草滩区为多。

本次在遥感影像图上对全区图斑直径大于 5mm（实地直径>250m）的湖泊、水库进行了解译，各类面状水体总数 41 个。解译最大水体面积 $54.87km^2$，最小水体面积 $0.08km^2$。其中，小于等于 $0.5km^2$的有 26 个，占区内水体的绝大多数；$0.5\sim1.0km^2$（包括 $1.0km^2$）的有 10 个；$1.0\sim3.0km^2$（包括 $3.0km^2$）的有 3 个，大于 $3km^2$的有 2 个，主要为红碱淖和河口水库。

湿地包括两类，其一为沙漠草滩区内湖泊、海子等周围的湿地，二者为河流滩地，分布与河流息息相关。前者以红碱淖周围的大面积湿地为代表，后者主要分布在窟野河、乌兰木伦河、牸牛川、榆溪河河谷之中河流水体旁侧。

研究区内流量较大的泉水主要分布在榆林以东、大保当—瑶镇的秃尾河两岸、乌兰木伦河流域两岸等区域，在区域上呈北北东向带状展布，泉口标高在1050～1105m，泉点一般位于沟脑部位或沿沟谷呈线状排泄。

2. 地表水体的动态变化特征及规律

全区地表水体及湿地面积统计特征显示，1990～2011年，水体面积持续减少，湿地面积呈现先增加后减少的趋势（图5-37）。

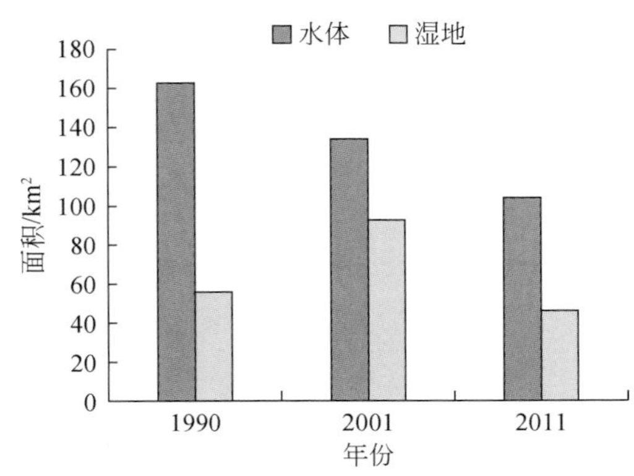

图5-37　地表水体湿地面积的变化过程

统计数据可以看出，1990～2011年工作区内水体面积变化较大，呈持续减少态势，1990年全区水体面积162.63km²，2001年减少至133.80km²，2011年继续减少至103.84km²，每10年减少约30km²。前后两个10年的减少率分别为17.73%和22.39%。影像显示，1990～2011年间湖泊水库等面状水域收缩，面积变小，河流变窄或断流、坑塘消失等现象均有存在。

1990～2001年间，地表水体的减少主要表现在湖泊、水库面积的缩小及部分河流水域变窄。主要表现在红碱淖、榆溪河支流五道河上的中营盘水库、头道河上的石峁水库、高家海畔（海子）的面积减小，以及乌兰木伦河、牸牛川、榆溪河的水域面积变窄。但总体而言，水系长度变化不大。

2001～2011年间，除湖泊、水库的面积减少外，地表水体的减少主要表现在河流的变窄及部分河流支流的断流。如孙家岔、朱盖塔以西的水系、老高川上游、新民上游等地区2001年影像上均可见水体的深色影像特征，在2011年影像上已经变为亮白色的干涸河床，是水量减少或断流的表现。

3. 湿地的动态变化特征及规律

遥感解译及成果数据统计显示，伴随水体面积减少，湿地面积在1990～2001年从55.86km²增加到92.68km²，增加65.91%，但2001年后至2011年间，湿地面积减少至45.49km²，减少了50.92%。1990～2001年10年间湿地面积变化较大的地区主要表现在红碱淖、河口水库水体面积的减少造成的湿地增加以及乌兰木伦河、牸牛川河谷水体减少变为湿地。

4. 水体、湿地演替规律

影像分析可以看出，1990～2001 年之间，由于干旱原因，部分水体表面收缩，转变为河流湿地，这在边界比较明显的水体上尤为突出，典型的有河口水库、乌兰木伦河等面积较大的水体，这就造成水体面积减少的情况下湿地面积增大的结果。2001～2011 年，部分湿地转化为耕地、建筑用地（居民地）及工矿用地等，同时受气候影响，湿地本身面积也在缩小，导致湿地的大面积减小。例如，乌兰木伦河及牸牛川河谷湿地面积 1990 年为 4.59km^2，2001 年少量增加至4.62km^2，2001～2011 年间，湿地面积剧烈减少至 1.95km^2。影像及解译成果对比，2001～2011 年间，河谷湿地的减少主要表现为被工矿、建筑用地等占用，部分湿地转变为耕地、植被或未利用土地。统计结果显示，近 10 年间，湿地面积减少 3.03km^2，其中工矿用地占用 0.79km^2，占 26.07%，建筑用地占用 0.57km^2，占 18.81%。

（四）地表水体湿地变化的驱动力分析

1. 驱动力因子

根据前述，研究区水循环特征呈单向性，即大气降水→地下水→地表水，由此可知，地下水水位直接决定了地表水体面积大小，当补给量大于排泄量时地下水呈正均衡，地下水位上升，水体面积增加，反之当排泄量大于补给量时地下水呈负均衡，地下水位下降，水体面积减少。显然地下水补给和排泄是决定地下水水位变化的根本，进而驱动地表水体面积演化。本区地下水补给项为大气降水，而主要排泄项包括煤炭开采矿井涌水、水源地开采和生态环境需水，这也构成了地表水体湿地面积变化的显著驱动力。

2. 驱动力分析

为了界定不同驱动力对本区地表水体湿地演化的作用大小，本书采用层次分析法确定权重。基本思路为：先采用专家打分法，依据 1～9 标度法对评价对象打分，通过运算确立模糊评价矩阵，最后构造模糊一致判断矩阵并求权重。

本书通过邀请不同单位的 15 位专家共同对地表水体湿地演化的 4 个驱动因子进行重要性打分，各自给出的 a_{ij} 值为 $a_k=$（$k=1，2，\cdots，15$），然后汇总出判断矩阵的 a_{ij} 为

$$a_{ij} = \sqrt[15]{a_1 \cdot a_2 \cdot \cdots \cdot a_{15}} \tag{5-6}$$

在此基础上构造了模糊一致判断矩阵并求权重，顺序如下。

1）建立优先关系矩阵

$$\boldsymbol{F} = (f_j)m \times m$$

$$f_{ij} = \begin{cases} 0.5 & s(i) = s(j) \\ 1.0 & s(i) > s(j) \\ 0.0 & s(i) < s(j) \end{cases} \tag{5-7}$$

$\boldsymbol{F}$ 为优先关系矩阵，m 为评价因子个数，$s(i)$ 和 $s(j)$ 分别表示指标 f_i 和 f_j 的相对重要性。

2）矩阵变换

通过运算将优先关系矩阵 $\boldsymbol{F}$ 改造为模糊一致矩阵 $\boldsymbol{R}$，即先对 $\boldsymbol{F}$ 按行求和再做行变换，记作 r_i：

$$r_i = \sum_{k=1}^{m} f_{ik} \qquad i = 1, 2, \cdots, m \tag{5-8}$$

$$r_{ij} = \frac{r_i - r_j}{2m} + 0.5 \tag{5-9}$$

3）指标权重计算

按行求和归一化法求权重值。模糊一致矩阵每行元素求和，记为 l_i：

$$l_i = \sum_{j=1}^{4} r_{ij} - 0.5 \qquad i = 1, 2, \cdots, m \tag{5-10}$$

不含对角线元素的总和：

$$\sum_i l_i = m(m-1)/2 \tag{5-11}$$

由于 l_i 表示指标 i 相对于上层目标的重要性，所以对其归一化即可得到各指标权重：

$$\omega_i = l_i / \sum_i l_i = 2l_i / [m(m-1)] \tag{5-12}$$

按专家打分结果，建立的优先关系矩阵见表 5-24。

表 5-24　优先关系矩阵

	气候	煤炭开采	生态需水	水源地开采
气候	0.5	0	1	1
煤炭开采	1	0.5	1	1
生态需水	0	0	0.5	0
水源地开采	0	0	1	0.5

按照式（5-7）～式（5-11）可以计算出煤炭开采、气候、水源地开采和生态需水的权重，计算结果为（0.375，0.292，0.208，0.125）。由此可见，上述驱动力因子对研究区水体湿地演化的顺序关系为：煤炭开采，气候因素，水源地兴建和生态需水，各驱动力对本区地表水体湿地演化的作用大小分别为煤炭开采 0.375，气候因素 0.292，水源开采 0.208 和生态需水 0.125。

煤炭开采对研究区地表水体湿地面积变化的驱动作用为 0.375，占主导地位。煤炭开采破坏含水层结构，使大量地下水涌入矿井，降低地下水位减少对地表水的补给，进而驱使地表水体面积缩减。

榆神府矿区的含水层与煤层的空间叠置关系呈明显的上下结构，即水在上煤在下，尽管新近系黏土层隔水性良好，但区域上分布不均，厚度各异。在垂向上，有黏土时含水层结构属“沙+土”型，第四系萨拉乌苏组为含水介质，土层为隔水底板，没有黏土层时含水层结构为“沙+基岩”型，第四系萨拉乌苏组为含水介质，煤层上覆基岩为隔水底板。根据范立民等的研究，煤层采动对上覆岩层隔水性的影响主要取决于“上行裂隙”和“下行裂隙”是否贯通，并以上行裂隙的发育高度作为主要判据，认为本研究区 40% 以上的区域属于开采极易造成含水层结构破坏区。榆神矿区某煤矿综采条件下导水裂隙带发育高度钻孔验证时冲洗液消耗量和钻孔内水位动态变化关系见图 5-38、图 5-39。由图可知，在 109m 以浅钻孔冲洗液消耗量基本保持稳定，钻进至 109. 2 ~ 109. 5m、110. 7 ~ 110. 9m 时消耗量有所升高，据分析为原生裂隙所致。当钻进到 111. 7m，钻孔消耗量突然增大，消耗量大于水泵供给量，且钻孔水位突然下降至 19m 左右，111. 7m 后未观测到钻孔水位。因而，确定导水裂缝带发育顶点的深度为 111. 7m，已经破坏了含水层底板。

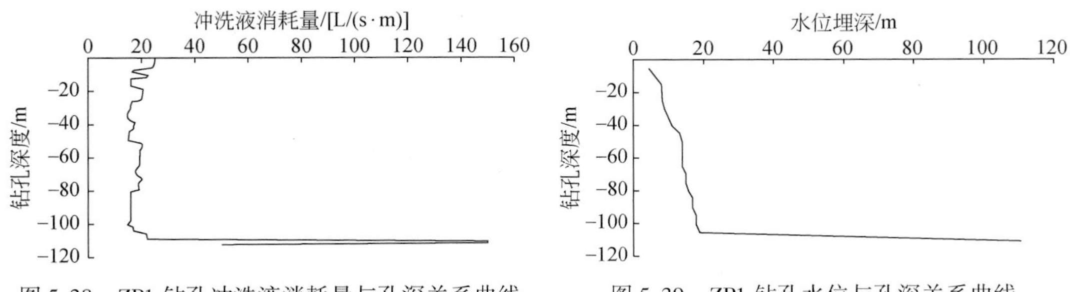

图 5-38　ZP1 钻孔冲洗液消耗量与孔深关系曲线　　图 5-39　ZP1 钻孔水位与孔深关系曲线

研究区地表水体主要接受地下水的补给，在储水条件、地下水径流条件不变的情况下，或者说在地质、构造、植被等条件不变的情况下，地表水体面积的变化与地下水动态呈现较好的一致性，雨季地下水位升高，补给地表水量增加，地表水体面积增大，旱季反之。当煤层开采形成冒落带和裂隙带，在原本没有水力联系的潜水含水层与采空区之间形成导水通道，使含水层的渗流状态发生改变，从而使地下水位降低，泄出量减少，湿地水体面积缩小。

研究区内某煤矿工作面附近的监测孔水位变化规律见图 5-40、图 5-41、图 5-42。图中孔 1、孔 2 距离 2km，孔 1 靠近开采工作面（图 5-40）。可以看出，监测期孔 2 水位变化平稳，未出现明显变化和波动。监测孔 1 地下水位埋深在 7 ~ 12 月内基本保持稳定，而次年 1 月起孔内水位迅速下降，最大降深 2. 46m。对照采掘工程平面图，次年 1 月 10 日开采工作面距离监测孔 1 不到 200m，说明工作面开采使上覆岩层垮落后导水裂隙带延伸到第四系含水层底部，地下水大量漏失，造成地下水位下降。

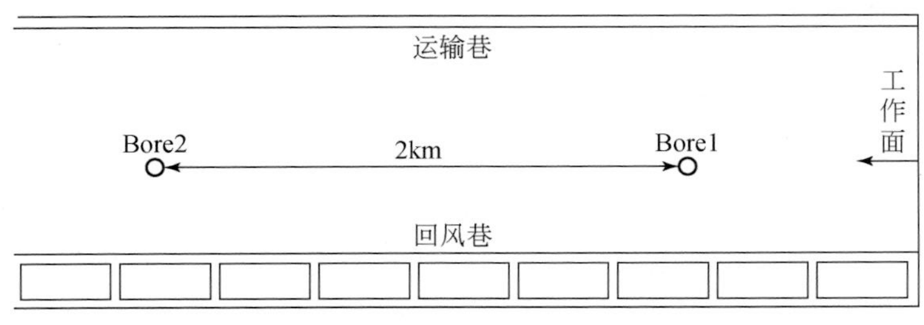

图 5-40　观测孔布置图

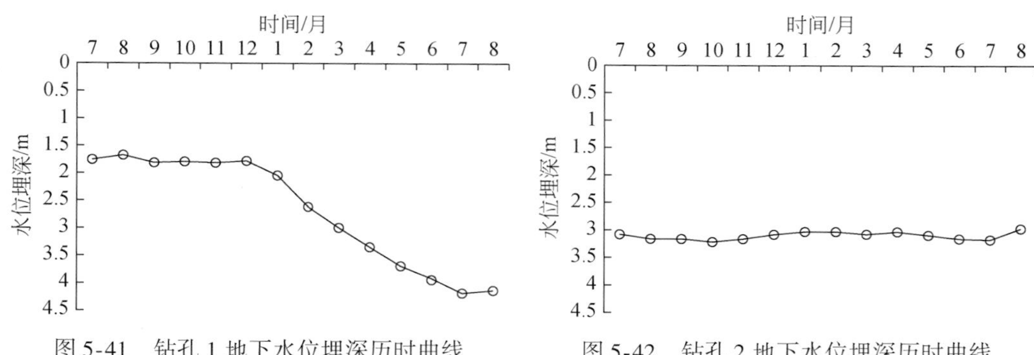

图 5-41　钻孔 1 地下水位埋深历时曲线　　图 5-42　钻孔 2 地下水位埋深历时曲线

由于地下水位下降减少了地下水对地表水体的补给，河流基流量及水体湿地面积会相应地缩小。窟野河流域及其支流分布着大量优质易采的煤炭资源，煤炭开采对窟野河径流量的影响十分明显。据窟野河监测资料，窟野河 2000 年开始断流，2000 年断流 75 天，2001 年断流 106 天，2002 年断流 220 天，2003 年、2004 年、2005 年断流均超过 150 天。可以认为，采矿形成的导水通道改变了河岸两侧的储水构造及补径排条件，大量地下水涌入采空区，减少了对河流的补给，造成河流断流，是 2000 年后水体面积减少的关键因素。王小军等（2008）认为窟野河自 2000 年以后径流量的衰减 90% 以上是由采矿等人类活动造成的。蒋晓辉等（2010）认为窟野河流域吨煤开采对径流的影响大约为 5.27m^3。1997 ~ 2006 年，窟野河流域煤炭资源开采量为 5500×10^4 t/a，减少水资源量为 2.9×10^8 m^3/a，占该阶段径流变化的 54.8%。图 5-43 是乌兰木伦河河谷神木段水体面积在不同时期的影像图，可以发现至 2011 年，2001 年原有水体面积的 95% 以上消失殆尽。

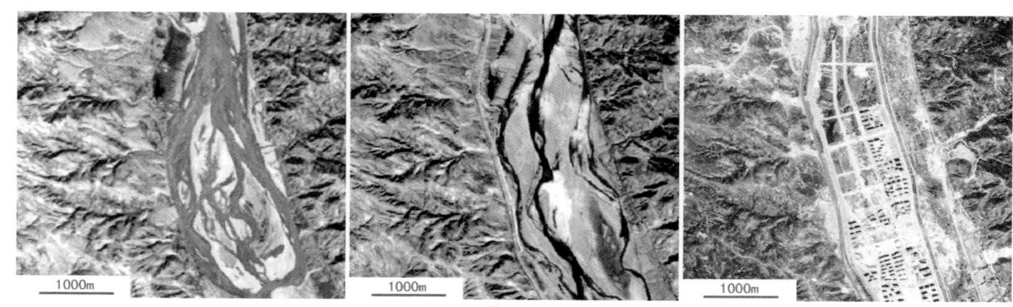

图 5-43　水体湿地变化图（乌兰木伦河下游神木北部）

气候因素对研究区地表水体湿地面积变化的驱动作用为 0.292，占次要地位。根据气象资料，研究区在 1990 ~ 1996 年的 7 年间，年平均降水量为 353.8mm，略多于平均值 345.3mm，年平均气温略高于常年。而 1997 ~ 2001 年的 5 年中，有 3 年年降水量大幅度偏少，加上同期年平均气温偏高 1 ~ 2℃。降水减少造成入湖水量减少，气温偏高造成蒸发量加大。在这样的气候背景下，研究区水体面积出现大幅度减少趋势。而 2002 ~ 2011 年区域年降水偏多 10% ~ 25%，水域面积却依然减少，由此认为包括煤炭资源开采、地下水抽采等在内的人类活动是研究区水体面积减少的主因。以红碱淖为例（图 5-44），从 20 世纪

70年代到90年代初，红碱淖的湖水量和蒸发量基本上是均衡的，水位变化基本上不大。90年代末到2002年，红碱淖水位每年大约下降10～15cm，到2002年之后，水位下降速度加快，每年大约20～30cm，最大达到40cm。

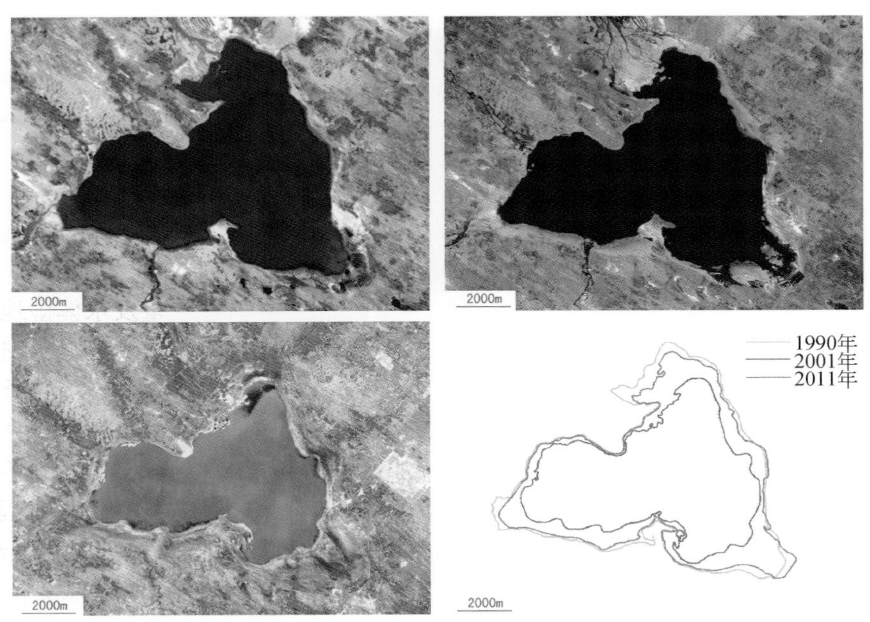

图5-44　1990～2011年红碱淖水域面积变化
左上：1990年；右上：2001年；左下：2011年
右下：不同时期水域边界变化线

水源开采对研究区地表水体湿地面积变化的驱动作用为0.208。地下水抽采形成降落漏斗降低地下水位，会直接减少地下水对河水的补给。

根据对窟野河流域径流过程的分析，窟野河径流量在1979年、1996年左右发生了两次明显的突变，说明1979年前人类活动对径流过程的影响较小，流域内地下水的人为扰动程度小。1996年开始人类活动加强，至2000年为满足城镇和工业用水需求，研究区相继勘察B级水源地6处，开采量$34\times10^4m^3/d$。至2005年起随着煤炭工业兴起及陕北能源化工基地的建设，研究区新增B级水源地11处，开采量增加到$141\times10^4m^3/d$。其中，引泉或引流量为$87\times10^4m^3/d$，管井开采量为$20\times10^4m^3/d$。引泉利用地下水时，直接减少了河流基流，水体面积会相应减少，管井开采利用地下水，降低了地下水位，激发河流补给，使地表水体面积减少。

生态建设对研究区地表水体湿地面积变化的驱动作用为0.125。生态环境建设提高了植被盖度，同时也增加植被蒸腾量，大量土壤水被无效蒸发，袭夺对地下水的补给量，驱使地表水体缩减。

本次基于预处理后的1989年、1996年、2002年、2006年和2011年5景127－33ETM（TM）遥感数据提取到NDVI数据反演研究区荒漠化差值指数，结果显示各级荒漠化程度的降低，面积缩小，非荒漠化面积的持续增大。1989～2011年间，非荒漠化的面积按照每5年

13%的速度增加，极重度荒漠化按照平均每5年减少37%的速度递减（图5-45）。

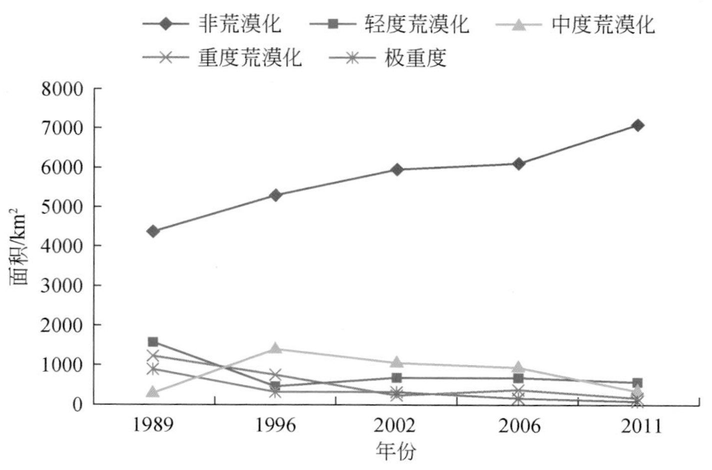

图5-45　不同荒漠化程度的土地面积变化图

上述荒漠化程度的降低得益于研究区水土保持工作长期有效的推进，资料显示，至2011年榆林地区累计营造水土保持林1700多万亩，水保种草400余亩，植被覆盖率达到30.7%。植被生态的改善一方面增加了生态需水需求量，另一方面下垫面的变化截留了大气降水的入渗补给，袭夺了地下水补给量，使区域地下水呈现负均衡，水位持续下降，泄出量减少，水体面积缩减。

（五）地表水体湿地保护措施

由于气候因素不可控，以下针对地表水体湿地面积变化的人为因素（即煤炭开采、地下水抽采和生态建设），从驱动力角度，提出保护措施，核心思想是通过人为因素对地表水体湿地的驱动力作用进行调节，使其服从以自然因素为主要驱动力的要求。

1. 推进保水采煤技术，减少地下水流失

煤炭资源开发应以“保水采煤”为原则，在保护水资源的前提下，实施煤炭资源开采。根据研究，本区可划分为无水开采区、自然保水开采区、可控保水开采区、保水限采区等4种类型（王双明等，2010c）。可控保水开采区、保水限采区丰富的水资源将要遭受因煤炭资源开采而被破坏的挑战，保水采煤形式十分严峻。目前充填开采、窄条带开采、限高（分层）开采等保水开采技术在榆阳区多个煤矿实施，实现了保水采煤的目的（范立民等，2015c），这也为本区未来煤炭资源开采提供了借鉴价值。只有采取保水采煤技术，保护采区地下水不被大规模破坏，才能有效地抑制采煤因素对地表水体湿地面积缩减的驱动作用，达到保护的目的。

2. 倡导节约用水，减少地下水抽采量

榆林市是一个资源型缺水城市，水资源量不足、分布不均。随着西部大开发和陕北能

源化工基地建设步伐的加快，水资源供需矛盾十分尖锐。根据预测（刘红英等，2010），2010 年榆林市总需水量 136708m^3，缺水率 45%，2020 年总需水量 190014m^3，缺水率 60%。为了解决水资源缺口，必须发展循环经济，推行清洁生产，采取有效措施加大“三废”治理力度，严格控制地下水开采量，严禁水资源超采，推行基于生态良性循环的水资源开发模式，保护水资源与生态环境。

3. 减少高耗水植被数量

梁犁丽和王芳（2010）指出，杨树和沙柳平均耗水量达350mm/a，在东胜地区全面禁牧 10 年后草甸及地带性等坡面植被叶面指数增加了 50%，耗水量增加 $8\times10^4m^3/a$。监测资料显示，2010 年陕北风沙滩地区地下水位埋深均小于 40m，2 ~ 4m 的面积为 3233. 79km^2，占 25. 6%，小于 2m 的面积为 4143. 29km^2，占 32. 8%，水位浅埋区占风沙滩区面积的一半以上，而小叶杨、沙柳等深根植被在本区广泛分布，其根系在潜水位附近十分发育，蒸腾输水能力极强，耗水量大，不适宜在本区大面积栽培，在治理沙化的后期应该考虑低耗水植被的引进，促进植被多样性发展，并适度放牧以减少封育对径流的影响。

（六）结　　论

（1）采用遥感资料和实地调查的方法，查明了 1990 年、2001 年、2011 年三个时期榆神府矿区内水体、湿地的分布及演变规律，区内水体总体呈现减少的趋势，红碱淖水域面积不断减少，从 1990 年的 56km^2，减少到 2011 年的 32. 70km^2，使这一成长型的沉陷型内陆湖泊面临枯竭的危险。河流水体宽度变窄，水面减少，境内水体面积从 162. 63km^2降低到 103. 84km^2；湿地在 1990 ~ 2001 年面积从 55. 86km^2增加到 92. 68km^2，但 2001 ~ 2011 年间，湿地面积减少到 45. 49km^2。

（2）煤炭开采、气候因素、水源开采和生态建设等是本区地表水体和湿地演化的显著驱动力，各驱动力对本区地表水体湿地演化的作用大小分别为煤炭开采 0. 375，气候因素 0. 292，水源开采 0. 208 和生态建设 0. 125。为保护区内水体湿地，推行保水采煤、减少地下水抽采及减少高耗水植被是行之有效的措施。

第六章　矿产高强度开采区矿山地质环境影响评价

矿山地质环境综合评估应在矿山地质环境现状调查基础上，以采矿对矿山地质环境影响程度为主，兼顾地质环境背景，结合人类工程经济活动的强度，依据“区内相似、区间相异”的原则进行分区。

第一节　评 价 方 法

一、评价模型选择

本次评价采用模糊综合评判法和 GIS 图层叠加分析法作为矿山地质环境综合评价模型。

模糊综合评价法是运用模糊集合理论对某一个评价系统进行综合评价的一种方法。它对复杂的模糊系统进行描述和处理，并采用定量的方法建立运算、变换规律，它对每个测评对象给出一个模糊集合，其依据就是采用最大隶属度原则。模糊综合评判法对具有模糊特征的对象综合评判很有价值。运用模糊综合评判方法，对大量的资料进行判断识别，从中提取对矿山地质环境影响最大的因素，从而很好地解决了矿山地质环境影响评价问题（陈建平，2012）。

模糊评判法通过模糊数学的理论把定性指标评价转化为定量评价，在定性与定量之间架起了一座桥梁，解决了其他方法中定性与定量评价的结合的问题，克服了评价过程单一化、评价结果粗糙的缺点，使评价方法在综合性、合理性、科学性、准确性等方面得到了改进，很好地克服了评价过程中定性指标难于比较的困难。矿山地质环境影响评价所涉及的指标（因素）具有明显的模糊性和不确定性。因此，采用模糊综合评判法往往可获得更为客观的综合评价效果。最后结合 GIS 空间分析方法进行矿山地质环境影响综合分区。

二、评价单元划分和评价因子选择

采用正方形网格单元划分方法，以 10km×10km 为一单元，共划分 2058 个评价单元。

综合考虑矿山地质环境相关各类因子的相互关系，评价因子可分为 3 个类型。

1. 矿山开采基本情况指标

矿山分布密度、生产规模、开采方式、有效深厚比、采空区面积及重复采动情况。

2. 矿山地质环境问题指标

矿山地质灾害发育密度、矿山地质灾害规模、地下含水层影响破坏程度、地形地貌景观影响破坏程度、废水废液年排放量、固体废弃物累计积存量、矿山开发压占破坏土地、矿山地质环境综合治理情况等。

3. 地质环境背景及区位条件

水文地质条件、工程地质条件［主要是矿层（体）顶底板和矿床围岩稳固性］、地质构造复杂程度、地形地貌、年降水量、其他人类工程活动强度等。

三、矿山地质环境影响评价

1. 评价因子的量化

根据中国地质环境监测院2012年3月发布的《全国矿产资源集中开采区矿山地质环境调查技术要求》，将矿山地质环境影响程度分区等级统一规定为：轻微影响区、较严重影响区和严重影响区三级。

结合野外系统调查与室内资料统计，获得所需数据，在听取有关专家意见的基础上，采用以下指标等级作为研究区地质环境质量评价的依据。19个评价指标及其等级划分见表6-1。

表6-1　评价因子赋值评分表

影响程度 / 评价因子	影响严重	影响较严重	影响较轻
矿山分布密度	≥10个	3～9	<3
生产规模	大型	中型	小型
开采方式	露天开采（3）	露天、井工混合开采（2）	井工开采（1）
有效深厚比	<30	30～60	>60
采空区面积比/%及重复采动情况	>5 采空区面积和空间大，多次重复开采及残采，采空区未得到有效处理，采动影响强烈	<5 采空区面积和空间较大，重复开采较少，采空区部分得到处理，采动影响较强烈	0 采空区面积和空间小，无重复开采，采空区得到有效处理，采动影响较轻
矿山地质灾害发育密度/(处/km²)	>3	1～3	0
矿山地质灾害规模	大（3）	中（2）	小（1）
地下含水层影响破坏程度	严重（3）	较严重（2）	较轻（1）
地形地貌景观破坏程度	严重（3）	较严重（2）	较轻（1）
固体废弃物累计积存量/10^4t	≥10	1～10	<1

续表

影响程度 评价因子	影响严重	影响较严重	影响较轻
废水废液年排放量/10^4t	≥20	2～20	<2
压占破坏土地/hm^2	耕地>2，林地或草地>4，未开发利用土地>20	耕地<2，林地或草地2～4，未开发利用土地10～20	林地或草地<2，未开发利用土地<10
矿山生态环境恢复治理难易程度	难（3）	较难（2）	容易（1）
水文地质条件	矿坑正常涌水量大于10000m^3/d，地下采矿和疏干排水容易造成区域含水层破坏（3）	矿坑正常涌水量3000～10000m^3/d，地下采矿和疏干排水较容易造成矿区周围主要充水含水层破坏（2）	矿坑正常涌水量小于3000m^3/d，地下采矿和疏干排水导致矿区周围主要充水含水层破坏可能性小（1）
矿层（体）顶底板和矿床围岩稳固性	稳固性差（3）	稳固性较差（2）	稳固性较好（1）
地质构造复杂程度	复杂（3）	较复杂（2）	较简单（1）
地形地貌	黄土高原、山地（3）	黄土台塬及梁峁（2）	沙漠高原、平原、盆地（1）
年降水量/mm	≥800	800～600	<600
其他人类工程活动	强烈（3）	较强烈（2）	一般（1）

2. 评价因子权重的确定

运用专家-层次分析法确定权重。地质环境系统具有复杂性、不可逆性、模糊性等特点，可采用层次分析法确定权重，它是多位专家经验判断结合适当的数学模型来进行定权的，是一种较为合理的定性定量相结合的系统分析方法，也称作“专家-层次分析法”，由对地质环境评价有较深认识的专家组成专家组开展调查，对地质环境影响要素及因子的相对重要性进行评估，与专家打分法不同，专家不直接给出各评价因子的权重，而是针对各评价因子之间的重要程度，构建一个能够反映评价因子两两之间关系的判断矩阵，综合分析各位专家提供的判断矩阵，构造最终的判断矩阵，再通过层次分析，计算各个评价因子的权重，并进行一致性检验以保证其客观性（陈建平，2012）。

根据专家-层次分析法的原理，设 A 为总目标，Bi 为一级因子，ui 为二级因子，得到 $A-Bi$、$B1-u_i$、$B2-u_i$、$B3-u_i$判断矩阵 $\boldsymbol{R}$，根据层次分析法的方法计算 $\boldsymbol{R}$ 的特征值和特征向量，确定一级因子对总目标权重 W_{A-B}和二级因子对一级因子的权重 W_{B-u}，并对判断矩阵进行一致性检验，本次评价确定的权重结果如表6-2～表6-5所示。根据判断矩阵 $A-Bi$、$B1-ui$、$B2-ui$、$B3-ui$ 层次单排列与权重结果，可分别求出 u 层各指标对于总目标 A 的权重 $W=W_{A-B}\times W_{B-u}$，结果如表6-6所示。

表 6-2　*A–Bi* 指标层权重

A	*B*1	*B*2	*B*3	*W*	一致性检验
*B*1	1	0.5	2	0.3035	λ_{max}=3.0246，CI=0.0123，RI=0.51，CR=0.0237<0.1 通过
*B*2	2	1	2.5	0.5190	
*B*3	0.5	0.4	1	0.1775	

表 6-3　*B*1–*ui* 指标层权重

*B*1	*u*1	*u*2	*u*3	*u*4	*u*5	*W*	一致性检验
*u*1	1	2	0.50	0.33	0.25	0.1061	λ_{max} = 5.2046，CI = 0.0511，RI = 1.1089，CR=0.0461<0.1 通过
*u*2	0.5	1	0.5	0.4	0.4	0.0926	
*u*3	2	2	1	0.4	0.4	0.1559	
*u*4	3	2.5	2.5	1	0.5	0.2689	
*u*5	4	2.5	2.5	2	1	0.3766	

表 6-4　*B*2–*ui* 指标层权重

*B*2	*u*6	*u*7	*u*8	*u*9	*u*10	*u*11	*u*12	*u*13	*W*	一致性检验
*u*6	1	2	2.5	2.5	2	2	2	0.5	0.1831	λ_{max}=8.3439，CI=0.0491，RI=1.4040，CR=0.0350<0.1 通过
*u*7	0.5	1	2.5	2.5	2	2	0.5	0.5	0.1301	
*u*8	0.4	0.4	1	2	0.5	0.5	0.5	0.4	0.0672	
*u*9	0.4	0.4	0.5	1	0.5	0.5	0.5	0.33	0.0547	
*u*10	0.5	0.5	2	2	1	0.5	0.5	0.4	0.0841	
*u*11	0.5	0.5	2	2	2	1	0.5	0.4	0.1002	
*u*12	0.5	2	2	2	2	2	1	0.5	0.1472	
*u*13	2	2	2.5	3	2.5	2.5	2	1	0.2335	

表 6-5　*B*3–*ui* 指标层权重

*B*3	*u*14	*u*15	*u*16	*u*17	*u*18	*u*19	*W*	一致性检验
*u*14	1	0.5	0.5	0.5	0.4	0.4	0.0770	λ_{max}=6.3847，CI=0.0769，RI = 1.2482，CR = 0.0616 < 0.1 通过
*u*15	2	1	2	2	0.5	2	0.2246	
*u*16	2	0.5	1	0.5	0.5	0.5	0.1046	
*u*17	2	0.5	2	1	0.5	0.4	0.1272	
*u*18	2.5	2	2	2	1	0.5	0.2275	
*u*19	2.5	0.5	0.5	2.5	2	1	0.2390	

表 6-6　评价因子权重表

一级因子	权重	二级因子	权重	最终权重（*Wi*）
矿山开采基本情况（*B*1）	0.3035	矿山数量分布密度（*u*1）	0.1061	0.0322
		生产规模（*u*2）	0.0926	0.0281
		开采方式（*u*3）	0.1559	0.0473
		有效深厚比（*u*4）	0.2689	0.0816
		采空区面积比及重复采动情况（*u*5）	0.3766	0.1143
矿山地质环境问题（*B*2）	0.5190	矿山地质灾害发育密度（*u*6）	0.1831	0.0950
		矿山地质灾害规模（*u*7）	0.1301	0.0675
		地下含水层影响破坏程度（*u*8）	0.0672	0.0349
		地形地貌景观破坏程度（*u*9）	0.0547	0.0284
		固体废弃物累计积存量（*u*10）	0.0841	0.0436
		废水废液年排放量（*u*11）	0.1002	0.0520
		压占破坏土地（*u*12）	0.1472	0.0764
		矿山生态环境恢复治理难易程度（*u*13）	0.2335	0.1211
地质环境背景及区位条件（*B*3）	0.1775	水文地质条件（*u*14）	0.0770	0.0137
		矿体顶底板和矿床围岩稳固性（*u*15）	0.2246	0.0399
		地质构造复杂程度（*u*16）	0.1046	0.0186
		地形地貌（*u*17）	0.1272	0.0226
		年降水量（*u*18）	0.2275	0.0404
		其他人类工程活动（*u*19）	0.2390	0.0424

3. 基于 GIS 的矿山地质环境综合评估分区

采用 ArcGIS 对研究区基础资料进行数字化处理。然后利用 MapGIs 对基础图件进行分离图层，进行分层式管理。按照空间数据各要素的特点，将空间数据分解为单一性质的基本要素图层，这些图层由所选取的评价因子构成，根据专家-层次分析法确定的权重，运用 ArcGIS 空间分析将各个图层在空间上叠加，最后得出矿山地质环境影响综合评估分区图（图 6-1）。

4. 评价结果

共划分为 58 个区域，其中矿山地质环境影响严重区 25 个，面积为 16406.54km^2，占总面积的 7.97%；较严重区 32 个，面积约 11312.5km^2，占总面积的 5.50%；轻微区 1，面积 178082.6km^2，占总面积的 86.53%。

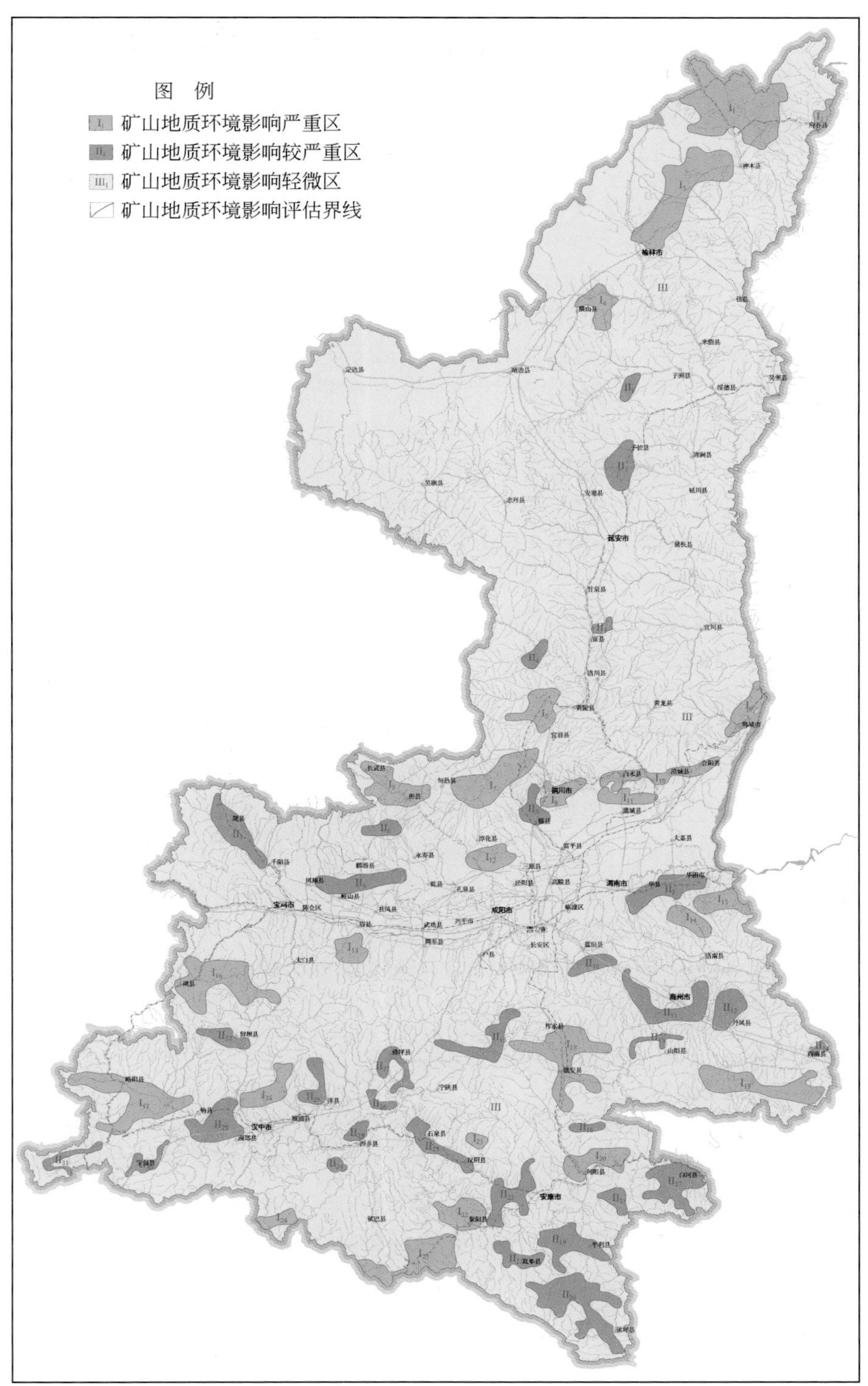

图 6-1　陕西省矿山地质环境影响评价综合分区图

第二节　矿山地质环境分区评述

一、矿山地质环境影响严重区

矿山地质环境影响严重区主要集中在陕北煤矿区、渭北煤矿区及关中建材矿区及金属矿区、陕南秦巴山区金属矿区及非金属矿区。陕北煤矿区位于陕北沙漠高原和黄土高原，主要包括神府矿区、榆神矿区、榆横矿区四个矿产资源规划重点开采区，府谷矿区、子长矿区、黄陵矿区西部开发区、黄陵矿区南部开发区等矿产资源规划鼓励开采区、生态环境脆弱，煤层埋藏较浅，矿产资源规划总体处于重点开采区和鼓励开采区，采矿对地质环境的破坏主要是地面塌陷、破坏地下含水层、环境污染等，影响面积广、危害严重，恢复治理难度大；渭北煤矿区大部分位于黄土高原，开采历史悠久，形成的地质环境问题较复杂，矿产资源规划总体处于重点开采区，采矿对地质环境的影响破坏主要是地面塌陷、滑坡等，以及弃渣堆放、露采占用破坏土地等，在短时间内较难恢复治理；渭北灰岩开采区矿产资源规划总体处于鼓励开采区，凤县铅锌金开采区、金堆城钼矿开采区、潼关金矿开采区等开采区矿产资源规划总体处于重点开采区，采矿对地质环境的破坏主要是破坏土地资源和地形地貌景观，引发滑坡、崩塌等，以及固体废弃物不合理堆放，废水废液的污染等；陕南秦巴山区金属矿区多位于秦岭和巴山，地形条件复杂，包括勉略宁多金属开采区、商南钒金红石开采区等矿产资源规划重点开采区和柞水—镇安多金属开采区、汉中非金属矿产分布区、西乡非金属矿产分布区、紫阳建材矿区等矿产资源规划鼓励开采区，采矿形成的地质环境问题主要是形成滑坡、崩塌等地质灾害，弃渣不合理堆放引发泥石流，弃渣和尾矿库占用土地资源，破坏地形地貌景观及以及采（选）废水造成的环境污染；紫阳建材矿区位于秦巴山区南部，沟谷深切，降水充沛，采矿弃渣极易诱发泥石流。该区域开采历史悠久，形成的地质环境问题较复杂，生态环境脆弱，煤层埋藏较浅，煤层厚度大，采矿对地质环境的破坏如产生地面塌陷、破坏地下水均衡、环境污染等影响面积广、危害严重，在短时间内较难恢复治理。

1. 神府煤矿区地质环境影响严重区（Ⅰ—01）

分布于榆林市北部，包括神木北部开采区和府谷新民开采区，面积约 2219.11km^2。北部地貌属陕北沙漠高原，南部属陕北黄土高原，岩土体类型属软硬相间层状含煤碎屑岩类和松散砂土体类。开采侏罗系煤层，主要开采方式为井下开采，个别煤矿及建材矿为露天开采。主要分布中国神华集团的大柳塔煤矿、韩家湾煤矿、府谷县沙沟岔煤矿、三道沟煤矿、国能矿业等大中型煤矿。区内共有矿山 113 座，其中煤矿 101 个（大型 27 个，中型 54 个，小型 17 个），建材类矿山 12 个（建筑用石料矿山 11 个，砖瓦用黏土 1 个）。

矿山地质环境问题主要为采矿引起的地面塌陷、土地占用与破坏以及对地下含水层的破坏。采矿活动占用破坏土地面积达 2477.81hm^2，煤矸石、采矿弃渣堆放累计积存量 162.14×10^{4}t，年产出量 1375.82×10^{4}t，废液年产生量 1573.59×10^{4}m^3；引发地质灾害 82

处，其中地面塌陷7处（塌陷面积275hm^2，中型2处，小型5处），地裂缝8条（中型2处，小型6处），滑坡26处（大型1处，中型3处，小型22处），崩塌40处（中型6处，小型34处），泥石流隐患1处。煤炭大规模开发，已引起区内及周边地区地下水位的大幅度下降，至今已平均下降0.5～4.5m，致使土地沙漠化加重，生态环境趋于恶化。

2. 府谷煤矿区地质环境影响严重区（Ⅰ—02）

分布于府谷县城关镇—海则庙镇一带，面积约126.35km^2。地处陕北黄土高原，岩土体属较坚硬块状碎屑岩类和松散土体类。主要开采煤炭及石灰岩，煤炭开采石炭二叠系煤层，主要为井下开采；水泥用灰岩为露天开采。区内有矿山32个，其中煤矿7个（大型4个，中型1个，小型2个），建筑用石料矿12个（中型1个，小型11个），制灰用石灰岩矿3个（中型1个，小型2个），耐火黏土矿2个，砖瓦黏土矿8个（中型1个，小型7个）。

矿山地质环境问题主要为井下采煤引发的地面塌陷、地裂缝等，土地资源占用破坏，露天开采石灰岩引起边坡失稳诱发滑坡、崩塌。采矿活动占用破坏土地面积达87.82hm^2，煤矸石、采矿弃渣堆放累计积存量34.11×10^4t，年产出量20.09×10^4t，废液年产生量1379.42×10^4m^3；引发地质灾害15处，其中地裂缝3条（中型2条，小型1条），滑坡7处（中型2处，小型5处），崩塌5处（中型2处，小型3处）。

3. 榆神煤矿区地质环境影响严重区（Ⅰ—03）

分布在神木县麻家塔乡—榆阳区牛家梁镇，面积约1586.05km^2。地处陕北沙漠高原，岩土体类型属软硬相间层状含煤碎屑岩类和松散土体类。开采侏罗系煤层，主要采用井下开采。区内共有矿山59个，其中煤矿32个（大型煤矿15个，中型4个，小型13个），砖瓦用黏土矿27个（大型1个，小型26个）。

矿山地质环境问题主要有地面塌陷、地下水位下降以及矿山占用破坏土地等。采矿活动占用破坏土地384.02hm^2；固体废弃物累计积存量11.32×10^4t，年产出量380.3×10^4t，废液年产生量1350.62×10^4m^3；引发地质灾害25处，其中地面塌陷7处（塌陷面积82.1hm^2，中型2处，小型5处），地裂缝9条（中型1处，小型8处），崩塌9处（中型1处，小型8处）。

4. 榆横煤矿区地质环境影响严重区（Ⅰ—04）

分布在横山县韩岔乡—波罗堡乡一带，面积约401.27km^2。地处陕北黄土高原，岩土体类型属软硬相间层状含煤碎屑岩类和松散土体类。开采侏罗系煤层，为井下开采。区内有矿山19个，其中煤矿17个（中型10个，小型7个），砖瓦用黏土矿2个（为小型）。

矿山地质环境问题主要是地面塌陷、占用破坏土地及地下水位下降等。采矿活动占用破坏土地48.22hm^2；煤矸石、采矿弃渣堆累计积存量约4×10^4t，年产出量3.84×10^4t；废液年产生量156.87×10^4m^3。引发地质灾害2处，均为小型崩塌。

5. 黄陵—宜君煤矿区地质环境影响严重区（Ⅰ—05）

分布在黄陵县中部苍村乡—腰坪乡—宜君—双龙一带，面积约489.86km^2。地处陕北黄土高原，岩土体类型属软硬相间层状含煤碎屑岩类和松散土体类。开采侏罗系煤层，主要为井下开采。黄陵矿区是陕西省较老的煤炭开采矿区之一，区内有矿山 34 个，其中煤矿 32 个（大型 3 个，中型 3 个，其余为小型），水泥用石灰岩矿 1 个，砖瓦用黏土矿 1 个，均为小型。

矿山地质环境问题主要是地面塌陷，地裂缝，采矿场及矸石堆、废石弃渣占用破坏土地，地下含水层破坏等。采矿活动占用破坏土地 789.43hm^2；固体废弃物累计积存量约 81.07×10^{4}t，年产出量 70.38×10^{4}t；废液年产生量 503.38×10^{4}m^3；引发地质灾害 25 处，其中地面塌陷 2 处（小型），地裂缝 9 条（中型 5 条，小型 4 条），滑坡 6 处（中型 1 处，小型 5 处），崩塌 8 处（中型 1 处，小型 7 处）。

6. 韩城煤矿区地质环境影响严重区（Ⅰ—06）

分布于桑树坪镇—新城街办，面积 1364.97km^2。地处关中盆地北缘，岩土体类型属软硬相间层状、片状碎屑岩类和松散土体类型。主要开采石炭二叠系煤层，其次为建筑石料用灰岩等建材矿产。区内有矿山 70 个，其中煤矿 26 个（大型 3 个，包括韩城矿务局的桑树坪煤矿、下峪口煤矿、象山煤矿，其余为小型），铁矿 2 个，铝土矿 1 个，建筑石料用灰岩矿 24 个，砖瓦用黏土矿 15 个，保温材料用黏土矿 1 个，水泥用石灰岩矿 1 个。

矿山地质环境问题主要有矸石压占土地，采空区地面塌陷及裂缝、滑坡、崩塌等。采矿活动压占破坏土地 179.41hm^2；固体废弃物累计积存量约 138.15×10^{4}t，年产出量 23.73×10^{4}t；废液年产生量 173.96×10^{4}m^3。引发地质灾害 6 处，其中地面塌陷 1 处（小型），地裂缝 1 条（小型），滑坡 2 处（中型 1 处，小型 1 处），崩塌 2 处（小型）。

7. 铜川焦坪煤矿区—旬耀煤矿区地质环境影响严重区（Ⅰ—07）

分布于宜君县太安镇—耀州区庙湾镇—旬邑县清源乡一带，面积 982.00km^2。地处陕北黄土高原，岩土体类型属软硬相间层状、片状碎屑岩类和松散土体类型。开采侏罗系煤层，目前全部为井下开采，现已闭坑的铜川矿务局焦坪煤矿曾为井采露采相结合。区内有矿山 51 个，其中煤矿 39 个（大型 10 个，包括铜川矿务局的陈家山煤矿、下石节煤矿、崔家沟煤矿、柴家沟煤矿、西川煤矿、照金矿业有限公司煤矿、旬邑县青冈坪煤矿、旬邑县长安煤矿等，其余为小型），水泥配料用砂岩矿 2 个，制灰用石灰岩矿 1 个，泥炭矿 1 个，油页岩矿 1 个，建筑用砂矿 2 个，砖瓦用黏土矿 5 个。

矿山地质环境问题主要为露天采坑占用破坏土地、生态环境破坏以及露采引发的滑坡、崩塌，井下开采引起的采空区地面塌陷以及因此造成的边坡失稳、地裂缝等。采矿活动占用破坏土地达 232.14hm^2，煤矸石、采矿弃渣堆累计积存量约 13×10^{4}t，年产出量 20.98×10^{4}t；废液年产生量 169.53×10^{4}m^3；引发地质灾害 31 处，其中地面塌陷 6 处（中型 1 处，小型 5 处），地裂缝 15 条（中型 5 条，小型 10 条），滑坡 5 处（大型 1 个，中型 2 处，小型 3 处），崩塌 5 处（中型 2 处，小型 3 处）。

8. 彬长煤矿区地质环境影响严重区（Ⅰ—08）

分布在长武县亭口镇—彬县炭店乡—旬邑县张洪镇一带，面积 686.32km^2。地处陕北黄土高原，岩土体类型属软硬相间层状、片状碎屑岩类和松散土体类型。开采侏罗系煤层，为井下开采。区内有矿山 53 个，其中煤矿 18 个（大型 7 个，包括火石嘴煤矿、长武亭南煤矿、旬邑中达燕家河煤矿、旬邑县百子沟燕家河煤矿等，中型 2 个，为彬县水帘洞煤矿和旬邑县皇楼沟煤矿，其余为小型）；砖瓦用黏土矿 35 个，全部为小型。

矿山地质环境问题主要是采矿场及矸石堆、废石弃渣占用破坏土地，地面塌陷、地裂缝及地下含水层破坏等。采矿活动占用破坏土地 375. 08hm^2，煤矸石、采矿弃渣堆累计积存量约 9. 7×10^{4}t，年产出量 2017. 35×10^{4}t；废液年产生量 2302. 29×10^{4}m^3；引发地质灾害 21 处，其中地面塌陷 7 处（大型 1 处，小型 6 处），地裂缝 10 处（中型 5 处，小型 5 处），滑坡 3 处（中型 2 处，小型 1 处），崩塌 1 处（小型）。

9. 铜川煤矿南区地质环境影响严重区（Ⅰ—09）

分布在铜川市的黄堡镇—红土镇—广阳镇一带，面积 304. 10km^2。北部属陕北黄土高原，南部属关中盆地。岩土体类型属软硬相间层状、片状碎屑岩类和松散土体类型。开采石炭二叠系煤层。区内有 45 个矿山，其中煤矿 21 个（大型 1 个，王石凹煤矿，中型 5 个，东坡煤矿、鸭口煤矿、金华煤矿等），其余为小型；水泥用石灰岩矿 3 个，建筑石料用灰岩矿 6 个，制灰用石灰岩矿 1 个，水泥配料用砂岩矿 1 个，高岭土矿 1 个，耐火黏土矿 1 个，建筑用石料矿 1 个，砖瓦用黏土矿 10 个。

该区煤炭开采历史悠久，引起的地质环境问题严重。矿山地质环境问题主要是矸石压占土地、采空塌陷、地裂缝、滑坡、崩塌等。采矿活动压占破坏土地 156. 48hm^2，固体废弃物累计积存量约 30. 26×10^{4}t，年产出量 3. 68×10^{4}t；废液年产生量 328. 07×10^{4}m^3。引发地质灾害 5 处，其中地面塌陷 1 处（中型），滑坡 4 处（大型 1 处，中型 2 处，小型 1 处）。

10. 蒲白澄合煤矿区地质环境影响严重区（Ⅰ—10）

东起合阳百良，西至白水县西界，面积 531. 57km^2。地处关中盆地北部，岩土体类型属软硬相间层状、片状碎屑岩类和松散土体类。主要开采石炭二叠系煤层，其次为砖瓦黏土矿、建筑石料用等建材矿产。区内共有矿山 95 个，其中煤矿 54 个（大型 2 个，包括陕煤澄合矿业有限公司王村煤矿、澄合二矿，中型 8 个，包括蒲白朱家河煤矿、马村煤矿，南桥煤业矿，白水县西固新兴煤矿等，其余为小型）；砖瓦用黏土矿 24 个，建筑用石料矿 12 个，水泥用石灰岩矿 3 个，陶瓷土矿 1 个，硫黄矿 1 个，为小型。

矿山地质环境问题主要是工业场地占用土地，矸石压占破坏土地、采空塌陷、地裂缝、滑坡、崩塌等。采矿活动压占破坏土地 1205. 7hm^2，占用破坏耕地 547. 16hm^2，林地 107. 33hm^2，草地 442. 55hm^2；固体废弃物累计积存量 47. 52×10^{4}t，年产出量 60. 38×10^{4}t；废液年产生量 840. 83×10^{4}m^3；引发地质灾害 45 处，其中地面塌陷 13 处（塌陷面积 3513. 79hm^2），地裂缝 27 条（中型 11 条、小型 16 条），滑坡 3 处（小型），崩塌 2 处（大型 1 处，中型 1 处）。

11. 渭北石灰岩开采区地质环境影响严重区（Ⅰ—11）

分布于蒲城县北部、白水县南部，面积 283. 64km^2。地处关中盆地北部，岩土体类型属软硬相间层状、片状碎屑岩类和松散土体类。主要开采建筑石料用灰岩等建材矿产。区内共有矿山 45 个，其中水泥用石灰岩矿 32 个（中型 1 个，为陕西尧柏特种水泥有限公司尧山水泥灰岩矿，其余为小型），建筑石料用灰岩矿 5 个，砖瓦用黏土矿 6 个，建筑用石料矿 2 个，为小型。

矿山地质环境问题主要是露天开采破坏地形地貌和土地资源。采矿活动破坏土地资源及地形地貌景观面积 51.12hm^2。

12. 淳化—泾阳建筑用石料开采区地质环境影响严重区（Ⅰ—12）

分布于淳化县南部与泾阳县交界处，面积 384.87km^2。地处关中盆地北部，岩土体类型属软硬相间层状、片状碎屑岩类和松散土体类。主要开采建筑石料用灰岩等建材矿产。区内共有矿山 69 个，其中建筑石料用灰岩 25 个，水泥用石灰岩矿 18 个（大型 1 个，为礼泉县叱干镇顶天水泥用灰岩矿，中型 1 个，为淳化玉狮场矿业有限公司，其余为小型），建筑用石料矿 16 个，砖瓦用黏土矿 3 个，水泥配料用砂岩矿 5 个，冶金用石英岩矿 1 个，建筑白云岩矿 1 个，为小型，均为露天开采。

矿山地质环境问题主要是采矿场、弃渣堆放占用破坏土地及破坏地形地貌景观等。

13. 小秦岭金矿区地质环境影响严重区（Ⅰ—13）

分布于潼关县与华阴县南部、洛南县北部一带，面积 373.92km^2。地处秦岭中山区，岩体为坚硬—较坚硬层状中深变质岩类。主要开采金矿，大部分矿山集中分布在潼关县境内，均为小型企业。该矿区 1975 年开始开采，20 世纪 80 年代中后期至 90 年代中期，先后有黄金企业及数百家个体从事开发，采矿坑口达 2500 多个，无序开采导致资源快速枯竭，地质灾害频发，环境污染严重。区内现有矿山 42 个，其中金矿 39 个，以中小型为主，建筑用石料矿 1 个，铁矿 1 个，冶金用砂岩矿 1 个，为小型，除金矿和铁矿为井工开采外，其他为露天开采。

矿山地质环境问题主要有采矿场、尾矿库、弃渣堆放占用破坏土地与采矿弃渣诱发的泥石流、废水对环境的污染等。采矿活动占用破坏土地 99.45hm^2；固体废弃物累计积存量 131.4×10^4t，年产出量 88×10^4t。区内有泥石流沟 6 条（中易发 2 处，低易发 4 处），集中分布在西峪、桐峪、善车峪等七条南北向峪道内。

14. 金堆城钼矿区地质环境影响严重区（Ⅰ—14）

分布于华县金堆城镇一带，面积约 312.30km^2。地处秦岭中山区，岩体为坚硬—较坚硬层状中深变质岩类。区内共有矿山 15 个，主要开采钼矿，其中钼矿 10 个，4 个为井下开采，其余为露天开采（大型 2 个，华县金堆城钼业、洛南县王河沟钼矿，中型 2 个，洛南上河钼矿，陕西文金栗峪矿业，其余为小型）；铁矿 1 个，麦饭石矿 1 个，金矿 1 个，建筑用石料矿 2 个，为小型，露天开采。

矿山地质环境问题主要是采矿场、尾矿库、弃渣堆放对土地资源的占用与破坏，采矿弃渣泥石流等。采矿活动占用破坏土地 116.71hm^2。引发地质灾害 10 处，其中崩塌 1 处（中型），泥石流沟 4 条（低易发），地面塌陷 5 处，均为小型。

15. 太白—眉县非金属矿区地质环境影响严重区（Ⅰ—15）

分布于太白县、眉县、岐山县三县交界处，面积约 297. 02km^2。地处秦岭高中山区，岩土体为坚硬层状碳酸盐岩类、坚硬—较坚硬层状浅变质岩类。区内有矿山 30 个，主要开采灰岩、白云岩、石英等，其中水泥用石灰岩矿 11 个，石墨矿 2 个，冶金用白云岩矿 5 个，玻璃用石英岩矿 5 个，化肥用白云岩矿 3 个，铜矿 1 个，高岭土矿 1 个，建筑用石料矿 2 个，均为小型，除铜矿为井工开采外，其余为露天开采。

矿山地质环境问题主要是采矿压占破坏土地、露天开采破坏地形地貌景观以及弃渣堆放引起的泥石流。采矿活动占压破坏土地 50. 67hm^2，有泥石流隐患 1 处，为低易发。

16. 凤太铅锌矿区地质环境影响严重区（Ⅰ—16）

分布于凤县南星—双石铺—太白县太白河镇，面积 1186. 43km^2。地处秦岭中山区，岩体结构较为复杂，由坚硬—较坚硬层状浅变质岩类、坚硬—较坚硬层状碳酸岩类、较坚硬块状碎屑岩类、坚硬—较坚硬块状火山岩类四类组成。共有矿山 60 个，主要开采铅锌矿。铅锌矿主要分布于凤县境内，铅矿 20 个（大型 1 个，凤县丝毛岭金铅锌矿；中型 1 个，凤县地成矿业有限责任公司峰崖铅锌矿；其余为小型），锌矿 19 个，均为小型；金矿 4 个，大型 2 个（凤县四方金矿、太白黄金矿业），其余为小型，水泥用石灰岩矿 4 个，石墨矿 6 个，砖瓦黏土矿 3 个，砂金矿 1 个，水泥用大理石矿 1 个，制灰用石灰岩矿 1 个，冶金用脉石英矿 1 个，除铅、锌、金矿外，其他为露天开采。

矿山地质环境问题主要是采矿场、尾矿库、弃渣堆放对土地资源的占用与破坏，露天开采破坏地形地貌景观，弃渣泥石流及滑坡、崩塌，废水污染等。采矿活动占用破坏土地 138. 73hm^2；固体废弃物累计积存量 489. 16×10^{4}t，年产出量 24. 61×10^{4}t；废液年产生量 31. 18×10^{4}m^3。引发地质灾害 14 处，其中地面塌陷 1 处（小型），滑坡 1 处（小型），崩塌 2 处（小型），泥石流及隐患 10 处（中易发 7 处，低易发 3 处）。

17. 略勉宁多金属矿区地质环境影响严重区（Ⅰ—17）

分布在略阳、勉县、宁强三县交汇处，面积 1220. 85km^2。地处秦巴山地中山区，岩土体为坚硬—较坚硬层状浅变质岩类、坚硬—较坚硬层状碳酸岩类、坚硬块状侵入岩类。区内矿山 69 个，其中金属矿山 42 个（金矿 10 个，铁矿 16 个，锰矿 8 个，铜矿 3 家，铅锌矿 4 个，镍矿 1 个），非金属生产矿山 27 个（磷矿 4 个，硫铁矿 2 个，重晶石矿 1 个，白云岩矿 4 个，滑石矿 2 个，石棉建材矿 2 个，建筑用石料矿 10 个，建筑石料用灰岩矿 1 个，粉石英矿 1 个）；大型 10 个（汉中嘉陵矿业黑山沟铁矿、汉中钢铁集团何家岩铁矿、杨家坝铁矿、华澳矿业金矿、略阳铧厂沟金矿、宁强锰矿、略阳县三岔子锰矿、勉县长沟河白云寺铅锌矿、勉县汉江重晶石粉厂、略阳县金家河磷矿）；中型 10 个（宁强县火峰垭金矿、宁强县大石岩金铜矿、略阳县东沟坝金矿、阁老岭铁矿等）；其余为小型。金属矿山为井工开采，非金属生产矿山为露天开采。

矿山地质环境问题主要有采矿场、尾矿库、弃渣堆放占用破坏土地及地面塌陷、滑坡、崩塌等。采矿活动占用破坏土地约 452. 96hm^2，固体废弃物累计积存量 111. 95×10^{4}t，年产出量 16.2×10^4t；废液年产生量 1234.23×$10^4$$m^3$；引发地质灾害 39 处，其中地面塌陷 9 处（中型 1 处，小型 8 处），地裂缝 7 条（小型），滑坡 5 处（中型 1 处，小型 4 处），崩塌 2 处（小型），泥石流隐患 16 处（中易发 9 处，低易发 7 处）。

18. 柞水—镇安多金属矿区地质环境影响严重区（Ⅰ—18）

分布于柞水县的东川镇—下梁镇—镇安县的青铜关，面积约 1168.17km^2。地处秦岭中山区，岩体为坚硬层状碳酸盐岩类、坚硬—较坚硬层状浅变质岩类、坚硬块状侵入岩类。区内有矿山 54 个，主要开采铁矿、银矿等金属矿产，其中铁矿 15 个，金矿 7 个，银矿 2 个，铅矿 4 个，锌矿 3 个，钒矿 3 个，铜矿 2 个，锰矿 1 个，硫铁矿 1 个，重晶石矿 4 个，熔剂用石灰岩矿 1 个，萤石矿（普通）1 个，滑石矿 1 个，建筑用石料矿 6 个，水泥用石灰岩矿 1 个，砖瓦用黏土矿 1 个，矿泉水矿 1 个。大型 6 个（陕西银矿、柞水县杨木沟铜钼矿、冯家沟铁矿、陕西大西沟铁矿、久盛矿业东沟金矿、东沟矿区、月西硫铁矿），其余为小型，金属矿山为井工开采，非金属生产矿山为露天开采。

矿山地质环境问题主要是采矿场、弃渣堆放、尾矿库占用破坏土地及地面塌陷等。采矿活动占用破坏土地约 79.75hm^2；固体废弃物累计积存量 258×10^4t；废液年产生量 486.18×$10^4$$m^3$；泥石流隐患 2 处，为低易发。

19. 山阳—商南县钒矿开采区地质环境影响严重区（Ⅰ—19）

分布于山阳县中村—商南县湘河镇，面积约 920.99km^2。地处秦岭中山区，岩土体为坚硬—较坚硬层状碳酸岩、碎屑岩以及坚硬层状碳酸盐岩类。区内有矿山 49 个，主要开采钒矿、铁矿等，其中钒矿 26 个，铁矿 6 个，重晶石矿 6 个，其他建材及非金属矿 11 个。大型 7 个（山阳县夏家店金钒矿、山阳县王闫甘沟铁矿、丹凤县石槽沟重晶石、商南县槐树坪钒矿、商南县水沟钒矿、商南县湘河钒矿区、商南县汪家店钒矿）；中型 3 个（五洲矿业中村钒矿、夏家店金矿、竹扒沟—地坪沟铁矿）；其余为小型。金属矿山为井工开采，建材非金属生产矿山为露天开采。

矿山地质环境问题主要是采矿场、弃渣堆放、尾矿库的占用破坏土地及地面塌陷等。采矿活动占用破坏土地 196.43hm^2；固体废弃物累计积存量 23.2×10^4t；废液年产生量 16.03×$10^4$$m^3$；引发地质灾害 10 处，全部为泥石流隐患，中易发 3 处，低易发 7 处。

20. 旬阳铅锌矿区地质环境影响严重区（Ⅰ—20）

分布于旬阳县甘溪—关口镇一带，面积 510.73km^2。地处秦岭低山区，岩土体为坚硬—较坚硬层状浅变质岩类、坚硬—较坚硬层状碎屑岩类。区内有矿山 28 个，主要开采铅锌矿，铅矿 12 个，锌矿 6 个，铜矿 1 个，金矿 1 个，水泥用石灰岩矿 4 个，建筑用石料矿 2 个，砖瓦用砂岩矿 1 个，水泥配料用页岩矿 1 个。大型 1 个（安康市尧柏水泥有限公司青山寨石灰石矿山），其余均为小型，金属矿山为井工开采，非金属生产矿山为露天开采。

矿山地质环境问题主要是采矿场、弃渣堆放占压土地，露天开采破坏地形地貌景观以及采矿产生的废水废液对环境的污染等。采矿活动占压破坏土地 112.04hm^2；固体废弃物累计积存量 302.67×10^4t，年产生量 35.86×10^4t；废液年产生量 42.18×$10^4$$m^3$，引发地质灾害 6 处，全部为泥石流隐患，其中高易发 1 处，中易发 3 处，低易发 2 处。

21. 汉阴金矿区地质环境影响严重区（Ⅰ—21）

分布于汉阴县双河口—铁佛寺镇，面积 97.91km²。地处秦巴中、低山区，岩土体为坚硬—较坚硬层状碳酸岩与松散土体类。区内有矿山 4 个，全部为金矿，均为井工开采。中型 2 个（汉阴县黄龙金矿、汉阴县鹿鸣金矿），小型矿山 2 个。

矿山地质环境问题主要是采矿场、弃渣堆放占压土地以及采矿产生的废水废液对环境的污染等。采矿活动占用破坏土地 29.85hm²；固体废弃物累计积存量 39.05×10^4t，年产生量 9.08×10^4t；废液年产生量 2.73×10^4m³；引发地质灾害 2 处，其中崩塌 1 处（小型），泥石流隐患 1 处（低易发）。

22. 紫阳建材矿区地质环境影响严重区（Ⅰ—22）

分布于紫阳县燎原镇—蒿坪镇一带，面积约 470.81km²。地处秦巴山地中山区，岩体为坚硬—较坚硬层状浅变质岩类。区内有饰面用石料矿 20 个，建筑用石料矿 16 个，砖瓦用页岩矿 12 个，石煤矿 9 个，冶金用石英岩矿 2 个，除石煤矿为井工开采外，其他为露天开采。

矿山地质环境问题主要是占用破坏土地资源，露天开采破坏地形地貌景观。采矿活动占用破坏土地约 18.39hm²。

23. 镇巴—紫阳县石煤矿开采区地质环境影响严重区（Ⅰ—23）

分布于镇巴县仁村乡—紫阳县高桥镇一带，面积约 865.90km²。地处秦巴中、低山区，岩土体为坚硬—较坚硬层状碳酸岩与松散土体类。区内有矿山 53 个，其中石煤矿 18 个，锰矿 5 个，铁矿 2 个，毒重石矿 8 个，建筑用石料矿 7 个，建筑用辉绿岩矿 3 个，饰面用石料矿 5 个，砖瓦用页岩矿 3 个，铸石用辉绿岩矿 1 个，砖瓦黏土矿 1 个。中型 1 个（紫阳县桃园—大柞木沟钛磁铁矿），其余均为小型，金属矿山为井工开采，非金属生产矿山为露天开采。

矿山地质环境问题主要是占用破坏土地资源，露天开采破坏地形地貌景观。采矿活动占用破坏土地约 22.93hm²，固体废弃物累计积存量 60.68×10^4t，年产生量 4.6×10^4t；废液年产生量 201.41×10^4m³；引发地质灾害 6 处，其中滑坡 1 处（小型），泥石流隐患 4 处（中易发），泥石流隐患 1 处（低易发）。

24. 南郑多金属开采区地质环境影响严重区（Ⅰ—24）

分布于南郑县碑坝镇—白玉乡一带，面积约 188.79km²。地处秦巴中、低山区，岩土体为坚硬—较坚硬层状碳酸岩与松散土体类。区内有矿山 14 个，其中铁矿 4 个，铅矿 3 个，锌矿 4 个，铜矿 2 个，饰面用石料矿 1 个。中型 1 个（南郑县白玉乡恒心铅锌矿），其余均为小型，除饰面用石料矿外其他为井工开采。

矿山地质环境问题主要是采矿场、弃渣堆放占用破坏土地等。采矿活动占用破坏土地 80.54hm²，固体废弃物累计积存量 77.76×10⁴t，年产生量 77.76×10⁴t；废液年产生量 9.77×10⁴m³。

25. 汉台—城固建材矿区地质环境影响严重区（Ⅰ—25）

分布于汉台区河东店镇—城固小河镇，面积约 432.61km²。地处秦巴山地中、低山地貌区，岩体为坚硬—较坚硬层状浅变质岩类。区内有矿山 44 个，主要开采玻璃用石英岩，磷矿、锰矿，其中玻璃用石英岩矿 19 个，磷矿 3 个，锰矿 3 个，建筑用石料矿 6 个，玻璃用砂岩矿 5 个，饰面用石料矿 3 个，建筑石料用灰岩矿 3 个，水泥用石灰岩矿 2 个。大型 1 个（天台山锰矿），中型 4 个（利水沟老鹰岩石英矿、沥水沟石英岩矿、汉中嘉信矿业天台山磷矿、汉中市徐家坡福利矿石厂），其余为小型。磷矿、锰矿为井下开采，其他为露天开采。

矿山地质环境问题主要是采矿场、弃渣堆放占用破坏土地，露天开采破坏地形地貌景观以及开采引发的地面塌陷、滑坡等。采矿活动占用破坏土地 16.85hm²；固体废弃物累计积存量 12.68×10⁴t，年产生量 1.42×10⁴t；引发地质灾害 12 处，其中地面塌陷 4 处（小型），地裂缝 3 条（小型），滑坡 1 处（小型），崩塌 3 处（小型），泥石流隐患 1 处（中易发）。

二、矿山地质环境影响较严重区

矿山地质环境影响较严重区主要为陕北子长—富县小型煤矿区、渭北石灰岩矿区、秦岭北坡建筑用石料矿区、秦巴山区小型金属矿区、石煤矿区、非金属建材矿区等，矿山地质环境问题主要是三废排放引起的环境污染和矿产开发对土地资源的破坏。现对 32 个矿山地质环境影响较严重区分述如下。

1. 子洲煤矿区地质环境影响较严重区（Ⅱ—01）

分布于槐树岔乡—周家硷乡，面积约 137.80km²。地处陕北黄土高原梁峁沟壑区，岩土体属软硬相间层状含煤屑岩类及松散土体类。区内有煤矿 2 个，中型（子洲县兴盛煤矿、子洲县永兴煤矿），井下开采；砖瓦黏土矿 4 个，露天开采。

矿山地质环境问题主要是露天开采破坏地形地貌景观和破坏土地，以及煤矿开采形成的地面塌陷及裂缝。采矿活动占用破坏土地 13.5hm²，废液年产生量 30.6×10⁴m³；引发地质灾害 3 处，其中滑坡 1 处（小型 1 处），崩塌 2 处（中型）。

2. 子长—宝塔煤矿区地质环境影响较严重区（Ⅱ—02）

分布于子长县栾家坪镇—宝塔区蟠龙一带，面积约 436.21km²。地处陕北黄土高原梁峁丘陵区，岩土体属软硬相间层状含煤碎屑岩类和松散土体类。主要开采石炭二叠系煤，其次为砖瓦黏土矿，煤矿为井下开采，砂石黏土矿为露天开采。区内有矿山 20 个，其中煤矿 7 个［大型 3 个，分别为延安市禾草沟煤业有限公司煤矿整合区（调整）、延安市禾草沟煤矿二号井、延安市华龙煤业有限公司贯屯煤矿；中型 3 个，分别为子长县双富煤矿、子长县南家嘴煤矿、延安市宝塔区四嘴煤炭有限公司煤矿（整合区）；小型 1 个，为子长县余家坪乡志安煤矿]，砖瓦黏土矿 12 个，建筑用砂矿 1 个，煤矿主要为井工开采，其他矿类为露天开采。

矿山地质环境问题主要是采矿场、采矿弃渣占用破坏土地，露天开采破坏地形地貌景观。采矿活动占用破坏土地 104.43hm^2；固体废弃物积存量 24.38×10^{4}t；引发地质灾害 10 处，其中地面塌陷 5 处（小型），地裂缝 2 条（小型），滑坡 2 处（小型），崩塌 1 处（小型）。

3. 富县牛武煤矿区地质环境影响较严重区（Ⅱ—03）

分布于富县牛武镇一带，面积约 81.91km^2。地处陕北黄土高原梁峁丘陵区，岩土体属软硬相间层状含煤碎屑岩类及松散土体类。区内有煤矿 5 个，为小型，井工开采，砖瓦黏土矿 4 个，建筑用石料矿 3 个，为露天开采。

矿山地质环境问题主要是占用破坏土地，露天开采破坏地形地貌景观，固体废弃物、废液的排放污染环境、引发地质灾害。采矿活动占用破坏土地 36.51hm^2，固体废弃物累计积存量 42.81×10^{4}t，年产生量 5×10^{4}t，废液年产生量 33.44×10^{4}m^3；引发地质灾害 9 处，其中地面塌陷 1 处（小型），地裂缝 1 条（小型），滑坡 1 处（小型），崩塌 4 处（小型），泥石流隐患 2 处（低易发）。

4. 富县直罗煤矿区地质环境影响较严重区（Ⅱ—04）

分布于富县直罗镇一带，面积约 169.43km^2。地处陕北黄土高原梁峁丘陵区，岩土体属软硬相间层状含煤碎屑岩类及松散土体类。区内有煤矿 3 个，大型 2 个（富县矿业开发有限公司芦村一号煤矿、陕西富源煤业有限责任公司富县党家河煤矿），中型 1 个（富县矿业开发有限公司芦村二号煤矿），为井工开采，建筑用石料矿 4 个，为露天开采。

矿山地质环境问题主要是占用破坏土地，露天开采破坏地形地貌景观，固体废弃物、废液的排放污染环境，引发滑坡崩塌灾害。采矿活动占用破坏土地 175.85hm^2，固体废弃物累计积存量 1064×10^{4}t，年产生量 166×10^{4}t，废液年产生量 58.56×10^{4}m^3；引发地质灾害 2 处，其中滑坡 1 处（小型），崩塌 1 处（中型）。

5. 耀州区灰岩开采区地质环境影响较严重区（Ⅱ—05）

分布于董家河镇—石柱乡一带，面积约 264.46km^2。该区地处陕北黄土高原梁峁区，岩土体为坚硬层状碳酸盐岩类及松散土体类。区内有矿山 50 个，其中水泥用灰岩矿 6 个（大型 3 个，为耀州区尖草坡水泥用灰岩矿，铜川声威建材有限责任公司李家沟水泥用灰岩矿，铜川声威建材有限责任公司石坡水泥灰岩矿；中型 1 个，为陕西秦岭水泥集团股份有限公司宝鉴山石灰石矿），制灰用石灰岩矿 14 个，水泥配料用砂岩矿 8 个，砖瓦用黏土矿 21 个，煤矿 1 个，均为小型，建材矿为露天开采，煤矿为井下开采。

矿山地质环境问题主要是占用破坏土地资源和地形地貌景观。采矿活动占用破坏土地 200.09hm^2。

6. 麟游—彬县—永寿县煤矿区地质环境影响较严重区（Ⅱ—06）

分布于麟游—彬县—永寿县三县交界处，面积约 193.43km^2。该区地处陕北黄土高原梁峁区，岩土体为坚硬层状碳酸盐岩类及松散土体类。区内有矿山 6 个，其中煤矿 4 个（大型 1 个，为麟游县崔木煤矿；中型 1 个，永寿县碾子沟煤矿；小型 2 个），井工开采，主要开采侏罗系煤层，建筑用石料矿 2 个，为小型矿山，为露天开采。

矿山地质环境问题主要是占用破坏土地，露天开采破坏地形地貌景观，固体废弃物排放以及废液的排放造成的环境污染。采矿活动占用破坏土地 53.94hm^2，固体废弃物累计积存量 43.78×10^{4}t，年产生量 3.2×10^{4}t，废液年产生量 313.69×10^{4}m^3，年排放量 54.79×10^{4}m^3。

7. 陇县—千阳石灰岩矿区地质环境影响较严重区（Ⅱ—07）

分布于陇县火烧寨镇—千阳县城关镇一带，面积约 593.06km^2。该区地处关中盆地北部，岩土体为坚硬层状碳酸盐岩类及松散土体类。区内有矿山 67 个，其中水泥用灰岩矿 14 个，冶金用白云岩矿 6 个，建筑用石料矿 6 个，煤矿 1 个，砖瓦用黏土矿 22 个，其他类矿山 18 个，均为小型，除煤矿为井工开采外，其他为露天开采。

矿山地质环境问题主要是露天开采破坏土地资源和地形地貌景观。

8. 凤翔县—岐山—乾县建材矿地质环境影响较严重区（Ⅱ—08）

该区呈东西向分布于凤翔县糜杆桥镇—岐山县蒲村—乾县店头镇一带，面积约 551.71km^2。地处关中盆地北部，岩土体分为三类：坚硬层状碳酸盐岩类、砂卵砾石类、松散土体类。区内现有各类生产矿山 48 个，主要开采石灰岩矿和砂石黏土矿，露天开采，其中水泥用石灰岩矿 24 个（大型 2 个，分别为凤翔县东山水泥用灰岩矿、岐山县南湾水泥用灰，其他为小型），建筑用石料矿 17 个，砖瓦黏土矿 6 个，陶瓷用砂岩矿 1 个，均为小型。

矿山地质环境问题主要是露天采矿破坏土地资源及地形地貌景观。区内压占破坏土地约 10.91hm^2。

9. 华县、华阴建材矿区地质环境影响较严重区（Ⅱ—09）

分布于华县高塘镇与华阴市孟塬镇，面积约 598.79km^2。地处关中南部与秦岭山地过渡地带，岩体为坚硬—较坚硬层状中深变质岩类。区内有矿山 105 个，主要开采建筑用石料等，为露天开采，其中建筑用石料矿 63 个，饰面用石料矿 10 个，砖瓦黏土矿 32 个，均为小型。

矿山地质环境问题主要是露天开采破坏土地资源和地形地貌景观，不合理堆放弃渣引发泥石流。

10. 蓝田县建材矿开采区地质环境影响较严重区（Ⅱ—10）

分布于蓝田县汤峪镇—兰桥乡，面积约 245.93km^2。地处关中南部与秦岭山地过渡地带，岩体为坚硬—较坚硬层状中深变质岩类。区内有矿山 17 个，主要开采建筑用石料等，露天开采，其中建筑用石料矿 9 个，建筑用大理岩矿 2 个，玻璃用石英岩矿 1 个，花岗岩矿 1 个，砖瓦黏土矿 3 个，铁矿 1 个。大型 1 个，其余为小型。

矿山地质环境问题主要是露天开采破坏土地、露天开采形成的高陡边坡引发滑坡等。采矿活动压占破坏土地约 65.91hm^2，固体废弃物累计积存量 15×10^4t；引发地质灾害 5 处，其中滑坡 3 处（中型 1 处，小型 2 处），崩塌 2 处（中型 1 处，小型 1 处）。

11. 商州区金属及建材非金属矿开采区地质环境影响较严重区（Ⅱ—11）

分布于商州区牧户关镇—黑山—北宽坪镇一带，面积约 739.66km^2。地处秦岭中低山区，岩土体为坚硬—较坚硬块状火山岩、坚硬层状碳酸盐岩、软弱层状碎屑岩、坚硬—较坚硬层状浅变质岩类。区内有矿山 39 个，其中金属矿 12 个（金矿 4 个，铅矿 4 个，锰矿 2 个，铜矿 1 个，钼矿 1 个，中型 1 个，为商州区龙王庙钼铅锌矿，其他为小型），非金属矿山 27 个（建筑用石料矿 9 个，建筑用大理石矿 3 个，砖瓦用黏土矿 6 个，其他类非金属矿 9 个，均为小型），金属矿山为井工开采，非金属矿为露天开采。

矿山地质环境问题主要是露天开采破坏土地资源及地形地貌景观，弃渣堆放引起的泥石流等。区内采矿压占破坏土地约 40.56hm^2，固体废弃物累计积存量 36.1×10^4t，年产水量 25×10^4t；泥石流隐患 2 处（低易发）。

12. 丹凤县非金属矿开采区地质环境影响较严重区（Ⅱ—12）

分布于丹凤县商镇—蔡川镇一带，面积约 393.83km^2。地处秦岭中低山区，岩土体为坚硬—较坚硬块状火山岩、坚硬层状碳酸盐岩、软弱层状碎屑岩、坚硬—较坚硬层状浅变质岩类。区内有矿山 17 个，其中非金属矿山 13 个（建筑用石料矿 6 个，石墨矿 2 个，其他类非金属矿 5 个，均为小型），金属矿山 4 个（铁矿 2 个，铜矿 1 个，锑矿 1 个，中型 2 个，为商陕西秦兴矿业有限公司丹凤公司和丹凤县宏岩矿业有限公司，其他为小型），金属矿山为井工开采，非金属矿为露天开采。

矿山地质环境问题主要是露天开采破坏土地资源及地形地貌景观。区内压占破坏土地约 5.19hm^2。

13. 山阳县金属矿开采区地质环境影响较严重区（Ⅱ—13）

分布于山阳县牛耳川镇—王庄镇一带，面积约 140.09km^2。地处秦岭南坡中低山区，岩土体为坚硬—较坚硬块状火山岩、坚硬层状碳酸盐岩、软弱层状碎屑岩、坚硬—较坚硬层状浅变质岩类。区内有金属矿山 6 个，其中铁矿 1 个，铜矿 2 个，钒矿 1 个，锌矿 1 个，银矿 1 个，为小型矿山，均为井工开采。

矿山地质环境问题主要是采矿压占破坏土地以及弃渣堆放引起的泥石流。

14. 商南县金属矿开采区地质环境影响较严重区（Ⅱ—14）

分布于商南县富水乡一带，面积约 65.69km^2。地处秦岭中山区，岩土体为坚硬—较坚硬块状中深变质岩类、坚硬—较坚硬层状浅变质岩类、坚硬块状侵入岩类。区内有矿山

5个，其中铬铁矿1个，镁矿1个，钒矿1个，玻璃用脉石英矿1个，建筑用石料矿1个，中型1个（陕西商南铬镁材料有限公司橄榄岩铬铁矿），其他为小型，均为露天开采。

矿山地质环境问题主要是占用破坏土地及引发泥石流等。采矿活动占用破坏土地约60.1hm²，固体废弃物累计积存量7.2×10⁴t，泥石流灾害1处（低易发）。

15. 宁陕县金属矿及建材矿开采区地质环境影响较严重区（Ⅱ—15）

分布于宁陕县新场乡—镇安县月河镇—宁陕县广货街一带，面积约497.71km²。地处秦岭中段南麓，岩体为坚硬层状碳酸盐岩类、坚硬—较坚硬层状浅变质岩类、坚硬块状侵入岩类。区内有矿山24个，其中金属矿9个（铁矿3个，钼矿4个，金矿1个，钒矿1个，其中中型1个，宁陕县漆树沟—沙络帐铁矿，其余为小型），非金属矿15个（建筑用石料矿6个，饰面用石料矿5个，其他非金属矿4个，均为小型），除铁矿、钼矿和金矿为井工开采外，其余为露天开采。

矿山地质环境问题主要是占用破坏土地及泥石流、崩塌等。采矿活动占用破坏土地约11.54hm²；固体废弃物累计积存量5.5×10⁴t；引发地质灾害5处，其中崩塌3处（中型1处，小型2处），泥石流隐患2处（低易发）。

16. 旬阳县汞矿开采区地质环境影响较严重区（Ⅱ—16）

分布于旬阳县北部小河镇—红军镇一带，面积约107.09km²。地处秦巴中低山区，岩土体主要为坚硬—较坚硬层状浅变质岩类。区内有矿山5个，其中汞矿3个，金矿1个，冶金用白云岩矿1个，均为小型，除冶金用白云岩外，其他为井工开采。

矿山地质环境问题主要是露天开采破坏土地及废渣不合理堆放引发泥石流。

17. 白河县建材及非金属矿开采区地质环境影响较严重区（Ⅱ—17）

分布于白河县县境大部分区域，面积约710.74km²。地处大巴山北麓，山脉与沟相间。区内有矿山51个，其中建筑用石料矿13个，毒重石矿6个，水泥用石灰岩矿7个，玻璃用石英岩矿7个，制灰用石灰岩矿6个，砖瓦用页岩矿6个，玻璃用石灰岩矿1个，砖瓦用黏土矿1个，钒矿2个，银矿1个，锌矿1个，均为小型，除钒矿等金属矿外其他为露天开采。

矿山地质环境问题主要是占用破坏土地，固体废弃物不合理堆放。采矿活动占用破坏土地约5.43hm²，废液年排放量1.53×10⁴m³。

18. 旬阳县化工原料非金属矿开采区地质环境影响较严重区（Ⅱ—18）

分布于旬阳县神河镇—铜钱关镇一带，面积约190.99km²。地处秦巴中低山区，岩土体主要为坚硬—较坚硬层状浅变质岩类。区内有矿山13个，其中毒重石矿5个，重晶石矿1个，化肥用蛇纹岩矿1个，砖瓦用页岩矿1个，建筑用石料矿2个，铁矿2个，铅矿1个，均为小型。

矿山地质环境问题主要是露天开采破坏土地。采矿活动占用破坏土地约52.94hm²。

19. 平利县非金属矿开采区地质环境影响较严重区（Ⅱ—19）

分布于平利县洛河镇—女娲山一带，面积约612.84km²。地处秦巴山地中山区，岩土体为坚硬—较坚硬块状火山岩、坚硬—较坚硬层状浅变质岩、坚硬层状碳酸盐岩、坚硬块状侵入岩类。区内有矿山46个，其中重晶石矿11个，建筑用石料矿14个，水泥用石灰岩矿6个（大型1个，为陕西金龙水泥有限公司平利县长安金石石灰岩矿），其他各类矿山15个，均为小型，除部分重晶石矿为井工开采外，其余为露天开采。

矿山地质环境问题主要是露天开采破坏土地资源及地形地貌景观。采矿活动占用破坏土地约18.06hm²。

20. 岚皋—平利—镇平县石煤矿开采区地质环境影响较严重区（Ⅱ—20）

分布于安康市东南角，面积约1196.83km²。地处秦巴山地中山区，岩土体为坚硬—较坚硬块状火山岩、坚硬—较坚硬层状浅变质岩、坚硬层状碳酸盐岩、坚硬块状侵入岩类。区内有矿山94个，以开采石煤和建材矿为主，其中石煤矿53个，饰面用石料矿22个，铸石用辉绿岩矿7个，水泥用石灰岩矿4个，建筑用石料矿4个，制灰用石灰岩矿1个，水泥配料用砂岩矿1个，硅质岩矿1个，钒矿1个，均为小型，除石煤矿和钒矿为井工开采外，其余为露天开采。

区内主要矿山地质环境问题是占用破坏土地资源，露天开采破坏地形地貌景观，引发崩塌、滑坡灾害；引发地质灾害6处，小型滑坡、崩塌各3处。

21. 岚皋县建材矿开采区地质环境影响较严重区（Ⅱ—21）

分布于岚皋县民主镇—蔺河镇一带，面积约287.65km²。地处秦巴山地中山区，岩土体为坚硬—较坚硬块状火山岩、坚硬—较坚硬层状浅变质岩、坚硬层状碳酸盐岩、坚硬块状侵入岩类。区内有矿山12个，其中玻璃用脉石英矿2个，饰面用石料矿3个，砖瓦用页岩矿2个，水泥用石灰岩矿1个（大型），石煤矿1个，建筑用石料矿1个，铜矿2个，其余均为小型，除石煤矿和铜矿为井工开采外，其余为露天开采。

矿山地质环境问题主要是露天开采破坏土地资源和地形地貌景观。

22. 汉滨区非金属矿开采区地质环境影响较严重区（Ⅱ—22）

分布于汉滨区新坝镇—茨沟镇一带，面积约554.62km²。地处秦巴山地丘陵沟壑区，岩土体为坚硬—较坚硬块状火山岩、坚硬—较坚硬层状浅变质岩、坚硬层状碳酸盐岩、坚硬块状侵入岩类。区内有矿山44个，其中水泥用石灰岩矿12个（大型1个，其余为小型），水泥用辉绿岩矿5个，玻璃用石英岩矿3个，建筑用石料矿5个，玻璃用石灰岩矿1个，玻璃用脉石英矿2个，花岗岩矿1个，高岭土矿1个，砖瓦用页岩矿1个，重晶石矿1个，叶蜡石矿2个（中型1个，小型1个），石煤矿3个，白垩矿2个，钒矿5个，均为小型，除石煤矿、重晶石矿和钒矿为井工开采外，其余为露天开采。

矿山地质环境问题主要是露天开采破坏土地资源和地形地貌景观。

23. 石泉—汉阴县建材矿矿区地质环境影响较严重区（Ⅱ—23）

分布于石泉县饶峰镇—汉阴县涧池镇一带，面积约 394. 70km²。地处秦巴山地中低山区，岩土体为坚硬—较坚硬块状火山岩、坚硬—较坚硬层状浅变质岩、坚硬层状碳酸盐岩、坚硬块状侵入岩类。区内矿山 29 个，其中建筑用石料矿 13 个，水泥用石灰岩矿 5 个，饰面用石料矿 3 个，玻璃用脉石英矿 2 个，制灰用石灰岩矿 2 个，石墨矿 1 个，建筑用砂矿 1 个，玻璃用石英岩矿 1 个，铁矿 1 个，为小型，均为露天开采。

主要矿山地质环境问题是露天开采破坏土地资源和地形地貌景观。

24. 西乡石膏矿区地质环境影响较严重区（Ⅱ—24）

分布于西乡县峡口镇，面积约 88. 87km²。地处秦巴山地中山区，岩土体为坚硬层状碳酸盐岩及坚硬块状侵入岩类。主要开采石膏矿，区内有矿山 6 个，其中大型 1 个，中型 1 个，小型 4 个，均为井下开采。

矿山地质环境问题主要是采矿形成采空区地面塌陷、占用破坏土地等。采矿活动占用破坏土地约 20. 33hm²；固体废弃物积存量约 3. 60×10⁴t；引发地质灾害 8 处，为小型地面塌陷。

25. 西乡饰面用石料矿区地质环境影响较严重区（Ⅱ—25）

分布于西乡县桑园镇—白龙塘镇，面积约 132. 36km²。地处秦巴山地中山区，岩土体为坚硬、较坚硬块状火山岩类及坚硬块状侵入岩类。主要开采饰面用石料，区内有矿山 20 个，其中饰面用石料矿 19 个，磷矿 1 个（大型，西乡县沈家坪晶质磷矿），其他为小型，露天开采。

矿山地质环境问题主要是露天开采破坏土地资源及地形地貌景观。

26. 洋县铁矿开采区地质环境影响较严重区（Ⅱ—26）

分布于洋县黄金峡镇—桑溪镇，面积约 119. 82km²。地处秦巴山地中山区，岩土体为坚硬、较坚硬块状火山岩类及坚硬块状侵入岩类。主要开采铁矿，区内有矿山 8 个，其中铁矿 5 个（中型 1 个，小型 4 个），建筑用石料矿 2 个，玻璃用石英岩矿 1 个，均为小型，除铁矿为井下开采外，其他均为露天开采。

矿山地质环境问题主要是占用破坏土地，固体废弃物、废液排放污染环境。采矿活动占用破坏土地约 94. 64hm²；固体废弃物积存量约 6×10^4t，年产生量 16×10^4t，废液年排放量 $7.2\times10^4\text{m}^3$。

27. 佛坪县建材矿开采区地质环境影响较严重区（Ⅱ—27）

分布于佛坪西岔河镇—大河坝镇一带，面积约 295. 21km²。地处秦巴山地中山区，岩土体为坚硬、较坚硬块状火山岩类及坚硬块状侵入岩类。主要开采建筑用石料，区内有矿山 19 个，其中建筑用石料矿 12 个，玻璃用石英岩矿 4 个，饰面用石料矿 1 个，制灰用石灰岩矿 1 个，水泥用石灰岩矿 1 个，为小型，均为露天开采。

矿山地质环境问题主要是露天开采破坏土地资源及地形地貌景观。

28. 洋县建材及非金属矿开采区地质环境影响较严重区（Ⅱ—28）

分布于洋县戚氏镇—关帝镇一带，面积约 277. 41km²。地处秦巴山地中山区，岩土体为坚硬、较坚硬块状火山岩类及坚硬块状侵入岩类。区内有矿山 20 个，其中建筑用石料矿 8 个，砖瓦黏土矿 5 个，玻璃用石英岩矿 2 个，玻璃用石灰岩矿 1 个，建筑石料用灰岩矿 2 个，石墨矿 2 个（大型 1 个，为洋县铁河大安沟石墨矿；中型 1 个，为洋县铁河明崖沟石墨矿），其余为小型，均为露天开采。

矿山地质环境问题主要是露天开采破坏土地资源及地形地貌景观，引发泥石流灾害。区内有泥石流隐患 1 处，为低易发。

29. 南郑—勉县建材非金属矿区地质环境影响较严重区（Ⅱ—29）

分布于勉县元墩镇—褒城镇—南郑县大河坎镇一带，面积约 612. 32km²。地处秦巴山地中山区，岩土体为坚硬、较坚硬块状火山岩类及坚硬块状侵入岩类。区内有矿山 57 个，其中建筑用石料矿 29 个，水泥用石灰岩矿 6 个（大型 2 个，分别为勉县灯盏窝水泥用灰岩矿和中材汉江水泥股份有限公司上梁山水泥灰岩），建筑石料用灰岩矿 8 个，玻璃用脉石英矿 2 个，砖瓦用页岩矿 7 个，建筑用砂矿 2 个，建筑用花岗岩矿 1 个，建筑白云岩矿 2 个，其他为小型，露天开采。

矿山地质环境问题主要是露天开采破坏土地资源及地形地貌景观。

30. 宁强建材矿开采区地质环境影响较严重区（Ⅱ—30）

分布于宁强县汉源镇—胡家坝镇一带，面积约 195. 43km²。地处秦巴山地中山区，岩土体为坚硬—较坚硬层状浅变质岩类、坚硬块状侵入岩类。区内有矿山 21 个，其中建筑用石料矿 10 个，砖瓦用页岩矿 6 个，建筑石料用灰岩矿 2 个，砖瓦用黏土矿 3 个，为小型，均为露天开采。

矿山地质环境问题主要是露天开采破坏土地资源及地形地貌景观。

31. 宁强金属矿区地质环境影响较严重区（Ⅱ—31）

分布于宁强县西部广坪镇—阳平关镇一带，面积约 178. 10km²。地处秦巴山地中山区，岩土体为坚硬—较坚硬层状浅变质岩类、坚硬块状侵入岩类。区内有矿山 8 个，其中金属矿 4 个（金矿 2 个、铜矿 2 个），井下开采，中型 1 个（玉泉坝金矿），其余为小型，建筑用石料矿 2 个，磷矿 1 个（中型，汉中市阳平关通宝磷矿），砖瓦用页岩矿 1 个，其他为小型。

矿山地质环境问题主要为占用破坏土地及固体废弃物不合理堆放。采矿活动占用破坏土地约 42. 36hm²，固体废弃物总积存量 40.17×10^4t，年产生量 4.17×10^4t。

32. 留坝县建材矿山开采区地质环境影响较严重区（Ⅱ—32）

分布于留坝县留侯镇—武关驿镇一带，面积约 247. 81km²。地处秦巴山地中山区，岩土体为坚硬—较坚硬层状浅变质岩类、坚硬块状侵入岩类。区内有矿山 10 个，饰面用石料矿 6 个，建筑用石料矿 2 个，铁矿 1 个，银矿 1 个，均为小型，除银矿外，其他为露天开采。

矿山地质环境问题主要为采矿占用破坏土地及引发地质灾害。采矿活动占用破坏土地约 $2.4hm^2$，引发小型滑坡 1 处。

三、矿山地质环境影响轻微区

矿山地质环境影响轻微区分布在地质环境影响严重区和较严重区以外部分，面积约 $178082.6km^2$，占总面积 86.53%。区内主要开采砖瓦黏土矿与河砂，局部开采金属矿、建材及非金属矿。

矿山地质环境问题主要表现为占用和破坏耕地，局部有小型崩塌、滑坡。整体上矿山地质环境问题较少，属矿山地质环境影响一般区。

第三节 矿山地质环境问题发展趋势分析

近年来，随着我国矿山地质环境保护各项制度的日益完善和治理投入力度的不断加大，矿山地质环境状况逐步得到改善。陕西省是我国的矿业大省，经济社会快速发展对矿产资源高强度开发的客观需求仍然存在，解决大量历史遗留问题仍是一项长期的任务，全省矿山地质环境保护工作仍然面临着严峻的形势。

从地质环境管理及开采规范程度，矿产资源开发利用强度，矿山地质环境保护与治理恢复程度，矿山地质环境问题的潜在危害程度及矿区地质环境条件复杂程度等角度，对矿山地质环境发展趋势分析预测如下。

（1）从矿山地质环境管理趋势看，随着各级政府对矿山地质环境问题的重视，矿山环境保护法律、法规的颁布实施，矿山生态环境准入准出制度将逐步建立和完善，今后矿山地质环境的整体发展趋势将会得到改善。矿产资源总体规划的原则是经济效益和环境效益相统一。在注重矿产资源开发经济效益的同时，重视矿山生态环境保护，发展绿色矿业。未来将继续加强矿山环境保护科学研究，开采技术不断改进，矿业三废的处理和废弃物回收与综合利用技术将不断提高，如无废开采技术的推广、试验与应用，煤矸石发电、制砖等，将减少矿山“三废”所引起的矿山地质环境问题，矿山地质环境问题的发生将呈递减趋势。

（2）从矿产资源开发利用强度的发展趋势看，全省大力开展矿产资源整合工作，矿产资源得到科学、合理的开发利用，矿山数量明显减少，滥采滥挖现象逐渐淡出，矿山开采规模和节约集约开发程度不断提高。

（3）从矿山地质环境管理的发展趋势看，《矿山地质环境保护规定》要求矿山企业编制矿山地质环境保护与恢复治理方案。陕西省人民政府令第 170 号出台《陕西省矿山地质环境治理恢复保证金管理办法》，建立了矿山地质环境治理恢复保证金制度，办法自 2013 年 6 月 1 日起施行，保证金实行企业所有、政府监管、专户储存、专款专用的原则，全部用于矿山地质环境恢复治理工程。开采矿产资源造成矿山地质环境破坏，由采矿权人负责恢复治理，恢复治理费用列入生产成本。矿山地质环境恢复治理责任人灭失的政策性关闭、历史遗留问题，由中央和地方财政出资，矿山所在地的市、县行政主管部门组织进行恢复治理，国家鼓励企业、社会团体或个人投资进行治理，各级政府和有关部门可在土地、矿产、财税等方面出台优惠政策进行鼓励，以提高矿山地质环境恢复治理的效率。中央和地方各级政府也加大了对无主和废弃矿山治理的投资力度。今后矿山地质环境恢复治理工作将使矿区环境质量逐步好转。

（4）矿山地质环境治理项目资金投入稳中有升，积极推进矿山地质环境治理资金渠道的多元化。对于新近产生的矿山地质环境问题，贯彻落实矿山地质环境保护与恢复治理保证金制度，由矿山开发企业承担遭到破坏的矿山地质环境恢复治理义务，负责恢复治理。对于历史遗留问题，主要采取中央财政补助和地方配套的方式完成矿山环境的恢复治理工作，也可将治理后的土地使用权采取挂牌招标的方式吸收投资。新建和生产矿山地质环境得到全面治理，历史遗留的突出矿山地质环境问题将基本得到整治，矿山地质环境逐步得到改善。

（5）从全省矿产资源利用规划及矿山地质环境潜在危害看，不同区域矿产资源开发利用规划及矿山地质环境问题及复杂程度不同，地质环境问题的变化趋势也不同。

陕北煤矿区位于陕北沙漠高原和黄土高原，主要包括神府、榆神、榆横矿区四个矿产资源规划重点开采区，府谷矿区、子长矿区、黄陵矿区西部开发区、黄陵矿区南部开发区等矿产资源规划鼓励开采区，生态环境脆弱，煤层埋藏较浅，矿产资源规划总体处于重点开采区和鼓励开采区，开采方式主要为井工开采，采矿对地质环境的破坏主要是地面塌陷、破坏地下含水层、环境污染等，影响面积广、危害严重，短时间难以恢复，引发的矿山地质环境问题将趋于严重。例如地跨陕西、内蒙古两省（区）的红碱淖流域，尽管人类工程活动（包括煤炭开发）对红碱淖的影响程度没有定论，但20年来红碱淖的萎缩事实，再次告诫我们，必须科学规划，科学开发，才能促进区域经济与环境的协调统一。

渭北煤矿区大部分位于黄土高原，开采历史悠久，形成的地质环境问题较复杂，矿产资源规划总体处于重点开采区，开采方式主要为井工开采，采矿对地质环境的影响破坏主要是地面塌陷、滑坡等，以及弃渣堆放等，在短时间内较难恢复治理，引发的矿山地质环境问题将趋于严重。

渭北灰岩开采区矿产资源规划总体处于鼓励开采区，凤县铅锌金开采区、金堆城钼矿开采区、潼关金矿开采区等开采区矿产资源规划总体处于重点开采区，采矿对地质环境的破坏主要是破坏土地资源和地形地貌景观，引发滑坡、崩塌等，以及固体废弃物不合理堆放，废水废液的污染等，危害严重，矿山地质环境问题仍然存在并呈发展态势。

陕南秦巴山区金属矿区多位于秦岭和巴山，地形条件复杂，包括勉略宁多金属开采区、商南钒金红石开采区等矿产资源规划重点开采区和柞水—镇安多金属开采区、汉中非金属矿产分布区、西乡非金属矿产分布区、紫阳建材矿区等矿产资源规划鼓励开采区，采矿形成的地质环境问题主要是形成滑坡、崩塌等地质灾害，弃渣不合理堆放引发泥石流，弃渣和尾矿库占用土地资源，破坏地形地貌景观及以及采（选）矿废水（液）造成的环境污染，引发的矿山地质环境问题将趋于严重。

建材、砖瓦黏土矿的开发利用，将会呈增长趋势，所引起的占用损毁土地、地质环境问题和破坏地质地貌景观的现象也会有所增大，引发的矿山地质环境问题将趋于严重。

对于矿产资源开发利用规划的限制和禁止开采区域，采矿活动产生的矿山地质环境问题将有所减缓。

根据国务院精神，为了深入推进矿山地质环境治理工作，全面改善矿区环境，将在全国范围开展“矿山复绿”行动。陕西省积极响应，认真贯彻国务院精神，全面落实《全国矿山地质环境保护与治理规划（2009～2015）》和《陕西省矿山地质环境保护与治理规划（2006～2015）》目标任务，统筹部署，健全完善监督管理制度，构建“谁破坏、谁治理，谁投资、谁受益”的长效机制。到 2015 年，全省范围内“三区两线”周边范围内突出的矿山地质环境问题将基本得到整治，矿山生态环境得到初步改善。

到 2020 年，矿山地质环境明显改善，绿色矿业格局基本建立。新建和生产矿山地质环境得到全面治理，新建和在建矿山的破坏土地得到全面复垦。矿山地质环境保护恢复治理力度加大，历史遗留的突出矿山地质环境问题将基本得到整治，矿山地质环境逐步得到改善。

第七章　矿山地质环境保护与治理分区

第一节　分 区 原 则

矿山地质环境具有自然、社会和资源三重属性，因此矿山地质环境保护与恢复治理分区原则首先要坚持“以人为本”，根据矿山地质环境影响程度，充分考虑矿山地质灾害、水环境、土地资源以及地形地貌景观等现状和预测评估情况，结合矿山生产所影响对象的重要程度及造成的损失大小，来确定矿山环境保护与恢复治理的分区。

依据各级部门对矿山地质环境保护的相关法律法规，省、市、县新建矿山准入条件、矿产资源开发利用现状与保护规划、地质灾害防治规划等规定，结合矿山地质环境综合质量评价结果，将全省范围划分为矿山地质环境保护区、矿山地质环境预防区、矿山地质环境治理区，划分原则分述如下。

1. 矿山地质环境保护区

工作区范围内国家和地方政府规定的矿产资源禁采区，如国家地质公园、国家森林公园、旅游风景名胜区、城市饮用水源地、重大工程规划区、农田保护区、重要交通干道等直观可视范围内的区域，以及国家和地方政府规定不得开采矿产资源的其他地区。

2. 矿山地质环境预防区

工作区范围内国家和地方政府规定的矿产资源限采区和开采区（鼓励开采区）。采矿活动对生态环境有较大影响但通过采取措施可以预防控制破坏程度。

3. 矿山地质环境治理区

矿产资源开发已经对矿山地质环境造成影响或破坏，须采取相应措施实施恢复治理的区域，包括矿山地质环境影响评估中的严重影响区、较严重影响区，以及也需治理的部分轻微影响区。

第二节　分 区 方 法

地质环境保护与治理分区是依据矿山地质环境问题类型、分布特征及其危害性，在充分考虑地质环境条件的差异并结合地质灾害危险性、水环境和土地资源及地形地貌景观现状评估和预测评估的基础上，选择适宜的评判指标和评估方法，对工作区进行矿山地质环境保护与治理分区划分。

根据矿山地质环境问题，区内自然、社会属性以及工作区矿业活动对地质环境的影响程度、矿山地质环境影响评价结果，结合分区原则，将矿山地质环境保护与治理区域划分为矿山地质环境保护区、矿山地质环境预防区、矿山地质环境治理区三级区。

第三节 分区评述

将全省分为矿山地质环境保护区、矿山地质环境预防区、矿山地质环境治理区三级109个区，其中矿山地质环境保护区51个，面积16826.68km^2，占全区面积8.18%；矿山地质环境预防区1个，面积161388.32km^2，占全区面积78.42%；矿山地质环境治理区57个，面积27585.0km^2，占全区面积13.40%（图7-1）。

一、矿山地质环境保护区

包括51个区，全省各市都有分布，主要集中分布在陕南和关中，面积16826.68km^2，占全区面积8.18%（表7-1）。区内主要为风景名胜、文物保护区、自然保护区，森林公园、地质公园以及重要水源地保护区。

二、矿山地质环境预防区

包括1个区，分布于矿山地质环境保护区与治理区之外区域，面积161388.32km^2，占全区面积的78.42%。区内现有矿业活动相对较弱，主要为一些砖瓦黏土矿及少量非金属矿开采，采矿活动对地质环境影响轻微，地质环境背景条件良好，矿山地质环境问题少，该区域包括了大部分矿山开发空白区，限制开采区和鼓励开采区，随着探矿活动和矿业权的批准，有可能在未来产生矿山地质环境问题。

三、矿山地质环境治理区

包括57个区，分布于全省各市，面积27585.0km^2，占全区面积的13.40%（表7-2）。该区主要为采矿活动对矿山地质环境影响严重和较严重的区域，区内还分布有少量风景名胜、文物保护区、自然保护区，森林公园、地质公园以及重要水源地保护区，矿业活动集中分布，区内主要为煤矿、金属矿及建材非金属矿等集中开采区，矿业活动强烈，开采强度大，矿山地质环境问题主要为煤矿开采引发地面塌陷坑及裂缝，滑坡崩塌，破坏土地资源和地下含水层；金属矿开采引发崩塌、滑坡、地面塌陷，以及尾矿废渣的不合理堆放引发泥石流等灾害，占用破坏土地资源；建材及非金属矿的露天开采，破坏大面积的土地资源和地形地貌景观，以及废渣的堆放占压土地资源，引发泥石流灾害等，对地质环境影响严重。

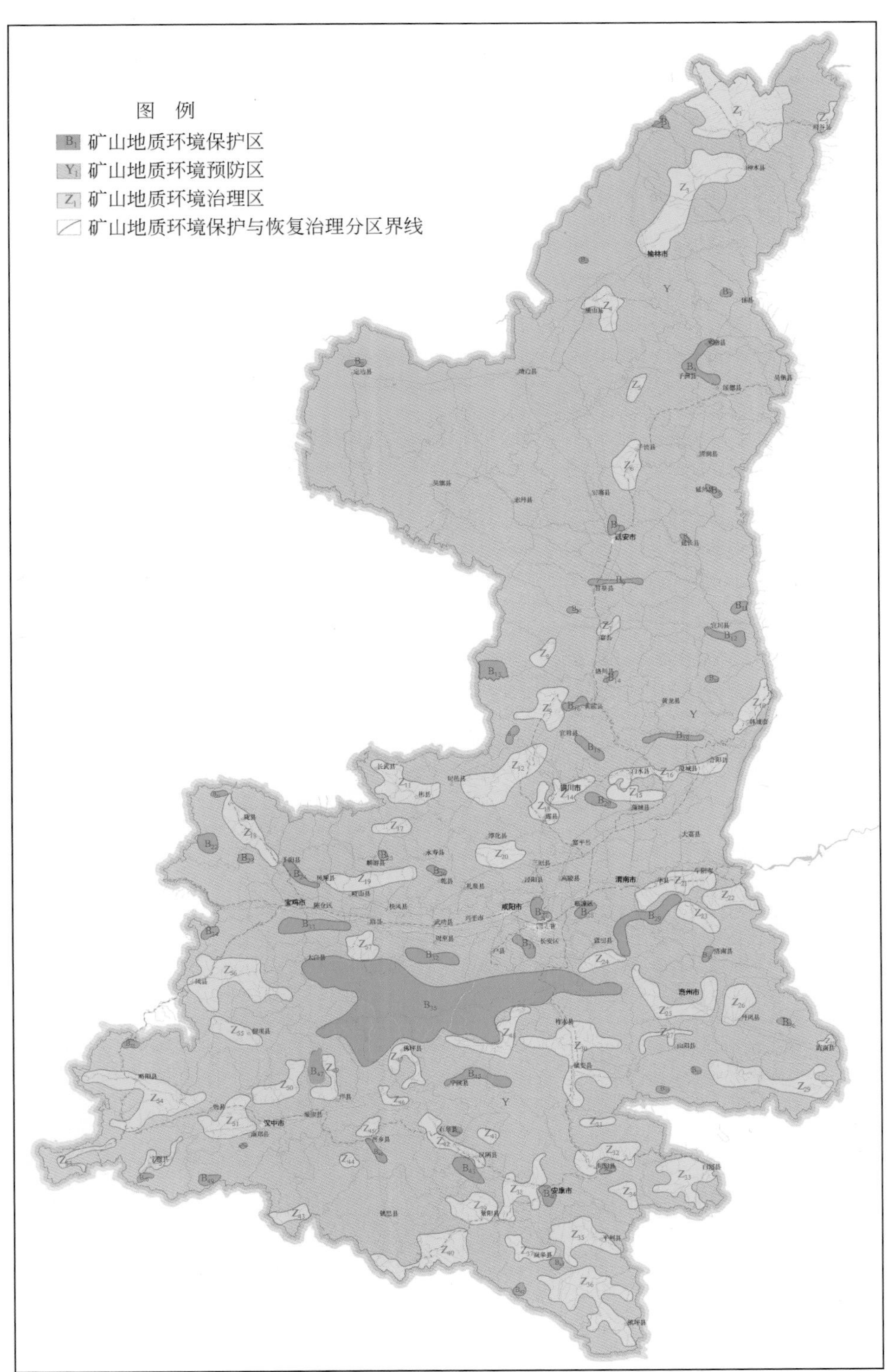

图 7-1　陕西省矿山地质环境保护与恢复治理分区图

表 7-1　全省矿山地质环境保护区一览表

保护分区编号	保护区名称	面积/km²	所在区县	保护区级别
B1	神木红碱淖风景名胜区	54	神木县	省级
B2	榆林沙漠国家森林公园	10	榆阳区	国家级
B3	白云山风景名胜区	168	佳县	省级
B4	榆林沟饮用水源地	0.87	米脂县	
	大理河寨、清水沟水源地	0.55	子洲县	
	丁家沟、十里铺水源地	1.30	绥德县	
B5	文安驿川河水源地	1.11	延川县	
	陕西延川黄河蛇曲国家地质公园	86	宜川县	国家级
B6	西河子沟水源地	2.04	延长县	
	烟雾沟水源地	0.86	延长县	
B7	王窑水库水源地	15.82	宝塔区	
	清凉山万佛寺	0.03	宝塔区	省级
	延安国家森林公园	54.47	宝塔区	国家级
B8	定边马莲滩沙地森林公园	13.33	定边县	省级
B9	高哨乡岳屯村水库水源地	0.56	甘泉县	
	南泥湾风景区	365	宝塔区	
B10	崂山国家森林公园	19.33	甘泉县	国家级
B11	黄河壶口风景名胜区	100	宜川县	国家级
	陕西宜川壶口瀑布国家地质公园	29	宜川县	国家级
B12	木头沟水库水源地	2.03	宜川县	
	蟒头山国家森林公园	21.2	宜川县	国家级
B13	陕西子午岭国家级自然保护区	406.21	富县	国家级
B14	拓家河水库水源地	4.58	洛川县	
	银河水库水源地	1.20	洛川县	
B15	黄龙山森林公园	76.9	黄龙县	省级
B16	郑家河水库水源地	4.56	黄陵县	
	黄帝陵	180	黄陵县	国家级
	乔山国家森林公园	48.11	黄陵县	省级
B17	太安森林公园	6.12	宜君县	省级
	铜川玉华宫国家级森林公园	32	印台区	国家级
	唐玉华宫风景名胜区	14	印台区	省级
B18	福地湖风景名胜区	5.62	宜君县	省级
	方山森林公园	33.02	白水县	省级

续表

保护分区编号	保护区名称	面积/km²	所在区县	保护区级别
B19	仓颉庙	0. 33	白水县	国家级
	魏长城	3. 0	华阴、大荔、澄城、合阳、韩城	国家级
	良周遗址	0. 14	澄城县	国家级
B20	金粟山森林公园	72	富平县	省级
	唐桥陵	2. 25	蒲城、富平	国家级
B21	龙门洞森林公园	21. 04	陇县	省级
B22	关山森林公园	69. 82	陇县	省级
	关山草原风景名胜区	926. 7	陇县	省级
B23	宝鸡吴山森林公园	33. 37	陈仓区	省级
B24	千湖风景名胜区	25	凤翔、千阳县、陈仓区	省级
	冯家山水库水源地	51. 43	宝鸡市	
	凤翔东湖风景名胜区	0. 16	凤翔县	省级
	秦雍城遗址	36. 0	凤翔县	国家级
B25	麟游县慈善寺风景名胜区	1. 5	麟游县	省级
	隋仁寿宫·唐九成宫遗址	0. 4	麟游县	国家级
B26	乾陵森林公园	0. 47	乾县	省级
	唐乾陵（唐代帝陵）	128	礼泉、乾县等6县区	国家级
B27	秦咸阳城遗址	48	渭城区	国家级
	汉长安城遗址	36	未央区	国家级
	大明宫遗址	3. 5	未央区	国家级
	西安洪庆山森林公园	30	灞桥区	省级
B28	陕西秦始皇陵及兵马俑	8	临潼区	国家级
	陕西骊山国家森林公园	18. 73	临潼区	国家级
	临潼骊山风景名胜区	316	临潼区	国家级
B29	少华山森林公园	63	华县	国家级
	桥峪森林公园	14. 5	华县	省级
	临渭区箭峪水库水源地	45. 7	临渭区	
	石鼓山森林公园	14. 2	临渭区	省级
	玉山森林公园	61. 38	蓝田县	省级
	蓝田玉山风景名胜区	154	蓝田县	省级
	公王岭猿人遗址保护点	1	蓝田县	省级
	王顺山国家森林公园	36. 45	蓝田县	国家级

续表

保护分区编号	保护区名称	面积/km²	所在区县	保护区级别
B30	县河水库水源地	0. 39	商南县	
	花石浪遗址	1	洛南县	国家级
	李村水库水源地	10. 89	洛南县	
B31	田峪河水源地	1. 15	西安市	
	田峪河水源地	1. 15	西安市	
	沣峪河水库	3. 72	西安市	
	石砭峪水库水源地	86. 01	西安市	
B32	翠峰山森林公园	39. 18	周至县	省级
	楼观台风景名胜区	524	周至县	省级
	楼观台国家森林公园	274. 87	周至县	国家级
B33	天台山森林公园	15. 09	渭滨区	国家级
	宝鸡天台山风景名胜区	124	渭滨区	国家级
	潘溪钓鱼台风景名胜区	12	陈仓区	省级
	三国遗址五丈原风景名胜区	50	岐山县	省级
B34	通天河国家森林公园	52. 35	凤县	国家级
B35	石头河水源地	11. 08	眉县	
	青峰峡森林公园	43. 6	太白县	省级
	太白山国家森林公园	29. 49	眉县	国家级
	陕西太白山国家级自然保护区	562. 25	太白、眉县、周至县	国家级
	黑河国家森林公园	494. 12	周至县	国家级
	陕西长青国家级自然保护区	299. 06	洋县	国家级
	陕西佛坪国家级自然保护区	292. 4	佛坪县	国家级
	陕西周至国家级自然保护区	563. 93	周至县	国家级
	天华山国家森林公园	69. 54	宁陕县	国家级
	陕西天华山国家级自然保护区	254. 85	宁陕县	国家级
	朱雀国家森林公园	26. 21	户县	国家级
	太平森林公园	60. 85	户县	省级
	宁东森林公园	557. 62	宁陕县	省级
	翠华山—南五台风景名胜区	17. 85	长安区	省级
	终南山国家森林公园	76. 75	长安区	国家级
	沣峪森林公园	62. 73	长安区	省级
	中国秦岭终南山国家地质公园	6638	跨周至、户县、长安、蓝田、临潼五县	世界级
	牛背梁国家森林公园	21. 23	柞水县	国家级
	陕西牛背梁国家级自然保护区	164. 18	柞水县	国家级

续表

保护分区编号	保护区名称	面积/km²	所在区县	保护区级别
B36	玉皇山森林公园	49.82	商南县	省级
B37	天竺山森林公园	18.09	山阳县	国家级
B38	月亮洞风景名胜区	30	山阳县	省级
B39	灵岩寺森林公园	15	旬阳县	省级
	冷水河水源地	0.6	旬阳县	
B40	月河水源地	0.29	安康市	
	付家河黄石滩水库水源地	0.67	汉滨区	
	香溪洞风景区	60	汉滨区	省级
	瀛湖风景区	102	汉滨区	省级
B41	安康南宫山国家森林公园	76.48	岚皋县	国家级
	陕西岚皋南宫山国家地质公园	31	岚皋县	国家级
	南宫山风景名胜区	160	岚皋县	省级
B42	安康神河源森林公园	32	岚皋县	省级
B43	凤凰山森林公园	5.84	汉滨区	省级
	大木坝森林公园	31.52	汉阴县	省级
	擂鼓台森林公园	5.85	汉阴县	省级
B44	鬼谷岭国家森林公园	65	石泉县	国家级
B45	鱼洞河水源地	0.17	宁陕县	
	上坝河国家森林公园	45.26	宁陕县	国家级
	商洛木王国家森林公园	36.16	镇安县	国家级
B46	牧马河水源地	0.90	西乡县	
	午子山风景名胜区	25	西乡县	省级
B47	陕西汉中朱鹮国家级自然保护区	375.49	洋县、城固、西乡县	国家级
B48	南湖风景名胜区	6.56	南郑县	省级
B49	陕西黎平地质公园	72.63	南郑县	省级
	汉中黎坪国家森林公园	94.03	南郑县	国家级
B50	牢固关森林公园	6.4	宁陕县	省级
B51	五龙洞国家森林公园	58.49	略阳县	国家级

表 7-2　全省矿山地质环境治理区一览表

分区编号	治理区名称	面积/km²	位置
Z1	神府煤矿区矿山地质环境治理区	2219.11	神木北部和府谷新民矿区
Z2	府谷煤矿区矿山地质环境治理区	126.35	府谷县城关镇—海则庙镇
Z3	榆神煤矿区矿山地质环境治理区	1586.05	神木麻家塔—榆阳区牛家梁乡

续表

分区编号	治理区名称	面积/km^2	位置
Z4	榆横煤矿区矿山地质环境治理区	401.27	横山县韩岔乡—波罗堡乡
Z5	子洲煤矿区矿山地质环境治理区	137.80	子洲县槐树岔乡—周家硷乡
Z6	子长—宝塔煤矿区矿山地质环境治理区	436.21	子长县栾家坪镇—宝塔区蟠龙
Z7	富县牛武煤矿区矿山地质环境治理区	81.91	富县牛武镇
Z8	富县直罗煤矿区矿山地质环境治理区	169.43	富县直罗镇
Z9	黄陵—宜君煤矿区矿山地质环境治理区	489.86	黄陵县中部苍村乡—腰坪乡—宜君—双龙
Z10	韩城煤矿区矿山地质环境治理区	364.97	桑树坪镇—新城街办
Z11	彬长煤矿区矿山地质环境治理区	686.32	长武县亭口镇—彬县炭店乡—旬邑张洪镇
Z12	铜川焦坪煤矿区—旬耀煤矿区矿山地质环境治理区	982.00	宜君县太安镇—耀州区庙湾镇—旬邑县清源乡
Z13	耀州区灰岩开采区矿山地质环境治理区	264.46	耀州区董家河镇—石柱乡
Z14	铜川煤矿南区矿山地质环境治理区	304.10	铜川市的黄堡镇—红土镇—广阳镇
Z15	渭北石灰岩开采区矿山地质环境治理区	283.64	蒲城县北部、白水县南部
Z16	蒲白澄合煤矿区矿山地质环境治理区	531.57	东起合阳百良，西至白水县西界
Z17	麟游—彬县—永寿县煤矿区矿山地质环境治理区	193.43	麟游—彬县—永寿三县交界处
Z18	陇县—千阳石灰岩矿区矿山地质环境治理区	593.06	陇县火烧寨镇—千阳县城关镇
Z19	凤翔县—岐山—乾县建材矿矿山地质环境治理区	551.71	凤翔县糜杆桥镇—岐山蒲村—乾县店头镇
Z20	淳化—泾阳建筑用石料开采区矿山地质环境治理区	384.87	淳化县南部与泾阳县交界处
Z21	华县、华阴建材矿区矿山地质环境治理区	598.79	华县高塘镇与华阴市孟塬镇
Z22	小秦岭金矿区矿山地质环境治理区	373.92	潼关县与华阴县南部、洛南县北部
Z23	金堆城钼矿区矿山地质环境治理区	312.30	华县金堆城镇
Z24	蓝田县建材矿开采区矿山地质环境治理区	245.93	蓝田县汤峪镇—兰桥乡
Z25	商州区金属及建材非金属矿矿山地质环境治理区	739.66	商州区牧户关镇—黑山—北宽坪镇
Z26	丹凤县非金属矿开采区矿山地质环境治理区	393.83	丹凤县商镇—蔡川镇
Z27	山阳县金属矿开采区矿山地质环境治理区	140.09	山阳县牛耳川镇—王庄镇
Z28	商南县金属矿开采区矿山地质环境治理区	65.69	商南县富水乡
Z29	山阳—商南县钒矿开采区矿山地质环境治理区	920.99	山阳县中村—商南县湘河镇
Z30	柞水—镇安多金属矿区矿山地质环境治理区	1168.17	柞水县东川镇—下梁镇—镇安县的青铜关
Z31	旬阳县汞矿开采区矿山地质环境治理区	107.09	旬阳县北部小河镇—红军镇
Z32	旬阳铅锌矿区矿山地质环境治理区	510.73	旬阳县甘溪—关口镇

续表

分区编号	治理区名称	面积/km^2	位置
Z33	白河县建材及非金属矿开采区矿山地质环境治理区	710.74	白河县县境大部分区域
Z34	旬阳县化工原料非金属矿开采区矿山地质环境治理区	190.99	旬阳县神河镇—铜钱关镇
Z35	平利县非金属矿开采区矿山地质环境治理区	612.84	平利县洛河镇—女娲山
Z36	岚皋—平利—镇平石煤矿开采区矿山地质环境治理区	1196.83	安康市东南角
Z37	岚皋县建材矿开采区矿山地质环境治理区	287.65	岚皋县民主镇—蔺河镇
Z38	汉滨区非金属矿开采区矿山地质环境治理区	554.62	汉滨区新坝镇—茨沟镇
Z39	紫阳建材矿区矿山地质环境治理区	470.81	紫阳县燎原镇—蒿坪镇
Z40	镇巴—紫阳县石煤矿开采区矿山地质环境治理区	865.90	镇巴县仁村乡—紫阳县高桥镇
Z41	汉阴金矿区矿山地质环境治理区	97.91	汉阴县双河口—铁佛寺镇
Z42	石泉—汉阴县建材矿矿区矿山地质环境治理区	394.70	石泉县饶峰镇—汉阴县涧池镇
Z43	南郑多金属开采区矿山地质环境治理区	188.79	南郑县碑坝镇—白玉乡
Z44	西乡石膏矿区矿山地质环境治理区	88.87	西乡县峡口镇
Z45	西乡饰面用石料矿区矿山地质环境治理区	132.36	西乡县桑园镇—白龙塘镇
Z46	洋县铁矿开采区矿山地质环境治理区	119.82	洋县黄金峡镇—桑溪镇
Z47	佛坪县建材矿开采区矿山地质环境治理区	295.21	佛坪西岔河镇—大河坝镇
Z48	宁陕县金属矿及建材矿开采区矿山地质环境治理区	497.71	宁陕新场乡—镇安月河镇—宁陕广货街
Z49	洋县建材及非金属矿开采区矿山地质环境治理区	277.41	洋县戚氏镇—关帝镇
Z50	汉台—城固建材矿区矿山地质环境治理区	432.61	汉台区河东店镇—城固小河镇
Z51	南郑—勉县建材非金属矿区矿山地质环境治理区	612.32	勉县元墩镇—褒城镇—南郑县大河坎镇
Z52	宁强建材矿开采区矿山地质环境治理区	195.43	宁强县汉源镇—胡家坝镇
Z53	宁强金属矿区矿山地质环境治理区	178.10	宁强县
Z54	略勉宁多金属矿区矿山地质环境治理区	1220.85	略阳、勉县、宁强三县交汇处
Z55	留坝县建材矿山开采区矿山地质环境治理区	247.81	强县西部广坪镇—阳平关镇
Z56	凤太铅锌矿区矿山地质环境治理区	1186.43	凤县南星—双石铺—太白县太白河镇
Z57	太白—眉县非金属矿区矿山地质环境治理区	297.02	太白县、眉县、岐山县三县交界处

第四节　保护与治理对策建议

一、加强矿山地质环境保护

1. 严格矿产资源开发利用的环境保护准入管理

矿产资源开发利用之前必须编制矿山地质环境保护与恢复治理方案，评估矿产资源开发效益和矿产资源开发后所造成矿山环境恢复治理成本。矿山开采利用可行性论证方案中应包括固体废物堆放场建设和综合治理方案、“三废”处理措施和排放方案、水土保持方案、土地复垦方案、矿山地质环境保护与恢复治理方案、生态环境的恢复治理等方案，并按规定严格审批。

禁止在城市规划区、主要交通道路沿线直观可视范围内露天开采矿产资源，并严格控制地下开采。在各类禁止开发区内，禁止新建矿山；在各类限制开发区内，限制新建矿山。

2. 加强监管，提高开发利用水平

充分利用矿山年检时机，对开发利用方案、矿山地质环境保护与恢复治理方案、绿色矿山建设等落实情况的检查，强化“三率”指标的考核，把年检结果同采矿权审批及退出机制有机结合起来，不断督促矿山企业认真履行矿山环境恢复治理义务。

3. 科学编制和实施矿产资源规划，从源头上减少矿产资源开发对生态环境的影响

一是做好矿产资源规划与环境保护规划、城乡建设规划、土地利用规划、水土保持规划等相关规划的衔接工作，科学合理地设置规划开采区、限采区、禁采区，做到“三区”设置与相关规划的功能区设置相协调。二是合理设置采矿权布局，严格遵循“三区管理”原则，矿山开采区应避开重要自然保护区、景观区、居民集中生活区的周边和重要交通干线、河流湖泊直观可视范围。三是充分考虑区域性的资源需求和资源有效供给范围，做到布局合理，规模开发，数量适度。

4. 加大矿产资源整合力度，促进矿产资源开发集约化、规模化、规范化

一是严格开采准入关。引导采矿权配置向综合实力强、社会责任感强、开采技术先进、产品附加值高的企业倾斜。二是积极推进全省县级砂石土资源整合试点工作。从根本上解决矿山布局“小、散、乱、差”的问题，力争到2020年使全省砂石土矿山数量减少到2000个左右。三是推行矿山建设高标准。明确提出矿产资源开发利用、生态环境保护、绿色矿山建设等相关要求，以实现矿山开采与环境保护相协调。

二、积极推进矿山地质环境恢复治理

1. 加强矿山地质环境调查评价

进一步开展全省矿山地质环境调查评价，对矿产资源集中开采和重要成矿区（带）开展大中比例尺（1∶5万）矿山地质环境调查与评估，为矿山地质环境保护与恢复治理提供更为全面、准确的依据。

2. 积极推进绿色和谐矿山试点工作

陕西省在2014年4月出台了《陕西省绿色和谐矿山示范区建设试点工作方案》，并在太白黄金矿业有限责任公司、金堆城钼业股份有限责任公司、陕西长武亭南煤业有限公司、陕西陕煤黄陵矿业有限公司、神华神东煤炭集团有限责任公司大柳塔煤矿、陕西略阳铧厂沟金矿开展了首批绿色和谐矿山试点。通过绿色和谐矿山试点工作的推进，改善生态环境、建立矿山企业履行社会责任机制、提高矿产资源节约集约利用水平。被确定为省级绿色和谐矿山的企业将在矿产资源市场配置、矿权延续变更、矿山地质环境恢复治理等方面得到更多的支持。

3. 加大科技研究，推广先进的采矿方法和监测治理技术

一是研究最科学、最环保的开采方法，减轻环境破坏程度。二是开展矿山地质环境保护及修复技术研究，积极推广矿山地质环境监测、保护与治理恢复先进技术，提高矿山地质环境防治水平。三是到2020年，初步建立起省、市、县和矿山企业四级矿山地质环境动态监测体系，充分发挥现有的各级地质环境监测机构和环境保护机构作用，建立健全矿山地质环境监测网络与动态管理信息系统，加强对矿山地质环境的有效监控。充实、加强监测预报工作的技术力量和科技含量，提升监测预报的及时性与准确性，促进矿山地质环境问题的有效防范，促进矿山地质环境向良性趋势发展。

4. 加大历史遗留矿山地质环境问题的恢复治理力度

由当地政府负责，多方筹集资金，优先治理媒体关注和群众反映强烈的破坏区域。积极向国家争取进一步加大对矿山地质环境治理项目的资金支持力度，继续向省财政建议设立省级矿山地质环境治理专项资金，用于责任人灭失的矿山地质环境治理。同时逐步建立以政府资金为引导的“谁投资、谁受益”矿山地质环境恢复治理多元化投融资渠道，鼓励各方力量开展矿山地质环境恢复治理工作。力争做到新建、在建矿山开采造成破坏土地全面得到恢复，到2020年，历史遗留的矿山地质环境问题治理率达到35%。

三、建立完善矿山地质环境保护与恢复治理长效机制

1. 明确矿山地质环境恢复治理责任

各级政府对辖区内矿山地质环境保护与恢复治理负总责，负责制定辖区内矿山地质环境保护与恢复治理规划，督促矿山企业对环境保护与恢复治理方案的实施。各级政府将本行政区域内矿山地质环境恢复治理的目标任务，列入任期目标和年度工作目标。

按照“谁开发谁保护、谁污染谁治理、谁破坏谁恢复、谁使用谁补偿”的原则，落实矿山地质环境保护与恢复治理具体责任。矿山企业是造成矿山地质环境破坏的责任主体，具体承担矿山地质环境保护与恢复治理的责任，负责生产矿山环境保护，承担遭到破坏的矿山生态环境恢复治理义务。开发单位不履行治理责任或者治理不符合要求的，由有关行政主管部门组织代为治理，所需的费用由开发单位承担。

2. 切实抓好保证金制度的全面实施

结合当前矿业经济形势，进一步完善矿山地质环境治理恢复保证金的缴存办法，促使企业依法履行矿山地质环境保护与治理恢复责任，确保“谁破坏、谁治理”原则能够得到全面贯彻落实，力争到 2020 年，新建和生产矿山的矿山地质环境问题得到全面治理。

3. 严格矿山闭坑报告的审查和报批制度

对即将闭坑的矿山，原则是先治理后闭坑，不欠新账。申请闭坑的矿山，限期做好“复垦还绿”为主的矿山土地复垦和地质环境综合治理，经过审查验收达标后，方可闭坑。对综合治理未达标，又拒不整改的矿山企业，除扣除矿山恢复治理保证金外，还要取消矿权人申请登记新采矿证的资格。

第八章　矿山地质环境治理示范工程与成效

第一节　矿山地质环境恢复治理保障措施及成效

一、矿山地质环境恢复治理保障措施

（1）2003 年 11 月，国务院第 29 次常务会议通过《地质灾害防治条例》；2005 年 8 月 18 日，国务院办公厅印发了《国务院关于全面整顿和规范矿产资源开发秩序的通知》（国发［2005］28 号）；2011 年 6 月，国务院办公厅印发《国务院关于加强地质灾害防治工作的决定》（国发［2011］20 号），为矿区地质环境的管理保护和地质灾害防治提供了法律依据。

（2）2011 年 10 月，陕西省人民政府印发了《关于贯彻国务院加强地质灾害防治工作决定的实施意见》（陕政发［2011］59 号）；2001 年 9 月，陕西省出台了《陕西省地质环境管理办法》和《陕西省地质灾害安全防治管理规定》；1999 年 11 月，出台《陕西省矿产资源管理条例》，这些法规及文件进一步完善了全省地质环境管理保护和地质灾害防治的依据。

（3）2004～2005 年，陕西省地质环境监测总站承担完成陕西省矿山地质环境调查与评估项目，并以项目成果为依据，编制了《陕西省矿山环境保护与治理规划（2006～2015 年）》，按陕西省矿产资源规划确定的矿山地质环境保护总体目标，着力提高保护水平，加快治理恢复，建立技术支撑体系，健全完善监督管理制度，使矿产资源开发对环境破坏和影响得到有效控制，历史遗留的矿山地质环境逐步得到治理，矿山地质环境质量整体转好；2009 年陕西省地质环境监测总站受省国土资源厅委托编制了《陕西省废弃矿井治理规划（2009～2015 年）》，按照规划目标，通过全面开展废弃矿井治理，基本消除废弃矿井存在的安全隐患和环境问题，形成与全省经济社会发展相适应的矿山地质环境保护工作新局面。建立健全废弃矿井治理长效机制，落实矿山环境治理和生态恢复责任机制，避免造成新的问题。废弃矿地资源得到合理利用，实现社会、经济、资源效益与生态环境效益协调统一。

（4）2009 年 3 月 2 日，国土资源部第 4 次部务会议审议通过《矿山地质环境保护规定》（中华人民共和国国土资源部令第 44 号），规定：新建和生产矿山必须依据相关规范编制矿山地质环境保护与恢复治理方案，明确矿山治理恢复任务，落实治理责任并对资金投入进行估算。

（5）2013 年 4 月 20 日以省政府令第 170 号发布《陕西省矿山地质环境治理恢复保证金管理办法》，办法自 6 月 1 日起施行。2013 年 9 月 25 日，陕西省国土资源厅与陕西省财政厅联合发布关于实施《陕西省矿山地质环境治理恢复保证金管理办法》的通知（陕国土资发［2013］37 号）。为保护矿山地质环境，预防和治理矿山地质灾害，规范矿山地质环境治理恢复保证金存储、使用和管理提供了依据。实施矿山地质环境治理恢复保证金制

度是从根本上改变忽视或牺牲环境为代价掘取资源行为的理念，是推动企业履行矿山地质环境保护与治理恢复义务的重要抓手。

（6）从2000年开始，根据国土资源大调查项目计划，全省开展了“县（市）地质灾害调查与区划”工作，至2005年6月，全省107个县（区、市）全部完成。截至2013年，全省已开展完成55个县地质灾害详细调查工作；2009年陕西省国土资源厅开展地震灾区略阳、宁强、勉县、南郑、留坝、太白6县地质灾害详细调查工作；2010年陕西省财政厅以陕财办建［2010］349号下达安康市岚皋、汉滨、紫阳、平利、白河、镇坪，商洛市山阳、商南、丹凤，汉中市的镇巴、西乡11个县区地质灾害详细调查任务；2012年陕西省国土资源厅部署、陕西省财政厅以陕财办建［2012］398号下达石泉等13个县地质灾害详细调查任务；2013年陕西省财政厅以陕财办建［2013］198号下达榆林市榆阳区等11个县区地质灾害详细调查任务。此外，中央财政累计下达延安市13个县（区）、宝鸡市11个县（区），以及铜川市的耀州区地质灾害详细调查工作。这项工作的开展，为查明地质灾害隐患、划出地质灾害易发区、建立地质灾害信息系统、建立健全群专结合的监测网络，为有计划地开展地质灾害防治、减少灾害损失、保护人民生命财产安全提供了科学依据，并部分涉及矿区。

（7）根据国土资源部要求，每年汛期我省各级国土资源主管部门都要编制年度地质灾害防治方案，并派出巡查组监督检查防灾方案的实施情况。该项措施实施对矿山地质灾害的防治起到了很好的作用。

二、矿山地质环境治理项目实施效果

依据《全国矿山地质环境治理规划》和《陕西省矿山环境保护与治理规划（2006～2015年）》，申报并经中央批准实施了一些矿山地质环境治理项目。

截至2012年，全省累计恢复治理矿山1828个，全省累计恢复治理面积$1.09\times10^4hm^2$，全省累计投入矿山地质环境恢复治理资金105727.46万元。

2003年安排矿山地质环境治理项目2个，中央补助资金400万元；2004年安排矿山地质环境治理项目6个，中央补助资金1290万元；2005年安排矿山地质环境治理项目8个，中央补助资金1800万元；2006年安排矿山地质环境治理项目11个，中央补助资金3160万元；2007年安排矿山地质环境治理项目9个，中央补助资金3800万元；2008年安排矿山地质环境治理项目9个，中央补助资金4490万元；2009年，安排矿山地质环境治理项目6个，中央补助资金13130万元；2010年安排矿山地质环境治理项目8个（其中5个资源枯竭城市矿山地质环境治理项目），中央补助资金1.939万元；2011年安排矿山地质环境治理项目9个（含6个资源枯竭城市矿山地质环境治理项目），中央补助资金13500万元；2012年安排矿山地质环境治理项目1个，中央补助资金10000万元。

2003～2004年组织实施的8个矿山环境治理项目，总投资5670.35万元，其中中央财政补助1690万元，地方政府及矿山自筹3980.35万元。目前8个矿山环境治理项目已全部完成。累计完成恢复治理面积$58.388hm^2$；土石方及砌筑工程$2.51\times10^6m^3$，其中地质灾害防治工程移动及砌筑共$2.08\times10^6m^3$，固体废弃物治理移动及砌筑共$2.96\times10^5m^3$，土地整理及其他土石方$1.27\times10^5m^3$。地质灾害线状工程7691.5m。

2005～2006 年组织实施 19 个矿山环境治理项目，总投资 7980. 16 万元，其中中央财政补助 4960 万元，地方政府及矿山自筹 3020. 16 万元。累计完成恢复治理面积 552. 69hm^2；其中植被恢复面积 546. 38hm^2，地质灾害治理工程面积 6. 32hm^2；土石方及砌筑工程 $3.04\times10^6m^3$，其中地质灾害防治工程移动及砌筑共 $3.01\times10^5m^3$，固体废弃物治理移动及砌筑共 $6.90\times10^5m^3$，土地整理及其他土石方 $2.05\times10^6m^3$；地质灾害面状工程 $2.81\times10^4m^2$；地质灾害线状工程 3.56×10^4m；搬迁安置 142 户、433 间房屋。

2007 年开展了矿山环境保护和恢复治理试点，矿山环境恢复治理项目 13 个，中央财政补助资金 3800 万元（9 个项目），省财政补助资金 760 万元（4 个项目）。

2008 年对全省矿山地质环境治理项目进行了全面检查，争取中央财政补助地方矿山地质环境治理项目 9 个，经费 4490 万元。全面启动了废弃矿井调查工作，进一步加强了全省矿山塌陷区综合治理。

2009 年争取中央财政补助地方矿山地质环境治理项目 6 个，经费 13130 万元。

2010 年矿山地质环境恢复治理取得突破性进展，在积极应对地质灾害防治同时，采取强有力的监管措施。陕西省争取中央财政补助矿山地质环境治理项目 8 个（含 5 个资源枯竭城市矿山地质环境治理项目），经费 1939 万元。全省废弃矿井治理规划通过了国土资源部组织的评审，并列入国家治理规划之中。全省矿山地质环境恢复治理方案的编制审查工作全面启动，并对延安、铜川等重点矿区治理项目进行检查。

2011 年全省预缴存矿山地质环境恢复治理保证金 4. 2 亿多元，采矿权人依法履行矿山地质环境保护与恢复治理义务得到进一步落实。矿业开采新增占用、损坏土地面积 1267. 15hm^2，恢复治理矿山 158 个，恢复治理面积 233. 50hm^2。着力解决历史遗留的矿山地质环境破坏问题，争取中央财政补助矿山地质环境治理项目 9 个（含 6 个资源枯竭城市矿山地质环境治理项目），共投入矿山地质环境治理资金 13867. 14 万元，其中中央财政投入 13500 万元，地方财政投入 45. 14 万元，企业投入 322 万元。

2012 年全省预缴存矿山地质环境恢复治理保证金约 213543. 3 万元。争取中央财政补助矿山地质环境治理项目 1 个，中央补助资金 10000 万元。本年度完成恢复治理面积 582. 70hm^2，投入资金 14358. 4 万元。其中，中央投入 740. 4 万元，地方投入 104 万元，企业自筹 13514 万元。

通过矿山地质环境的治理，恢复了植被，增加了土地面积，有效遏制了水土流失，排除了地质灾害隐患，大大地改善了矿山地质环境，提高了矿区群众生存质量，促进了社会经济和谐发展。

第二节　矿山地质灾害防治技术

一、矿山地质灾害防治措施

1. 矿区崩塌、滑坡的防治技术

矿区地质环境条件各异，对矿区崩塌、滑坡所采取的治理措施也各异。采取削方减载、坡面防护、反压坡脚、坡改梯、加强排水等工程措施是较为有效的，这些措施可根据实际情况既可以单独施用，也可以组合施用。视灾害规模及危害程度大小，还可采取一些非工程的防治措施，对于威胁较大的崩滑灾害，应积极组织群众搬迁避让，加强监测。通常的滑坡防治措施有以下几种。

1）砍头——后缘削方减载

该方法主要适用于推移式滑坡，其特点是主动减小滑坡推力，往往效果非常显著。技术上简单易行且效果好，特别适于滑面深埋，抗力体、主滑段划分明显的滑坡，整治效果则主要取决于削减和堆填的位置是否恰当（图 8-1）。

2）压脚（足）——前缘堆载压脚

该方法主要适用于推移式滑坡，其特点是人为增加滑坡抗力，主要目的是快速降低滑坡速率，为主动防护创造条件（图 8-2）。

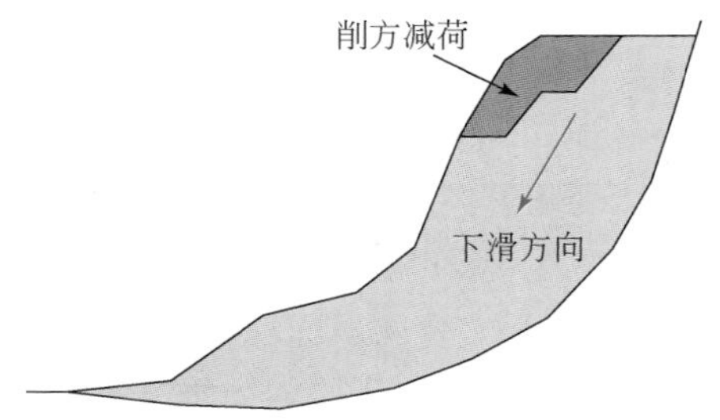

图 8-1　滑坡削方减载防治措施示意图

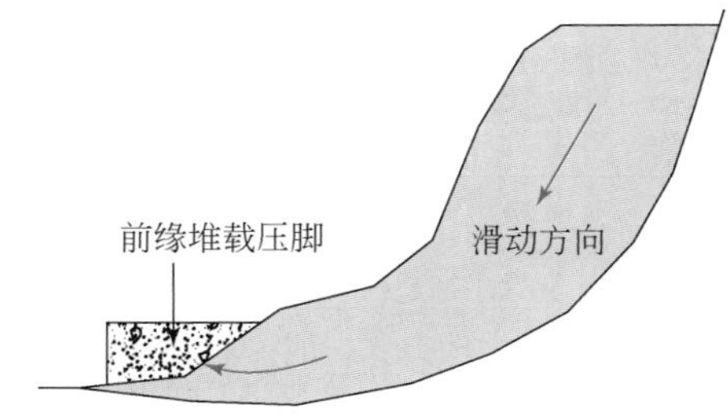

图 8-2　前缘堆载压脚防治措施示意图

3）挡腿——前缘主动支挡

该方法主要适用于推移式滑坡，其特点是人为增加滑坡抗力，主要目的是快速降低滑坡速率，为主动防护创造条件（图 8-3）。

4）束腰——锚索（杆）主动加固

该方法主要针对岩质滑坡效果最好、土质滑坡需加连梁，其特点是人为主动加固，施工位置灵活、效果好、时效长，但施工进度慢、技术含量高（图 8-4）。

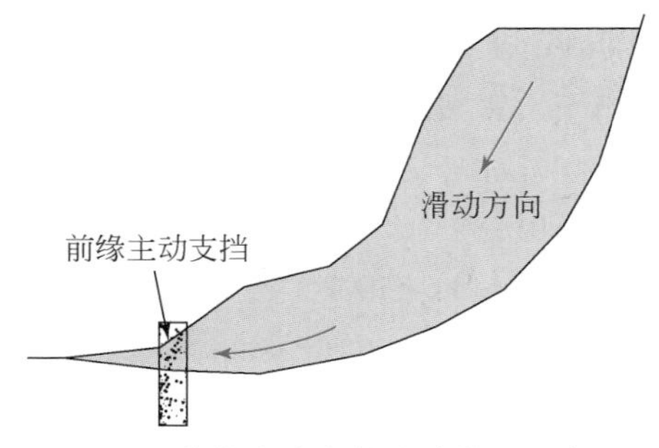

图 8-3　前缘主动支挡防治措施示意图

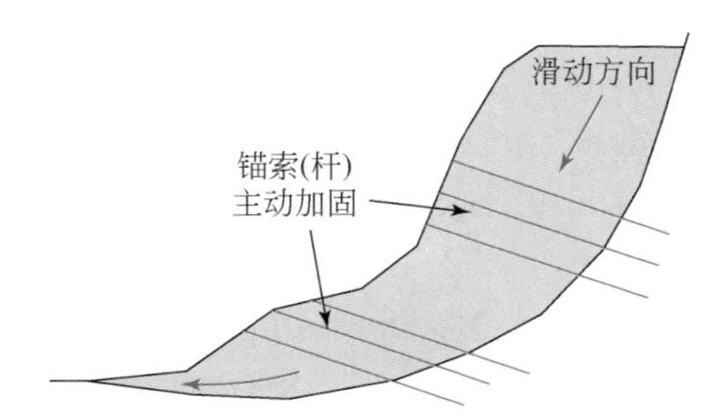

图 8-4　锚索（杆）主动加固防治措施示意图

5）固体——注浆提高岩土体整体强度

该方法主要适用于松散堆积体或破碎岩体滑坡，其特点是人为主动提高滑坡体总体强度（图 8-5）。

6）排水——弱化外界因素、提高稳定性

该方法主要适用于地下水位埋深浅，变形主要由地下水引起的滑坡，其特点是主动弱化影响因素，提高滑坡体稳定性（图 8-6）。

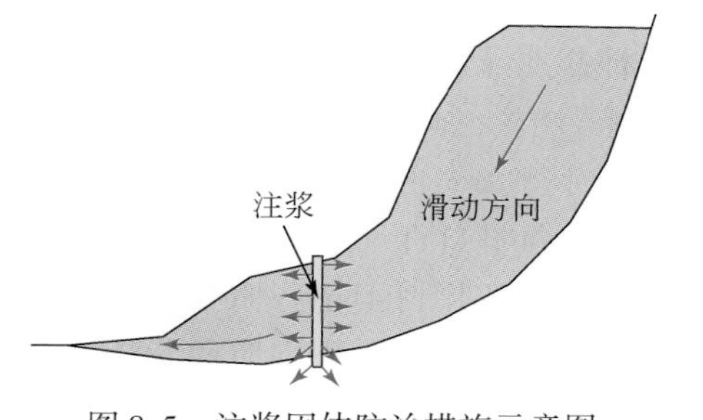

图 8-5　注浆固体防治措施示意图

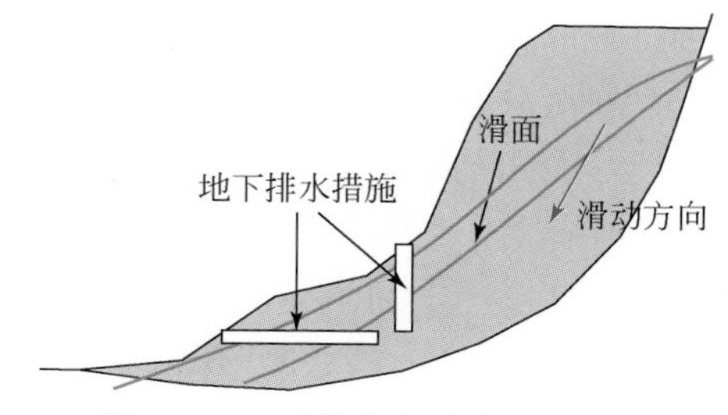

图 8-6　地下排水防治措施示意图

崩塌通常的防治措施有以下几种。

（1）对中小型崩塌，当线路工程或建筑物与坡脚有足够距离时，可在坡脚或半坡设置落石平台或挡石墙，拦挡网。

（2）在危石的下部修筑支柱、挡墙，或将易崩塌岩体用锚索、锚杆固定。

（3）填补裂缝，对岩体中的空洞、裂缝用片石填补或混凝土灌注。

（4）护面，对易风化的软弱岩层，可用沥青、灰浆或石浆砌片石护面。

（5）排水，修筑排水工程以拦截、疏排地表水和地下水。

（6）刷坡、削坡。在危石突出的山嘴及风化破碎地段，采用刷坡技术放缓边坡。

2. 矿区地面塌陷、地裂缝的防治技术

地面塌陷治理通常采用的工程措施有灌浆堵洞、塌陷坑与裂缝回填等，煤矿可以利用废弃矸石，在采取工程措施治理的同时，要做好塌陷区的排水工作，如果让雨水入渗塌陷坑，则可能导致塌陷的加剧。根据地面塌陷的危害程度和矿山经济条件等，本着以人为本的原则，可考虑实施塌陷区地基特殊处理、房屋加固或居民搬迁，避免地面塌陷引起房屋倒塌等事故而造成人员伤亡。

地面塌陷、地裂缝主要分布于煤矿开采区，随着工作面推进，地表将形成动态的裂缝带，裂缝区不利于耕地保墒，水分和养分均随裂缝宽度、深度而产生不同程度的流失。因此，在沉陷过程中需采取及时的填埋等措施以保障正常生产。

对于非稳定塌陷土地采取阶段性治理措施，仅以充填裂缝为主，待沉陷稳定后再采用大规模稳定塌陷地机械治理措施进行土地统一整治。整治方法主要有两种：一是对耕地沉陷程度较轻、沉陷后地形坡度≤8°的区域，仅对地表进行土地平整；另一种是对于耕地沉陷程度较严重，沉陷后地形坡度>8°的耕地，沿等高线修梯田。

3. 矿山泥石流防治技术

泥石流灾害主要防护措施有以下几种。

（1）稳：用排水、拦挡、护坡等稳住松散物质、滑塌体及坡面残积物。

（2）拦：在中上游设置谷坊或拦挡坝，拦截泥石流固体物。如拦渣工程措施、淤积平台、排导工程和渡槽工程。

（3）排：在泥石流流通段采取排导渠（槽），使泥石流顺畅下排。

（4）停：在泥石流出口有条件的地方设置停淤场、排弃土场地，避免堵塞河道。

（5）封：即封山育林，退耕还林。造林增加植被覆盖率。

矿山地质灾害与采矿活动之间存在着紧密的关联，只要采矿活动还在继续，就有新的地质灾害不断出现，需要加强监测力度以避免不可预知的危险。陕西省所有市县已经完成了1：10万地质灾害调查与区划工作，并有55个县区完成了1：5万地质灾害详细调查工作。矿区地质灾害防治可充分利用该成果和建立起来的监测网络，而且成果里对各种地质灾害的防治措施同样适用于矿区地质灾害的防治，值得矿山企业借鉴和参考。

二、矿山地质灾害防治效果

近年来，在政府和管理部门努力下，由政府财政补助带动矿山企业投资的方式，矿山地质灾害治理工作力度逐年增强，相继开展了一批重大治理工程，取得明显社会效益与生态效益。通过中央财政、省财政支持矿山地质环境恢复治理项目的实施，2003年至今陕西省已经治理滑坡43处、崩塌29处、泥石流85处、地面塌陷244处、地裂缝316处，共计686处地质灾害，消除了6476户、36205人的安全隐患，避免经济损失18.36亿元。

第三节　生态修复技术及成效

一、矿山生态修复技术

矿山生态环境修复治理按其治理目的和功能总的可分为生态恢复型、景观再造型和土地利用型三类。生态恢复型对矿山废弃地治理，裸露、受损和被污染矿区的植被重建和生态修复，能使其与周边环境相协调。通常也俗称为“矿山复绿”。

景观再造型不是对废弃矿山一味地削坡、复绿，而是保留和利用其部分特殊地形地貌、岩石进行艺术化人工景观再造、重塑和修饰，如保留好的景观，加上摩崖石刻，形成溪水、瀑布等，形成公园化的生态环境景观，即矿山公园。

土地利用型对废弃矿山治理的主要目的是利用矿区尤其是宕底土地资源，使其成为农业用地（复垦）、林业用地、建筑用地、鱼塘水面等。

实际上，多数矿山治理目标不是单一的，而是多用途、多功能、综合型的，既有生态效益、景观效益，也有社会效益和经济效益。因而要因地制宜，因矿而治，一矿一设计，最大限度地恢复生态环境，最大限度地发挥其功能效益。

矿山生态修复的主要任务是在当前技术经济水平条件下，将受到影响的主要环境问题，通过科学、系统的生态修复工程和长期的生态保护措施，使破坏、受损的矿山环境功能逐步恢复，使生态环境自身可持续良性发展，逐步形成自我维持的生态平衡体系。生态修复对象包括露天采矿场、采空塌陷区、排土场、工业场地等。

矿山不同的开发阶段，蕴含着不同的生态修复重点内容。在矿山基本建设阶段，矿山生态环境修复的主要方面，是矿山开拓阶段形成的道路、边坡、受影响的场地，表土的剥离、贮存和保护，场地恢复规划设计，植被品种选择及设计，恢复工程材料的筛选和获取。

在矿山运营阶段，应按开发建设时序，在运营期内，按照工程进展划分时间段，不同的时间段有不同的复垦生态恢复任务、对象。在排土场、露天采场，已经完成的堆筑作业边坡、台阶、平台或局部场地，应是此阶段的复垦重点。

在接近开采完成或闭坑阶段，应重点完成各类场地生态修复工程，补充修复以往工程中质量未达到要求的工程，对于建有永久性建筑的场地和设施，应评估其质量和依据需要决定保留和拆除，保留的设施为当地所有，不能遗留生态环境问题。拆除的建构筑物和设施，清理后根据最终的利用取向，实施复垦或利用。

露天采场开采后，多形成陡峭岩石边坡，以及宽度不大的台阶。凹陷露天坑底部常有积水，因地制宜开展采区以台阶为主的复垦工程，覆盖0.3～0.5m的表土，种植草灌为主的乡土品种，有条件的可以喷植被层，合理安排复垦区保水与排水。对周边的植被防护带和露天景观，进行总体设计和实施。

1. 喷混植生技术

喷混植生技术是当前矿山生态修复常用模式，是矿山工程防护与生态绿化并重的新技术，能使植物在短时间内快速生长覆盖。该技术利用锚杆加固铁丝网技术，运用特制喷混机械将土壤、有机核心料、黏结剂、植物种子等混合干料加水后喷到岩面上，形成近10cm厚具有大小孔隙的硬化体。其主要特点如下。

1）适合地质条件恶劣的岩石表面

采用镀锌铁丝网和钢杆锚固，抗拉力强度大，可有效防治崩塌和碎石掉落，确保山体和道路安全。该方法适用于恶劣环境的岩石表面，如砾石层、松散岩层、破碎层及较硬的岩体。

2）抗侵蚀性和抗水土流失

黏合剂的胶合作用是喷混基质与岩面黏结，并使喷混基质硬化，避免雨水对种植基质造成冲刷侵蚀。

3）保障植被快速成型及生态稳定化

以客土为主的喷混基层的厚度为10cm，能确保植物安全生长的极限需求。石质表面喷混植生后，60天能全面覆盖，1年灌草立体生长成型。植物生态稳定性方面的作用是拦截表面冲刷，减少滴溅；通过吸收和蒸腾作用降低土体孔隙水压力；根系深扎交错增加土体内聚力，提高建植层土体的凝聚强度。

4）混喷植生关键技术

该技术的关键是低碱性黏合剂及与有机物料最佳配比。目前，在石质废弃矿山生态防护中常用的黏合剂是水泥，但是水泥呈碱性，一般来说对灌草种子的生根和发芽是有害的。喷混基质pH可直接或间接影响植物的生长发育，其影响主要表现在土壤养分的有效性、土壤微生物活性、植物根系生长和抗性大小，以及植物群落的构成等。在混喷基料中加入辅助性黏合剂和 pH 缓冲剂，利用其本身酸碱性、缓冲性和红黏土的高量活性铝水解产生酸度进行 pH 调节，使混喷基料的 pH 由强碱性降到中性，适合植物生长。水泥用量的多少既影响建植层结构稳定性，又影响到建植层的土壤理化性质、肥力、微生物环境等，从而影响到植物的生长。

2. BS 活性土壤生态修复技术

该技术是在现有客土喷播及高次团粒技术基础上，不断深化，引入土壤菌理论，集成创新形成特别适应于矿山废弃地、高陡岩石边坡等特殊困难立地条件生态修复的技术。该技术研制出具有高生物活性、高纤维、高团粒结构、最适宜植物生长的土壤基材，植物不仅能在团粒保水剂的湿润及客土、肥料支撑条件下迅速发芽，形成根系网，健康生长发育，还克服了土壤基材活性化不足，缺乏可持续肥力供给和植被容易退化的难题；特别是在无土岩石、沙化或生土基面，能够加速岩石风化—土壤化过程，模拟产生“生土熟化”“熟土腐殖化”，增加土壤自身“造肥”功能，促进土壤基材中肥力持续性释放，有利于保持土壤基材养分供给与消耗平衡；恢复岩石、土壤、微生物、植物四者之间自然循环及平衡，降解污染物，净化土壤，解除重金属等污染对土壤的危害和对植物生长的胁迫作用，为植物提供适合的微生物生长环境，再造自然的土壤和植物循环体系，实现植物群落的可持续生长和发育，促进特殊困难立地植被群落的可持续演替，在短期形成期望的植物群落，达到恢复自然生态环境功能的目的和效果。

二、矿山生态修复成效

近年来，为有效保护矿山地质环境，促进社会稳定、经济与自然和谐发展，促使矿山企业依法履行矿山地质环境恢复治理和保护责任，国家对这方面很重视，加大了工作力度与资金投入，一大批治理项目正逐步展开，加之陕西省把建立矿山地质环境恢复治理责任机制列入全省国土资源工作“十二五”期间重点突破工作，认真开展调查研究，建立完善责任机制，制定矿山环境保护政策，采取积极措施，开展治理工作，改善矿山地质环境，取得了明显成效。

从 2003 年至今，通过矿山地质环境治理项目的实施，全省共计恢复耕地 1719hm^2，恢复林地 1555hm^2，恢复草地 217hm^2，恢复建设用地 119hm^2，景观水域等其他土地类型 241hm^2，共计恢复土地 3565hm^2。

煤矿采空区塌陷破坏地表，治理难度大，需要大量的资金投入，先对地表出现的塌陷坑及裂缝进行填埋，当沉陷达到稳定后，再对受采空塌陷影响的土地进行全面整治。建材及非金属矿山破坏占用土地面积广，开采后岩石裸露，生态恢复治理难度大，没有足够的土源来进行覆盖并种植或绿化，复垦覆土厚度普遍偏低，植被的成活率不高，土地复垦成效不甚显著。金属矿山开采产生大量的废石、废渣土，占压破坏大量的土地资源，严重破坏影响地形地貌景观。恢复难度较大，恢复治理后很难与原来的生态环境融合成为浑然一体。因此，需不断加强复垦治理强度和技术力量，逐步恢复已经破坏的土地资源和地形地貌景观，实现矿山复绿工程。

矿山生态修复需投入大量的资金，由于历史问题矿山生态环境遗留的问题太多，不是短时间内能够解决的。对于非历史遗留问题，陕西积极实施矿山恢复治理保证金管理办法，目前各类矿山的地下采空区塌陷、露天采矿场破坏地貌景观和植被等问题仍然未全面解决，矿山土地复垦面临的好多问题依然困扰着政府、企业与社会。所以，政府加大力度进行矿山整治，对一些低产量、开采方式落后的小型矿山进行整合和机械化改造，在整合过程中将矿山环境恢复治理所需资金计入矿山生产成本之中；对效益较好、可实现环境治理的企业按照市场机制投资治理，逐步解决矿山生态环境建设和经济利益之间的矛盾。目前取得的矿山生态环境治理恢复成效，仅迈出了矿山地质环境治理的第一步，任务依然艰巨繁重。

近年来开展的典型治理项目有陕西秦岭北麓华山—少华山风景区废弃采石场地质环境治理项目等。

少华山省级森林公园位于华县县城的东南 7km 处，北起少华山山口，南至秦岭分水岭，东到蟠龙山潜龙寺，西括少华峰，总面积 6300hm^2。海拔 600 ~ 2600m。少华山森林公园是集生态旅游、休闲观光为一体的山岳山谷型森林公园，2002 年被陕西省林业厅批准为省级森林公园。

华山—少华山风景区脚下分布着 50 多处露天采石场，从西潼高速公路、陇海铁路南望，裸露石质岩面与满目翠绿的山体极为不协调，完全破坏了西岳华山和少华山森林公园的俊秀景色。为了消除采石场乱采乱挖而引起的崩塌、滑坡、泥石流等地质灾害隐患及大气粉尘污染源，彻底根治华山—少华山风景区和交通干线可视范围内“牛皮癣”现象，恢复秦岭北麓满目翠绿的本来面貌，促进华山—少华山及西安旅游业的可持续发展，渭南市国土资源局 2008 年 8 月开始着手准备“陕西秦岭北麓华山—少华山风景区废弃采石场矿山地质环境治理项目”的工作。

该项目勘查治理分三期进行，第一期主要是治理距离公路、铁路及 310 国道近，“牛皮癣”现象直观而且具有地质灾害隐患的 5 个废弃采石场；第二期主要是治理规模较大、难度较大、局部可视的 7 个采石场；第三期治理剩余 35 个废弃采石场，占地面积 98.16hm^2，废渣堆放约 1.8×10^6m^3。这些废弃采石场分布在华县和华阴市境内的秦岭北麓及其支沟口，西起华县华州镇东至华阴五方镇，东西向范围约 30km。

项目设计分三期进行，第一期主要使用中央财政补助资金，优先治理地质灾害隐患或“牛皮癣”现象最严重的 5 个废弃采石场，资金不足部分由地方配套解决；第二期由地方配套资金承担设计治理有地质灾害隐患或“牛皮癣”现象较严重的 7 个废弃采石场；其余废弃采石场作为第三期设计治理对象。

项目实施主要工程量有 30 处露天采石场的采石工作面修整，消除危岩体，同时为挂网绿化、草袋植草提供适宜条件。削坡方量 5.15×10^4m^3；清理占据河道的废渣，修建 2400m 拦渣挡墙，减轻渣石流危害；采石场石质基地面、弃渣场的推平土方量 57.2×10^4m^3，覆土工作量 24.8×10^4m^3；开展采石场、渣石场植树造林、草袋垒堰种草、挂网客土喷播等技术方法，使得 80.57×10^4m^2 裸露场地得到有效复绿，采石场复绿率达到 85% 以上（图 8-7、图 8-8、图 8-9）。

图 8-7　西坡原坡面治理前

图 8-8　西坡原坡面治理后

图 8-9　露天采坑边坡治理后

第四节　矿山废水、废渣综合利用技术

一、矿山废水综合利用技术及效果

矿山废水综合利用是指将所采矿产出的废水经过各种流程充分重复地使用。例如煤矿矿坑水可以二次利用来进行灭尘，在经过一定处理后可以作为矿区生产用水等。

1. 井下排水处理

矿井井下水主要是开采煤层的上部含水层涌水，采空区泄水和少量井下生产废水。属于含悬浮物的矿井水，主要污染物为悬浮煤灰、岩微粒和设备油类污染，SS、COD、BOD_5和石油类物质。

净化措施为井下水经加压送至地面井下水处理站，经辐流式沉淀池混凝沉淀、清水再经气浮机和水力自控过滤器过滤后再经消毒，最后到水池。污泥经压滤，干污泥排到储煤场。处理后的井下水 SS、COD，水质可达到污水综排一级标准。处理达标的井下水，回用于井下消防、洒水、巷道冲洗用水和工业场地生产、消防用水，实现矿井井下水的资源化利用。

2. 生产、生活污废水处理技术

生产、生活污废水来自浴室、食堂、办公室等地，污染物以有机物为主。其主要污染物为 COD、BOD_5、SS。

处理工艺为：污水先进入厌氧沉淀池，经沉淀后进入集水井，将污水用泵加压呈脉冲状态进入布水管及喷嘴均匀地分布在植物床过水断面上，冲洗人工砂石植物床并带走一些会堵塞砂石床的孔隙物。同时空气中的氧以同样状态随污水进入植物床。通过植物床后污水中部分有机物、无机物、含磷和氮污染物作为植物生长所需的养料而被吸收，有毒物质被富集、转化，分解成无毒物质，蒸发作用还可将部分水分散蒸发到大气中去，植物根系也可降解和形成有机污染物的良好根系环境。

处理后的污水达到废水污染物排放限制要求，符合农业用水和杂用水标准，可用于绿化和沙土湿化，又不排入沟河流加剧污染。生活污水处理站的污泥，经压滤后可与生活垃圾一并处理，使之不产生二次污染。

根据调查统计，废水废液年产出量 12101. 11×10^4 m^3，其中年排放量 879. 72×10^4 m^3，利用量 11221. 39×10^4 m^3，综合利用率 92. 73%。按矿类分，能源矿山年产出量 10088. 17×10^4 m^3，年排放量 804. 3×10^4 m^3，综合利用量 9283. 87×10^4 m^3，利用率 92. 03%；黑色金属矿山年产出量 583×10^4 m^3，年排放量 0. 03×10^4 m^3，综合利用量 582. 97×10^4 m^3，利用率 99. 99%；有色金属矿山年产出量 623. 7×10^4 m^3，年排放量 36. 85×10^4 m^3，综合利用量 586. 85×10^4 m^3，利用率 94. 09%；贵金属矿山年产出量 798. 7×10^4 m^3，年排放量 38. 53×10^4 m^3，综合利用量 760. 17×10^4 m^3，利用率 95. 18%；建材及其他非金属矿山年产出量 7. 5×10^4 m^3，全部综合利用，利用率 100%（表 8-1）。

表 8-1　各矿类的矿山废水（废液）的综合利用情况统计表　　单位：10^4 m^3

矿类	能源	黑色金属	有色金属	贵金属	建材及其他非金属	合计
年产出量	10088. 17	583	623. 7	798. 7	7. 5	12101. 11
年排放量	804. 3	0. 03	36. 85	38. 53		879. 72
综合利用量	9283. 87	582. 97	586. 85	760. 17	7. 5	11221. 39
综合利用率	92. 03%	99. 99%	94. 09%	95. 18%	100. 00%	92. 73%

废水、废液中，矿坑废水年产出量 10518. 4×10^4 m^3，年排放量 812. 91×10^4 m^3，综合利用量 9705. 49×10^4 m^3，利用率 92. 27%；选矿废水年产出量 909. 84×10^4 m^3，年排放量 19. 4×10^4 m^3，综合利用 890. 44×10^4 m^3，利用率 97. 87%；生活废水年产出量 671. 19×10^4 m^3，年排放量 51. 78×10^4 m^3，综合利用 619. 41×10^4 m^3，利用率 92. 29%（表 8-2）。

表 8-2　矿山废水（废液）综合利用情况统计表　　单位：10^4 m^3

废水（废液）类别	年产出量	年排放量	综合利用情况	利用率/%
矿坑废水	10518. 4	812. 91	9705. 49	92. 27
选矿废水	909. 84	19. 4	890. 44	97. 87
生活污水	671. 19	51. 78	619. 41	92. 29
合计	12101. 11	879. 72	11221. 39	92. 73

矿山废水（废液）综合利用率达 92. 7%，建材及其他非金属和黑色金属矿山的废水利用率最高，超过 99%；选矿废水利用率较高，超过 97%。矿井正常生产和矿区居民正常生活需要大量的水，矿坑水的水量一般都较大，可直接利用其进行井下灭尘，经过简单的处理后可用于工业用水，所以这些废水的综合利用率相对较高。

对矿山废水废液进行综合利用，并不能代表其治理情况的优劣，只有将矿山废水的最终排出量和处理量相比较才能得出总体的治理效果。

3. 矿井水转移储存理念及地下水库建设

矿井水转移储存是基于鄂尔多斯盆地北部大型矿区水资源利用而提出的矿井水利用方

式，经过 20 多年的理论研究与工程实践，已经形成了较为完整的技术体系。

1995 年实施的大柳塔煤矿 20601 工作面疏降水工程，从第四系含水层、井下水仓抽取的混合水（属于双沟泉域萨拉乌苏组地下水），就近排到母河沟泉域的地表补给区。经检测，经过砂层过滤净化后母河沟泉矿化度、总硬度、pH、COD、BOD_5、油类等指标变化很小（范立民、杨宏科，2000），仍然符合当地水质一般规律。这为缺水矿区矿井水转移利用探索了一种新途径。

受烧变岩含水层形成的启发，我们提出了地下水转移储存的设想（范立民、蒋泽泉，2006）。烧变岩岩体结构体致密但裂隙发育，有利于地下水的储存和运移，在构造有利部位形成强富水区。采空区顶板围岩冒落后，也形成了一个类似于烧变岩的裂隙发育区，在地下水补给来源丰富的情况下，就可以形成强富水区，随着时间推移，这样的富水区有害物质被排空，水质会逐渐好转，形成“地下水库”。

大柳塔煤矿是神东矿区建成的第一个高产高效煤矿，1996 年 1 月 6 日投产，到 2012 年年底其中的 1^{-2}、2^{-2}煤层开采完毕，目前开采 5^{-2}煤层，上部 1^{-2}、2^{-2}煤层采空区面积 5396.7 万 m^2，这些采空区具有与烧变岩一样的碎裂结构，具备建设地下水库的条件，而且上覆沙层的补给条件较好，周围是未采动的完整岩体（隔水边界），形成了良好的地下水资源迁移储存空间，人工改造后可形成地下水库。当地下水储存占满采空区空间后，会沿着构造薄弱部位（如原来的地形低洼地带）溢出，形成泉。神华集团在大柳塔、石圪台等矿井建成 32 处地下水库，实现了矿井水利用（顾大钊，2015）。充分利用采空区空间储水、采空区矸石对水体的过滤净化、自然压差输水的“节能型、循环型、智能型、环保型、效益型”的煤矿分布式地下水库，具有井下供水、井下排水、矿井水处理、水灾防治、环境保护和节能减排六大功能和优势。大柳塔煤矿分布式地下水库储水量约 210×10^4 m^3，实现了矿井水不外排。该工程在大柳塔煤矿包括 2^{-2}煤 3 座地下水库、调用地下水库清水的抽采设施和向地下水库注入矿井水的回灌设施等，实现了 2^{-2}煤地下水库之间、2^{-2}煤和 5^{-2}煤的互联互通，构成了具有立体空间网络的煤矿分布式地下水库工程系统（图 8-10）。

目前大柳塔矿井涌水量约 400m^3/h，全部回灌到 2^{-2}煤地下水库，经地下水库矸石吸附过滤后供井下生产和地面生产生活使用，井下日均复用水量约 6720m^3。通过应用该工程，大柳塔煤矿每年节约用水约 250×10^4t，节省购水费用 3750 万元；减少矿井水处理及外排等费用 1800 万元。

转移储存是地下水的一种利用方式，矿井水得到了充分利用，地下水库建设过程中应控制合理的生态水位埋深，以免对植被发育、地下水循环途径和地质环境造成影响。

二、矿山废渣的综合治理技术及效果

矿山固体废弃物综合治理利用已是刻不容缓的大事，关系着资源、环境和谐发展。近年来矿山固体废弃物积存呈减少趋势，其原因是：首先，矿山地质环境保护意识不断加强，矿山地质环境治理力度加大；其次，矿山回收利用废料技术不断提高，又可收到经济效益；再次，矿山开采方式正在由原来的粗放、掠夺式开采向集约式、持续型方式转变，所以有些利用价值较高的固体废弃物如煤矸石综合利用率较高。

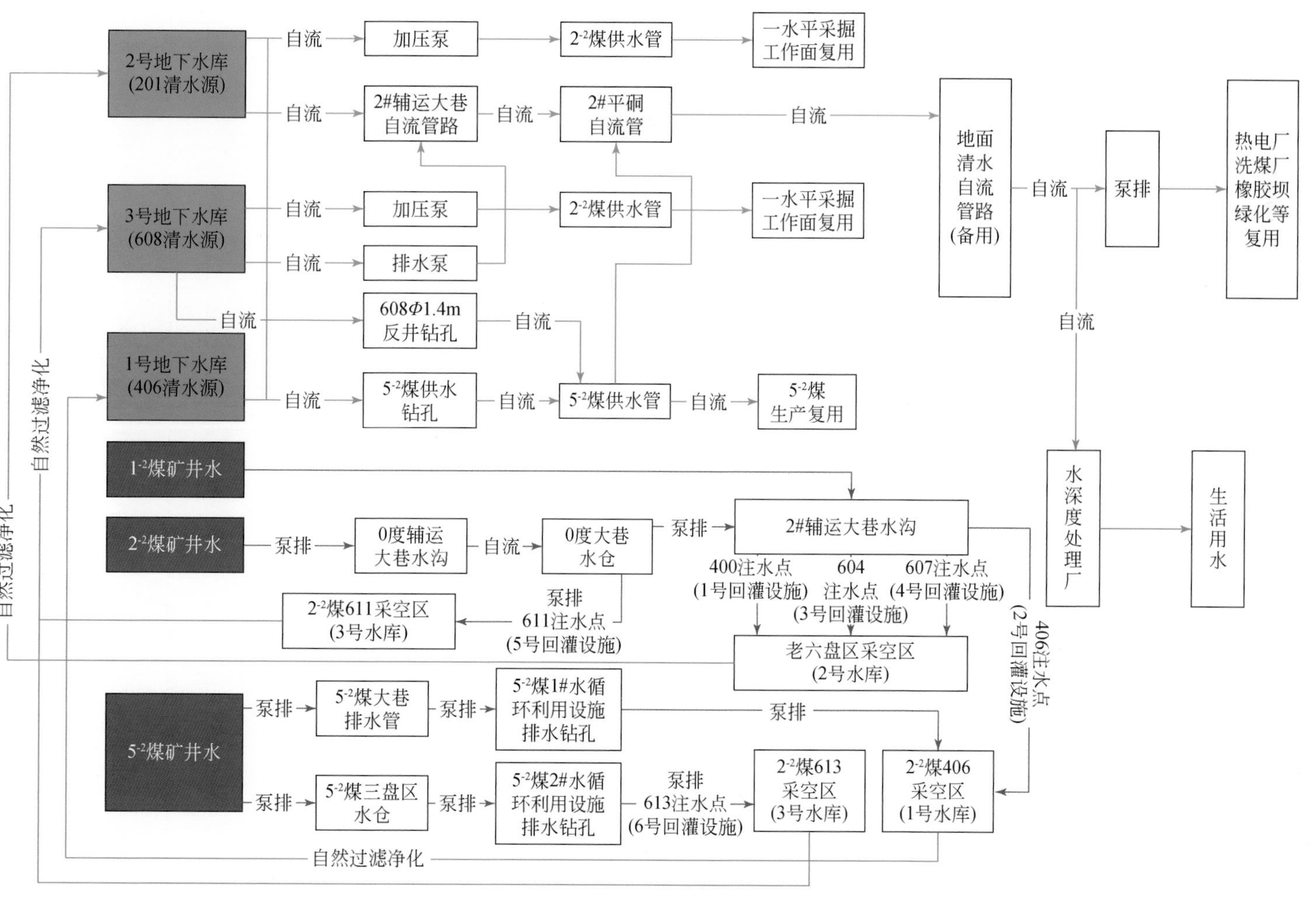

图8-10　地下水库工程水循环利用工艺流程示意图(据大柳塔煤矿分布式地下水库工程简介，2009年)

1.绿色表示清水循环工艺流程；2.蓝色表示矿井水循环工艺流程

陕西省开采历史悠久，历史遗留堆积的固体废弃物太多，短时间内不可能一步到位地将其彻底治理，新近开采产生的固体废弃物大多以发电、制砖、生产水泥、铺路、回填低洼处等方式综合利用，积存量较少。

据调查统计，废渣年产生量 2376.25×10^4t，利用量约 1629.86×10^4t，综合利用率为 68.58%。其中有色金属矿山年产生量 144.49×10^4t，年利用量 19.86×10^4t，利用率 13.74%，能源矿山年产生量 2017.11×10^4t，年利用量为 1607×10^4t，利用率 79.97%，贵金属矿山年产生量 100.93×10^4t，年利用量为 2×10^4t，利用率 1.98%，建材及其他非金属矿山年产生量 8.02×10^4t，年利用量为 1×10^4t，利用率 12.47%，黑色金属矿山和化工原料非金属年产生量分别为 105.37×10^4t 和 0.33×10^4t，未综合利用（表 8-3）。

表 8-3　各矿类矿山废渣年利用量统计表　　单位：10^4t

矿类	能源	有色金属	黑色金属	化工原料非金属	贵金属	建材及其他非金属	合计
年产出量	2017.11	144.49	105.37	0.33	100.93	8.02	2376.25
年利用量	1607.00	19.86	0.00	0.00	2.00	1.00	1629.86
利用率/%	79.97	13.74	0.00	0.00	1.98	12.47	68.58

按照废渣类型划分，其中废石（土）年产生量 229.05×10^4t，年利用量 57.14×10^4t，利用率为 24.95%；煤矸石年产生量 1947.5×10^4t，年利用量 1555.37×10^4t，利用率为 79.86%；尾矿年产生量 196.76×10^4t，年利用量 15.86×10^4t，利用率为 8.06%；粉煤灰年产生量 1.57×10^4t，年利用量 0.79×10^4t，利用率为 50.32%；其他废渣年产生量 1.37×10^4t，年利用量 0.7×10^4t，利用率为 51.09%（表 8-4）。

表 8-4　矿山废渣综合利用情况统计表　　单位：10^4t

废渣类型＼项目	年产出量	年利用量	利用率/%	利用方式
废（石）土	229.05	57.14	24.95	其他
煤矸石	1947.5	1555.37	79.86	填料、筑路、制砖
尾矿	196.76	15.86	8.06	其他
粉煤灰	1.57	0.79	50.32	筑路、制砖
其他	1.37	0.70	51.09	其他
合计	2376.25	1629.86	68.58	

矿山废渣综合利用率为 68.58%，其中能源矿山废渣利用率最高，达 79.97%，其他类矿山的废渣综合利用率都较低，按废渣类型，煤矸石的利用率最高，达 79.86%，其他类矿渣的综合利用率较低，主要是因为近年来煤炭矿山对煤矸石进行综合利用，主要用于矸石发电，充填采空区及塌陷坑，铺垫路基及场地等，而其他类矿山产生的废渣利用途径少，基本上都堆于废石场或沿沟道就地排放。

目前的矿山废渣综合治理主要有废渣表面治理，废渣堆边坡治理，废渣堆处理和废渣利用（陈建平等，2014c）四种方式（图 8-11）。

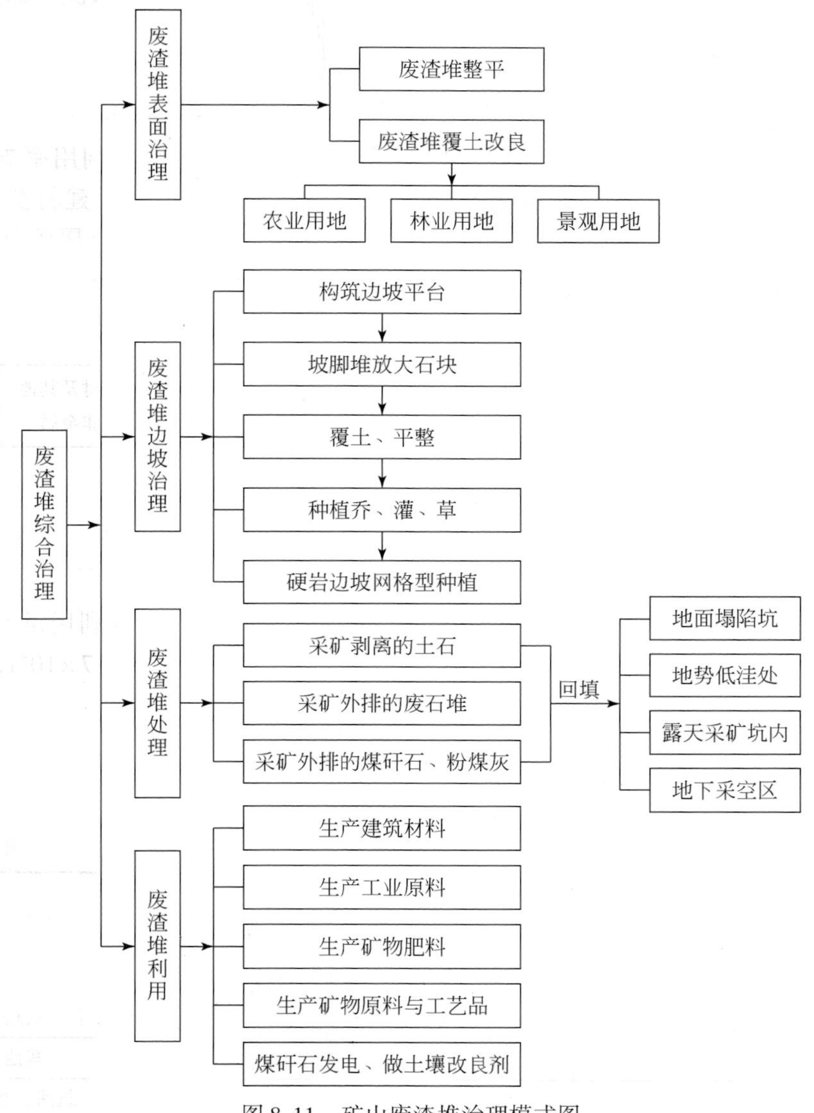

图 8-11　矿山废渣堆治理模式图

通过以上方式对矿山废渣进行综合治理，可以有效地减少矿山废渣堆长期堆放形成的地质灾害，减少废渣堆造成的环境污染、土地资源浪费，并且可以取得一定的环境效益、经济效益、社会效益。

蒲白矿区马村煤矿，长期采煤累积了大量煤矸石，不仅占用土地，而且污染环境。经过推平、覆土、植树等治理措施，改造成良好的建筑用地，建成职工居住区，有效地利用了土地资源。加之近年来由于制砖厂和水泥厂对煤矸石的需求不断增大，大量的矸石被重新利用，不仅减少矸石堆对环境的污染，还取得了一定的经济效益（图 8-12、图 8-13）。

图 8-12 矸石治理工程

图 8-13 矸石综合利用

铜川原三里洞煤矿矸石山，煤矸石堆约 68399m^3。因沟谷两侧及支沟坡地受雨水冲刷形成坡面径流，表面堆积的矸石及松散黄土形成坡面泥石流并向沟道汇聚。沟道矸石、弃渣堵塞，当汇聚到堵塞物难以支持时，在强降雨条件下，沟道中的弃石、弃渣经过沿途迅速搅拌便形成沟道泥石流。一旦泥石流发生，将威胁到下游 2 个工厂、27 户 132 人、103 间房屋及铁道的安全，危害程度大。此外，煤矸石堆放沟道，造成一定程度的土壤、地表水环境污染，对植物的生长也造成影响。

治理后，大量红矸被运往周边的石灰厂或砖厂综合利用，部分用于充填低洼平台，不仅消除了泥石流隐患，确保红矸山下游流域居民、厂矿企业及铁道的生命财产安全；有效地减缓红矸山岩土侵蚀和水土流失的进程；而且通过三里洞红矸山矿山环境治理，可恢复林地、草地，改善周围生态环境，增加农民土地和收益，促进社会稳定和当地经济的发展（图 8-14、图 8-15）。

图 8-14 矸石综合利用

图 8-15 红矸山治理工程

第五节 黄土沟壑区地裂缝治理技术及示范工程

黄土沟壑区采动地裂缝是地下煤炭资源开采造成的一种人为次生灾害，采动地裂缝灾害一方面给矿井安全生产造成重大隐患，尤其是地裂缝与采空区贯通时，时常发生漏水漏风、溃水溃沙等安全事故；另一方面对生态环境造成不可逆的损伤，地表塌陷、水土流失、植被退化等环境问题日趋严重，随着我国煤炭西进战略的实施，大量的煤炭资源开采造成的地裂缝灾害亟须治理。

一、地裂缝治理原则

黄土沟壑区地裂缝灾害扩展深度大，影响范围广，一般因其形成机理、发育规模的不同而采取不同的治理措施。在治理时应遵循以下原则：

（1）因地制宜，遵循自然。充分结合黄土沟壑区地形地貌、生态环境、采动破坏特征，严格遵守当地生态系统发展规律，避免对采后生态系统的再次扰动，科学配置、优化布局、因地制宜地提出地裂缝综合治理技术体系。

（2）可持续、引导自修复。充分考虑矿区生态修复的可持续性，地裂缝治理是进行黄土沟壑矿区生态修复的必然环节，因此必须根据采动裂缝的发育规律、深度、大小，考虑裂缝的动态发展及后续开采计划，充分利用地表塌陷及裂缝发育规律，避免二次治理。

（3）经济合理、便于推广。大量的采动地裂缝灾害的治理必须考虑到治理成本及推广前景，形成一个功能完善、效果明显、经济合理的黄土沟壑区地裂缝综合治理技术体系，应具有良好的可操作性与推广应用前景，达到生态、经济、社会效益相协调的目标。

黄土沟壑区煤炭资源开采引起的地裂缝形态各异，深浅不一，平面分布及剖面形态极不规律，长时期内对生态环境产生不可逆的破坏。常规充填治理如沙土充填、煤矸石充填、粉煤灰充填等方法，工艺复杂、成本较高、充填不实、不宜保水，难以从根本上消除地裂缝的安全隐患，对西部矿区脆弱生态环境的修复能力有限。

地裂缝治理的关键是寻求一种充填密实、不宜变形的充填材料。本书将高水材料引入到地裂缝充填中，在进行超高水材料性能测试的基础上，研制了适合野外作业的超高水材料地裂缝充填系统。

二、超高水材料简介

超高水材料是一种新型绿色环保的充填材料，常见于井下采空区充填，以控制地表沉陷，由于其凝结速度快、强度高、易于泵送，已在多个矿区进行了工程实践，在有效控制地表变形的同时，成功解放了大量“三下”滞留的煤炭资源。

超高水材料由 A、B 两种主料，以及 AA、BB 两种辅料组成，其中，A 料主要成分为铝土矿、石膏独立炼制而成，AA 料为复合超缓凝分散剂构成；B 料主要成分为石灰、石膏混磨成主料，BB 料为复合速凝剂构成。二者以 1 ：1 比例混合使用，其水的体积达 90% 以上，最高可达 97%，其中，水体积比在 95% 以下的称为普通高水材料，水体积比在 95% 以上的称为超高水材料。图 8-16 为超高水材料各组成成分照片。

超高水材料作为一种新型的充填材料，有着以下技术优点：

（1）超高水材料中水的体积比超过 90%，最高可达 97%，与水反应后，生成和保留高含水量的特性，因此，作为充填材料，成本大大降低。

（2）超高水材料早期为流体，流动性强，凝结时间具有可调节性，易于泵送。

（3）超高水材料固结体不收缩，体积应变小，具有良好的不可压缩性。

（4）超高水材料抗风化能力较差，但在土壤、采空区等相对封闭的环境下性能稳定。

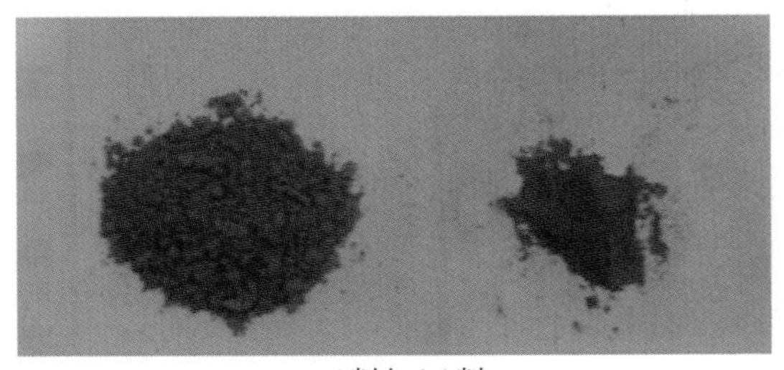

a. A料与AA料

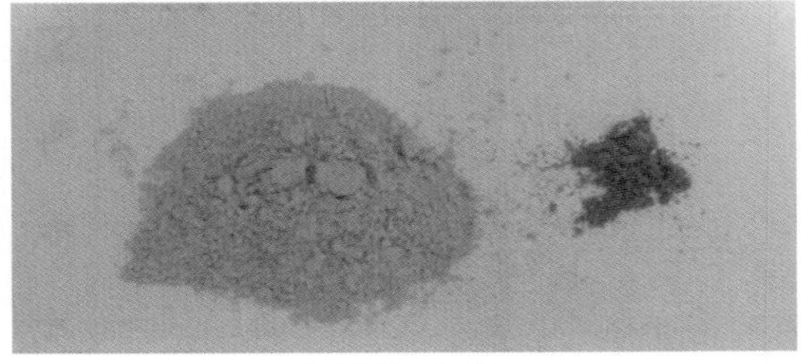

b. B料与BB料

图 8-16　超高水材料组成成分

（一）超高水材料物理力学性能测试

为了研制出适合野外作业的超高水材料地裂缝充填系统，分别对水的体积比为 93%、94%、95%、96% 的 4 种超高水材料进行了基本性能测试。

实验材料取自徐州万方矿山科技有限公司，产地为河北邯郸，型号为 DF-PACK，用水为自来水，四种材料按照质量比 A∶B∶AA∶BB 为 100∶100∶10∶4 的配比使用，样本尺寸为 70.7mm×70.7mm×70.7mm 的标准正方体，为了模拟充填地裂缝后形成的超高水材料固结体的实际效果，将试块放置于 200mm×200mm×200mm 的正方体玻璃密封盒内，四周用黄土充实后进行养护。考虑到野外充填地裂缝使用，不同季节条件下气温的变化，分别测试了水体积为 93%、94%、95%、96% 的 4 种不同水体积的超高水材料固结体不同龄期的抗压强度、体积应变，以及不同水温条件下的混合浆液凝结时间，分别如图 8-17、图 8-18、图 8-19 所示。

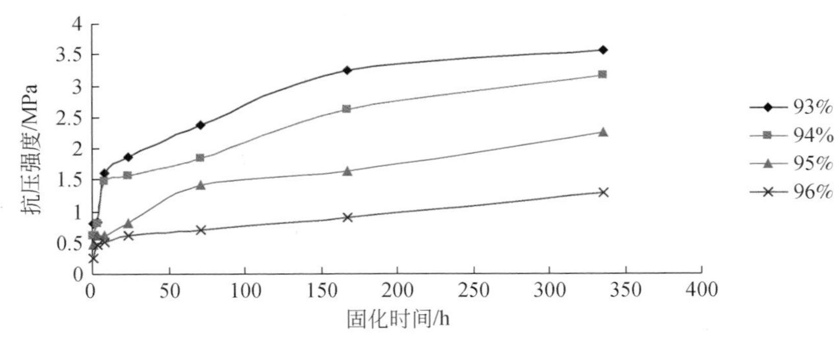

图 8-17　超高水材料固结体不同龄期的抗压强度曲线

由图 8-17～图 8-19 可以看出：

（1）在相对密封的养护条件下，在不同龄期，随着水体积的增大，抗压强度呈规律性减小，水体积每减小 1%，抗压强度平均减小 28%；固化 1h 时，最大抗压强度为 0.82MPa，最小抗压强度为 0.25MPa；固化 14 天后，最大强度为 3.58MPa，最小强度为 1.28MPa；如图 8-17 所示；该强度足以满足充填地表裂缝的需要。

（2）随着水体积的增大，体积应变不断减小，随着固化时间的增长，不同水体积的超

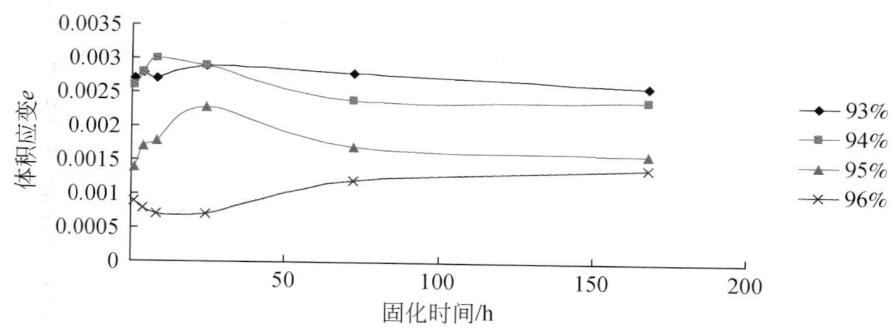

图 8-18　超高水材料固结体不同龄期的体积应变曲线

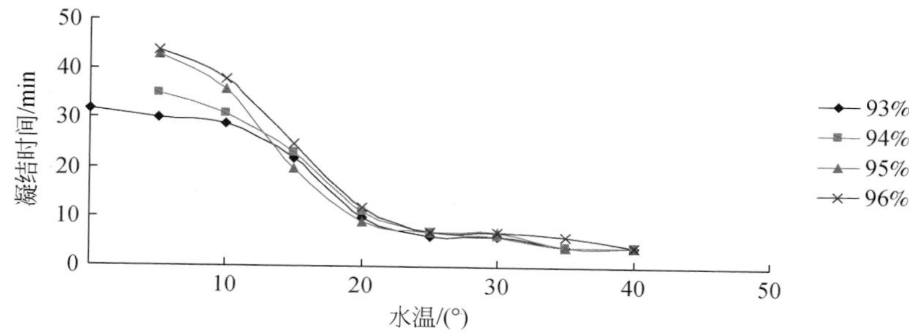

图 8-19　不同水温条件下超高水材料凝结时间

高水材料体积基本稳定，固化 14 天后，最大应变为 0.0026，最小应变为 0.0014，如图 8-18 所示；因此，可认为该材料基本不可压缩。

（3）温度对超高水材料的凝结时间影响较大，温度越低，凝结时间越长，在接近 0℃ 的水温条件下，仅 93% 的超高水材料能够凝结，时间为 32min；水温在 0～20℃ 时，凝结时间迅速缩短，水温为 20℃ 时，各水体积的超高水材料的平均凝结时间为 10min；温度超过 20℃ 后，凝结时间继续缩短，水温为 40℃ 时，各水体积的材料凝结时间均为 4min；如图 8-19 所示；该数据可为不同季节时野外充填系统的最大输送距离提供技术参考。

（二）超高水材料无机污染物测试

为了评价超高水材料对生态环境的影响，分别对 A 料、B 料、AA 料、BB 料 4 种原材料、充分反应后的固结体材料，进行了无机污染物的各重金属元素含量测试。

实验中分别将样品粉碎至 200 目（74μm）以下，在 105°高温烘干 2h，进行测试、分析。实验仪器采用德国 S8 TIGER 型 X 射线荧光光谱仪（X-Ray Fluorite Spectroscopy，简称 XRF），如图 8-20 所示。

图 8-20　S8 TIGER 型 X 射线荧光光谱仪

主要测试了超高水材料中的镉、汞、砷、铅、铬、六价铬、铜、镍、锌、硒、钴、钒、锑 13 种主要无机污染物，与土壤环境质量标准（GB 15618—2008）中土壤无机污染物的环境质量二级标准进行对比，表 8-5 给出了样品中各元素的实测值及标准值，图 8-21 为各元素分布图。经实测，研究区域土壤平均 pH 为 7. 54，标准值采用农业用地中 pH>7. 5 进行取值，均取水田、旱地、菜地 3 种不同类型农用地的最小值。

表 8-5　超高水材料重金属元素含量

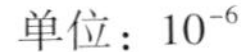

序号	元素	A 料	B 料	AA 料	BB 料	固结体	标准值
1	As	—	8. 8	—	—	—	20
2	Pb	24. 5	65. 4	—	77. 6	34. 2	50
3	Cr	74. 4	39. 1	11. 9	49. 2	33. 6	250
4	Cu	11. 4	37. 7	5. 9	49. 2	15. 3	100
5	Ni	16. 5	22. 0	5. 5	27. 0	11. 5	90
6	Zn	11. 3	93. 8	12. 8	70. 0	12. 6	300
7	Co	7. 4	21. 7	—	13. 1	10. 1	40
8	V	92. 8	79. 4	10. 9	106. 0	47. 2	130

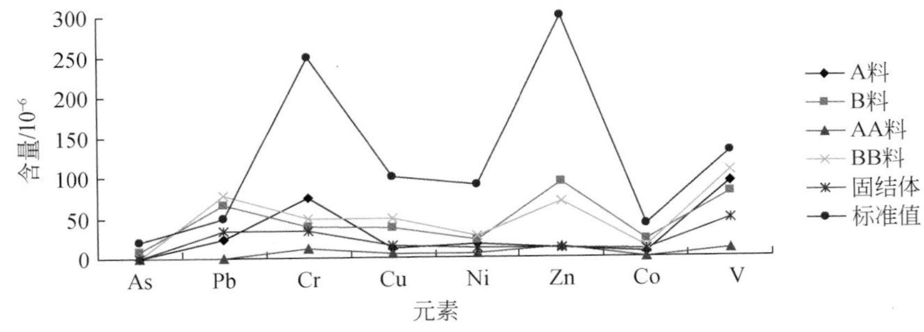

图 8-21　超高水材料重金属元素含量分布图

从图 8-21 可以看出：

（1）经检测，该材料的主要土壤无机污染物中，均不同程度地检测出了砷、铅、铬、铜、镍、锌、钴、钒 8 种污染元素，镉、汞、六价铬、硒、锑 5 种元素未检出。

（2）超高水 4 种原材料及固结体材料中，只有 B 料、BB 料两种原材料中铅含量大于标准值，分别超标 30. 8%、55. 2%，但充分反应后的固结体材料均小于标准值。

（3）超高水材料经充分反应后，形成的固结体材料中所含土壤无机污染物均小于土壤无机污染物的环境质量二级标准，不会造成生态环境的二次污染。本节仅对材料本身所含的重金属元素进行了分析，采用该材料充填地裂缝对生态环境的长期影响有待于进一步研究。

三、超高水材料地裂缝充填系统设计

不同于井下采空区充填系统及工艺，超高水材料地裂缝充填系统一般在野外作业，要求操作方便、可移动性强，笔者结合现场实际情况，充分借鉴井下充填工艺及系统，进行了充填系统的设计，以适合野外作业。

整个系统包括移动式充填车、动力系统、生产系统、注浆系统、输送管路 5 部分，如图 8-22 所示。

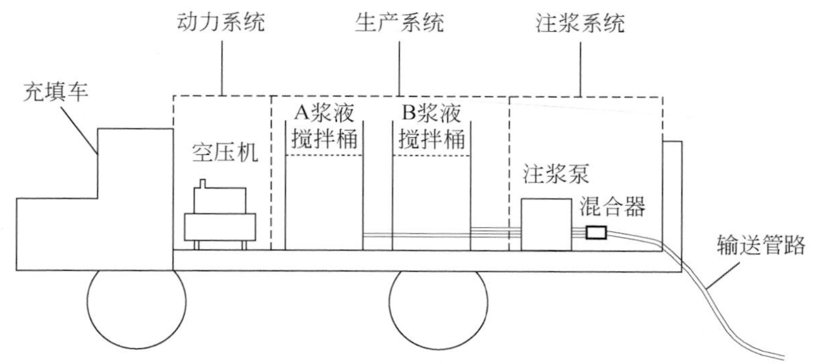

图 8-22　超高水材料地裂缝充填系统

超高水材料主料与辅料通常以质量比 A∶B∶AA∶BB 为 100∶100∶10∶4 配合使用，其使用方法为：首先通过生产系统制成 A、B 两种浆液，然后通过注浆系统将混合浆液通过管路输送到充填区域。

为方便野外作业，将整个系统安置在一台小型卡车上，动力系统采用柴油机动力，空压机驱动；生产系统包含 4 个气动搅拌机，分别生产出 A、B 两种单体浆液并进行充分搅拌；注浆系统使用气动注浆泵分别抽取两种浆液，经混合器将浆液充分混合后，由输送管路将超高水材料输送至地裂缝内。使用时，4 个气动搅拌机分为 2 组，轮流使用，保证生产过程不间断。

为方便野外操作使用，该系统所选用的主要设备如表 8-6 所示。

表 8-6　超高水材料充填系统主要设备

设备	型号	性能指标	个数
柴油机	ZS115	16. 20kW	1
空压机	W-3. 0/5	3. 0m^3/min	1
注浆泵	2BQ150/6	150L/min	1
搅拌机	QB-300	300L	4
输送管	19-2-40MPa	¢ 19mm	3

由于西部矿区地形起伏较大，限于交通、地形等条件限制，需将充填系统安置在适当的区域，根据超高水材料基本性能指标，对采用不同水体积的超高水材料地裂缝充填系统在不同温度条件下的输送距离进行了设计。由表 8-7 可知，输送管的内径为 19mm，注浆泵每分钟注浆量为 150L，由此可计算出每分钟可输送距离为 529m；该系统每分钟可输送距离为 529m；由超高水材料的凝结时间，可计算出不同水体积的混合浆液在不同温度条件下的最大输送距离（表 8-7）。

表 8-7　不同水体积混合浆液的最大输送距离　　单位：km

水体积/%	0℃	10℃	20℃	30℃	40℃
93	16.9	15.3	5.3	3.2	2.1
94	—	16.4	5.8	3.2	2.1
95	—	19.0	4.8	3.7	2.1
96	—	20.1	6.3	3.7	2.1

从表 8-7 可以看出，温度越低，可输送距离越大，最大输送距离可达 20.1km，随着温度的升高，由于混合浆液的凝结时间逐渐缩短，可输送距离逐渐减小，当温度达 40℃时，最大可输送距离仅为 2.1km。该数据为不同季节下的外业作业提供了技术依据。

四、超高水材料地裂缝充填治理技术

针对黄土沟壑区采动地裂缝灾害，本书提出了“深部充填—表层覆土—植被建设”的超高水材料地裂缝治理“三步法”，即：第一步，采用充填系统将超高水材料充填裂缝底部；第二步，在裂缝内部，充填材料以上覆土，在覆土的上表面构建弧形裂缝槽，以形成鱼鳞沟；第三步，在裂缝槽内进行植被建设，以提高生态治理效果，如图 8-23 所示。

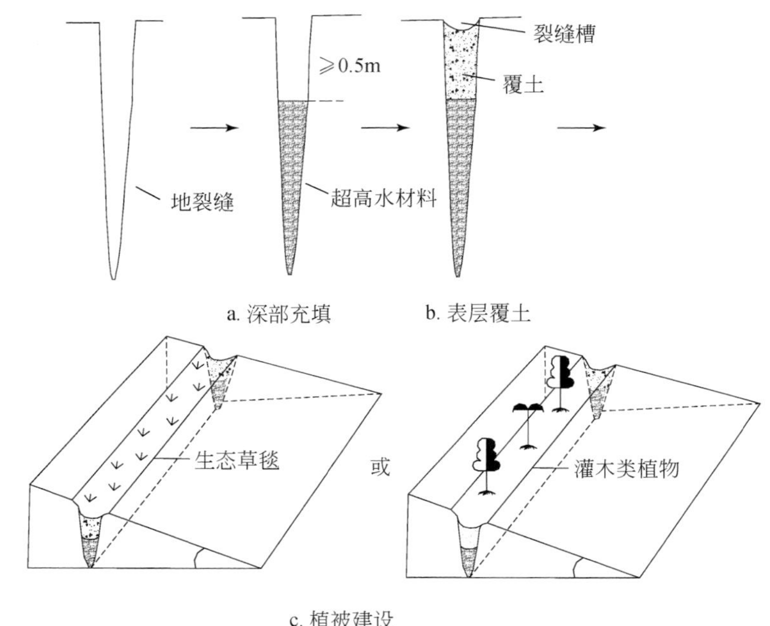

图 8-23　超高水材料地裂缝充填治理“三步法”

（一）深部充填

采用超高水材料地裂缝充填系统，生产出超高水材料混合浆液，通过输送管路将浆液输送至裂缝内部，充填至距地表约 0.5m 处，如图 8-23a。具体的操作方法及技术措施如下：

（1）充填系统安置在地裂缝充填区域适宜位置，启动动力系统，水车供水，分别将超高水原材料的 A 料和 AA 料、B 料和 BB 料投放入两个搅拌桶，材料的质量比为 A：B：AA：BB 为 100：100：10：4，材料与水的体积比在 90% ~97% 可控。

（2）为保证单体浆液充分混合且不凝固，采用搅拌机将各单体浆液充分搅拌，搅拌时间控制在 3 ~5min 为宜。

（3）启动注浆泵，同时吸取两种单体浆液，通过混合器充分混合形成超高水材料充填浆液，经输送管路向地裂缝内部注入，考虑到覆土绿化所用的草灌木植被的根系发育以及正常生长需要，充填至距离地表的距离以不小于 0.5m 为宜。

（4）为保证充填过程连续不间断，可采用两组搅拌桶通过切换阀门轮流使用。

（二）表层覆土

待超高水材料混合浆液充分凝固后，在裂缝内的固结体上覆土，并夯实，在覆土的上表面构建弧形裂缝槽，如图 8-23b。具体的操作方法及技术措施如下：

（1）根据植被生长适宜性原则，就近选取当地浅层黄土，分层填入裂缝内部固结体上。

（2）为保证土壤的紧实度，每填入 0.2m 的黄土夯实一次，夯实土体的干容重不低于 1.3t/m^3。

（3）为提高保水性能以及减少水土流失，根据地裂缝走向与地形的关系，选取平行于地形等高线的裂缝构建裂缝槽，以形成鱼鳞沟，深度以 0.1 ~0.2m 为宜；垂直于等高线的裂缝可不构建，直接进行植被绿化。

（三）植被建设

为提高生态修复效果，在裂缝槽内进行植被建设，根据治理区生态环境特点及现状，可选取抗旱性能较强的草灌木，采用生态草毯技术或种植低矮的灌木类植物，如图 8-23c。

（1）生态草毯技术。在裂缝槽内撒播草籽，种类可参照当地生长较好的草种，在裂缝槽内铺设由稻麦秸秆构成的草毯基底，将草毯固定在裂缝槽边缘位置，从而形成生态草毯，草毯的厚度约 30mm。

（2）种植灌木。考虑到西部矿区气候干燥、风沙较大等不利因素，采用抗旱性能较强的低矮的灌木进行生态修复，如沙棘、酸枣等。为保证成活率，可选用保水剂法、覆膜法、矿泉水瓶埋置法等。

（四）技术优点

超高水材料地裂缝充填治理技术具有以下技术优点：

（1）超高水材料早期为流体，其浆液状态可完全充填至裂缝底部，充填密实，不留地下空洞，完全消除了安全隐患；其充分凝固后的固态结构与周边黄土密实接触，固化前后体积应变量微小，强度较大，不会在与黄土的接触面上形成新的裂隙；同时该材料中 90% 以上为水，具有良好的保水性能，但易风化，表层覆土及植被建设措施可将材料与大气隔离。

（2）超高水材料地裂缝充填系统自动化程度高，操作方便，效率高，适宜野外作业，适合于西部矿区浅埋煤层开采造成的各种类型地裂缝的充填治理。

（3）覆土上方设置的弧形裂缝槽，能有效地减少地表水土流失，提高植被成活率，有效解决了西部干旱矿区地表生态修复的技术难题。

五、示范工程

晋陕蒙接壤区黄土沟壑区煤炭基地生态建设示范工程位于陕西省神木县大柳塔镇大柳塔矿井3盘区12303、12304、12305工作面老采空区，示范工程总占地1000亩，属陕北黄土高原北缘与毛乌素沙漠过渡地带，地理坐标北纬39°13′53″～39°21′32″，东经110°12′23″～110°22′54″。

示范工程位于过境公路两侧，交通便利，区内地表覆盖类型多样，有少量农业耕作区、草本植物覆盖，也有大量开采引起的各种地裂缝、裸露地；土壤类型主要为栗钙土、黄土，地形起伏较大，地表沟壑较多，易发生滑坡与水土流失。区内植被属于干草原植被类型，以多年生草本植物占绝对优势，沙生植物沙蒿，以及侵蚀黄土丘陵地的中间锦鸡儿在景观上作用明显，典型草原植被退化严重，植被低矮稀疏。

示范工程于2013年4月5日正式动工建设，总投资500万，示范基地总占地1000亩，包括：植被建设示范工程835.5亩（乔灌建设区410.2亩，灌草补植区425.3亩），地裂缝治理示范工程124.5亩，耕作区土壤改良与保水技术示范工程40.0亩，中小发育冲沟治理示范工程2处，水土流失径流监测小区4个。示范基地内建设重点试验区1个，面积120亩。如图8-24所示。各专题示范工程概况如下。

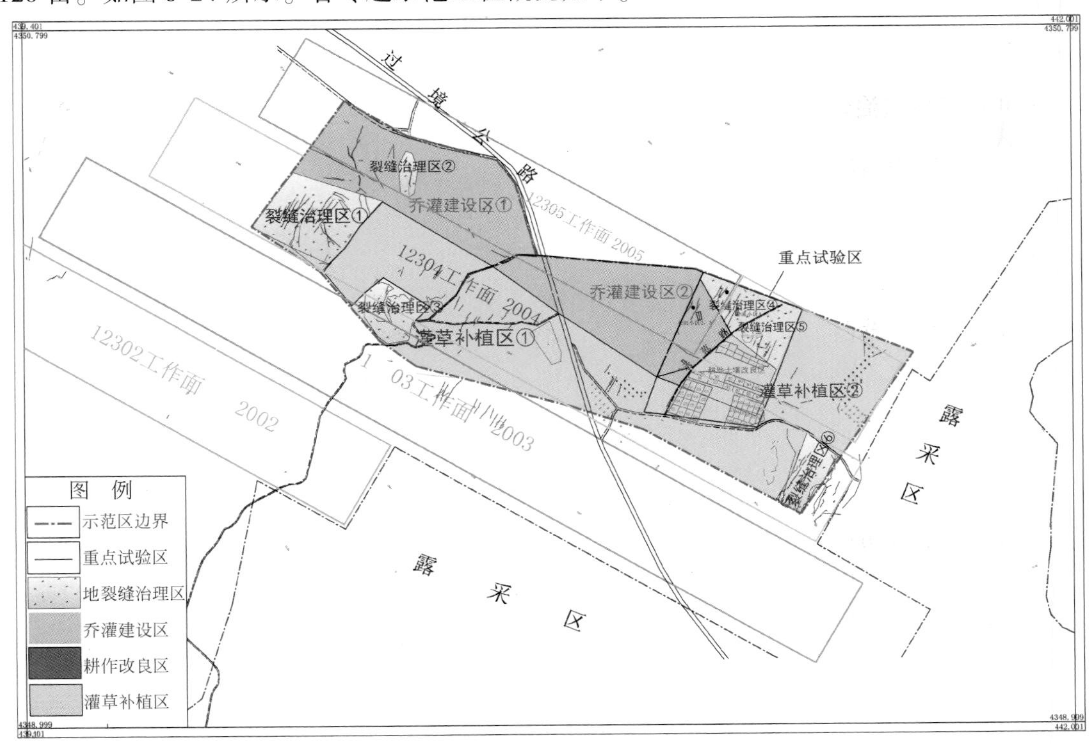

图8-24　黄土沟壑区煤炭基地生态建设示范工程布局图

1. 植被建设示范工程

植被建设示范工程包括乔灌建设区、灌草补植区两部分。乔灌建设区选择适合黄土沟壑区生长的植被进行生态建设，包括矿泉水瓶埋置法、覆膜法、保水剂法三种技术措施。植被包括紫穗槐、沙棘、沙柳、文冠果、山桃、山杏、油松、长柄扁桃、欧李、野樱桃等10个物种，累计种树为130260棵；灌草补植区在原有基础上撒播草种，累计使用草籽1200kg。

2. 地裂缝治理示范工程

地裂缝治理示范工程包括6个地裂缝治理区，累计治理裂缝67条，总长度2309.5m。其中，治理区①：裂缝18条，累计长度1026.1m；治理区②：裂缝4条，累计长度109.9m；治理区③：裂缝12条，累计长度275.6m；治理区④：裂缝7条，累计长度238.7m；治理区⑤：裂缝6条，累计长度152.4m；治理区⑥：裂缝20条，累计长度506.8m。

3. 土壤改良与保水技术示范工程

耕作区土壤改良与保水示范用地面积40亩，分为5个示范分区：A区（坡度11.3°，4.81亩，有机肥实验区）、B区（坡度4°，8.77亩，有机肥、保水剂综合实验区）、C区（坡度2.46°，7.45亩，不同豆科植物种植比较区）、D区（坡度1.95°，8.72亩，间作实验区）、E区（坡度7.4°，9.08亩，围埂实验区）。种植作物包括土豆、玉米、紫花苜蓿、草木樨、绿豆、黄豆6种。

4. 中小发育冲沟治理示范工程

中小发育冲沟治理示范工程治理冲沟2处，具体措施为：按1∶1.5进行削坡，削坡整形后的坡面植被恢复措施有栽种赖草、冰草、沙胆棘，比例1∶1∶1，施用量0.6～0.7kg/亩，后铺设生态草毯。示范规模为总体规模为5m×3m×400m（沟壑的宽×深×长）。

冲沟内建有土谷坊工程，土谷坊高0.5m，顶宽1.0m，迎水坡比1∶1.1，背水坡比为1∶0.8。溢水口设在土坝一侧较坚硬的土层上，上下两座土谷坊的溢水口要左右交错布设。土谷坊座数3座，土方工程量为15m^3。

5. 径流监测小区建设示范工程

径流监测小区建设示范工程在示范区东、西两侧（黄土区内）自然坡面设置两个径流监测点，每个监测点设对照、水保措施各1个径流小区，每个小区5m×20m，参照标准径流小区建设；监测设备采用ZN17-QYJL006便携式地表坡面径流测量仪。

地裂缝治理示范工程采用“深部充填—浅层覆土—植被建设”三步法，采用超高水材料地裂缝充填系统于2013年5月4日至7日进行了地裂缝治理试验，所采用超高水材料的水体积为94%，裂缝槽深度为0.5m，植被建设采用生态草毯或沙棘、酸枣等灌木类植物。裂缝编号及分布情况如图8-25所示，每条裂缝信息及充填情况见表8-8，充填系统及现场实际效果如图 8-25、图 8-26 所示。

表 8-8　地裂缝发育信息及充填情况

编号	长度/m	宽度/m	走向/(°)	充填量	
				体积/m^3	质量/kg
1	39.12	0.53	NE29.5	69.0	8276
2	19.51	0.21	NE31.8	5.1	606
3	21.52	0.52	NE24.5	36.5	4379
4	24.87	0.28	NE36.0	11.8	1413
5	32.12	0.42	NE30.2	35.2	4220
6	33.30	0.33	NE32.8	22.2	2661
7	34.50	0.62	NE27.7	83.7	10049

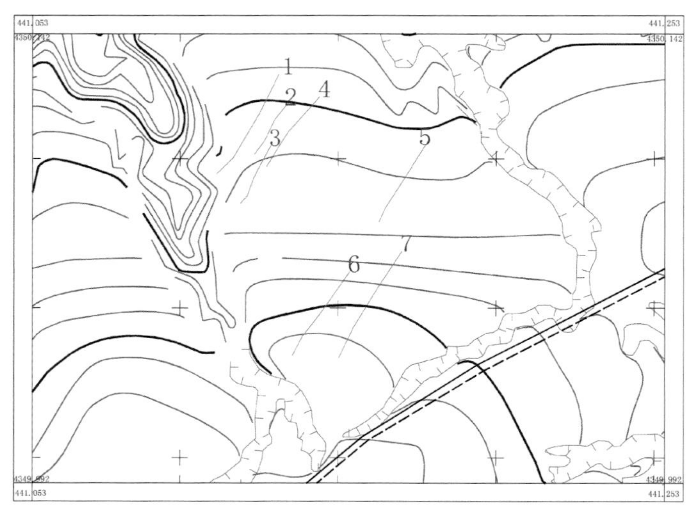

图 8-25　超高水材料充填地裂缝分布图

a. 充填系统

b. 混合浆液

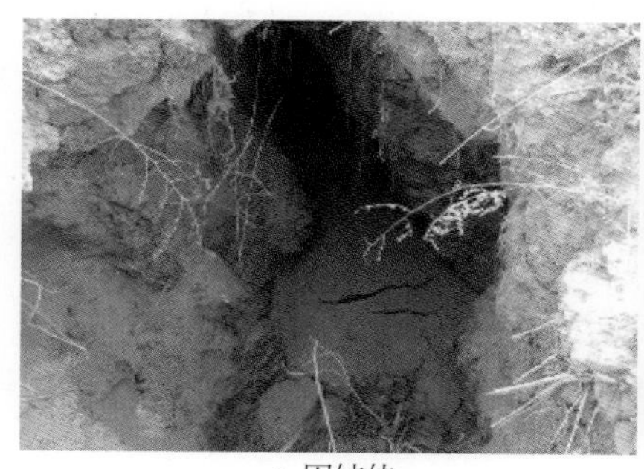
c. 固结体

d. 生态草毯

图 8-26　超高水材料地裂缝充填治理

为监测评价治理效果，选取 10 条治理后的地裂缝（其中，超高水材料充填 5 条，流沙充填 3 条，黄土充填 2 条），对裂缝槽及其植被进行了跟踪监测，统计植被成活率，并设置监测点 10 个，采用四等水准测量对监测点进行沉降观测，时间间隔为 60 天，监测结果见表 8-9。

表 8-9　不同充填方法地裂缝监测结果

监测点	充填材料	下沉量/mm	植被类型	植被成活率
1	超高水	12	草毯	95%
2	超高水	21	沙棘	85%
3	超高水	14	酸枣	90%
4	流沙	107	草毯	60%
5	流沙	—	酸枣	塌陷
6	黄土	212	草毯	75%
7	黄土	—	沙棘	塌陷
8	超高水	31	沙棘	80%
9	超高水	24	酸枣	90%
10	流沙	128	沙棘	65%

从表 8-9 中可以看出：

（1）超高水材料充填后，地表较稳定，监测点平均下沉量仅为 20mm，常规沙土充填后，由于地下空洞仍然存在，地表下沉量较大，平均下沉量为 149mm，且有两处发生二次塌陷。

（2）由于超高水材料充填密实，地表稳定，保水效果较好，植被成活率较高，而沙土充填保水效果较差，植被成活率较低。

第六节 矿山地质灾害治理示范工程

一、铜川市三里洞红矸山矿山地质环境治理工程

工程位于铜川市印台区三里洞办事处新建社区东山坡、城关办事处城关村，紧邻城市，系原三里洞煤矿排矸形成的矸石山。2000 年 9 月因资源枯竭而成为全国第一批矿产煤炭企业。三里洞煤矿堆积的矸石山长约 600m，宽 620m，堆积高度 60m，面积 0.37km^2，矸石量约 $3.84\times10^6m^3$；矸石堆斜坡坡向 235°，坡度 30°～40°，斜坡长 600m。因矸石长期自燃，形成红色矸山，其稳定性差，极易形成滑坡、崩塌、泥石流隐患等。

该项目为资源枯竭城市矿山地质环境治理项目之一，2012 年 6 月完工，已经省厅正式竣工验收。项目总投资 1000 万元，资金来源为中央财政专项资金。

三里洞红矸山地质环境治理项目主要治理煤矸石堆积区及其上游一定衍生长度范围（长 245m，宽 110m，面积 $2.67\times10^4m^2$），下游延伸到西侧铁道；治理工程主要有排水沟及拦渣坝的修建、煤矸石的整平、覆土、种植灌木及草、削坡等。治理工程完成主要内容如下。填筑工程（煤矸石挖运 138564.43m^3，压实回填 135789.7m^3）；护坡工程（浆砌片石护坡 973m，拱形骨架护坡 2154m^2，护脚 138m）；排水工程（B 型排水沟 858m，Ⅰ型截水沟 296m，东部支沟排水渠 275m，盲沟 166.5m）；拦渣坝 20.05m；绿化工程（种草 18676m^2，植树 5100 株）（图 8-27、图 8-28）。

图 8-27 治理前全貌远景

图 8-28 治理后全貌远景

项目实施后，具有显著的社会效益和环境效益。消除了泥石流隐患，确保红矸山下游流域居民、厂矿企业及铁道等安全；有效减缓了红矸山岩土侵蚀和水土流失进程，确保红矸山的水土资源；三里洞红矸山矿山环境治理以及林地、草地的恢复与增加，改善了周围生态环境，增加了农民土地和收益，促进了社会稳定和当地经济的发展。

二、白水县采煤沉陷区矿山地质环境治理重大工程项目

白水县采煤历史时期较长，项目区涉及 4 家国有矿山企业、13 个关闭废弃地方私营煤炭企业和 187 处私采小煤窑。不合理乱采、滥挖不仅使煤炭资源遭受严重浪费，并严重破

坏了矿山地质环境，破坏当地居民房屋（窑洞）、耕地、果园、灌溉水渠、公路等；沿沟谷、斜坡随意堆放的煤矸石、废渣占用土地资源、影响地形地貌景观；采空塌陷致使基岩裂隙含水层及第四系黄土潜水层结构破坏，造成地下水漏失等。

区内采空区面积约为43km^2，地面塌陷裂缝、陷坑、洼地大面积连片出现；一些裂缝延伸长度达5km，两侧常出露不同宽度和延伸长度网状裂缝；陷坑呈串珠状分布，最大影响半径可达20m。采煤沉陷已造成西固镇、冯雷镇、城关镇、杜康镇及雷牙乡5个乡镇11个村庄2581户7713间房屋（窑洞）破损，严重威胁10135人安全；破坏耕地、果园总计约830.07hm^2，损坏灌溉渠道近34km，破坏乡镇、通村公路近25km（图8-29、图8-30）。

图8-29　乡村道路下沉严重

图8-30　灌溉渠渠底地面陷坑

地下采空区导水裂隙带扩散至浅地表含水层，造成居民生活用水漏失或大幅度下降，冯家河村、下河村的生活用水（地下水）干涸（图8-31），使334户1342人生活用水困难。

区内耕地、果园、林地内开始发生大面积地面沉降、串珠状陷坑和沉陷缝，部分地面变形严重区段多次造成人畜、机械翻落，地下采煤沉陷破坏的耕地面积498.07hm^2，破坏果园面积332hm^2，破坏林地面积564hm^2（图8-32）。

图8-31　居民饮用水井干涸

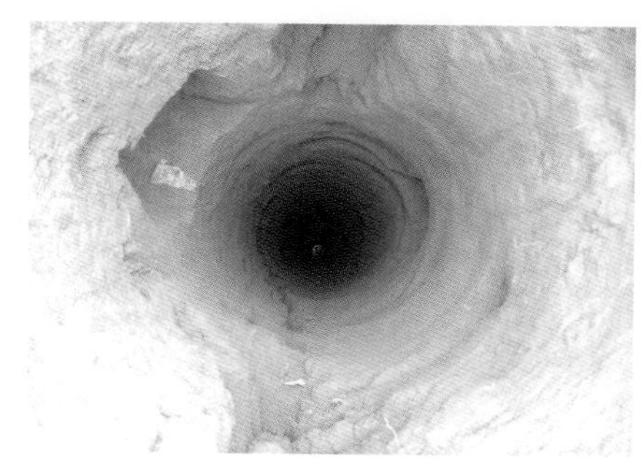

图8-32　地面塌陷破坏果园

采煤沉陷区受采矿活动影响而形成的地形地貌景观破坏主要为乡镇公路两侧可视范围关闭废弃工业设施、煤矸石堆场及小煤窑，在改变原地形地貌的同时，矿业活动更是与周边耕地、果园、林地及居民区反差鲜明。采矿活动形成较集中分布煤矸石堆6处，总占地面积约4.4hm^2；关闭废弃工业场地一般分布在塬顶或沟谷斜坡植被较为发育处，呈零星分布状，占地面积约 33. 33hm^2；历史遗留废弃 39 个小煤窑一般沿河谷、斜坡零星分布，总占地面积 24hm^2，沿沟谷斜坡堆放煤矸石弃渣近 46×10^{4}m^3，不仅破坏了土地资源和地形地貌景观，而且形成了泥石流隐患。

通过项目的实施，可恢复耕地、果园约 830. 07hm^2，平整土地约 434. 67hm^2；泥石流沟修建拦挡坝一座，在沟道下游与白水河交汇段设置导流堤，对白水河河道及两岸冲沟斜坡矸石弃渣进行整治，清理沟道内堵塞物，疏通沟道，同时结合拟建拦挡工程对弃渣进行放坡平整处置；对受损道路进行翻修，修复总面积近 10. 2hm^2，灌溉渠复面积近 8. 15hm^2；对 6 处较为集中的弃渣、煤矸石堆，可采取推平、碾压、覆土、绿化等工作，整个弃渣、煤矸石堆放区覆土约 1. 32×10^{4}m^3，种植耐旱白杨约 1250 棵，植草面积约 4. 4hm^2；治理 39 处小煤窑，对井口进行封堵、建构筑物予以拆除，对场地内的建筑垃圾、矸石妥善处理，废弃建构筑物总面积约 8. 125hm^2，工业场地占地 26. 418hm^2。项目实施后，可有效恢复治理土地，减轻和消除矿山地质灾害，促进当地社会稳定和经济发展。

三、陕西凤县四方金矿矿区地质环境治理项目

陕西凤县四方金矿位于凤县坪坎镇孔棺村，地处秦岭山区。矿区开采秩序整顿前，多家企业争抢同一矿产资源，矿区开采秩序十分混乱，未能顾及到矿山地质环境治理和恢复工作，形成诸多历史遗留问题，诸如废渣堆泥石流隐患、崩塌隐患、滑坡隐患、废弃尾矿库破坏土地、地貌景观等，严重威胁矿山及居民安全（图 8-33 ~ 图 8-35）。

图 8-33 施工前废石渣侵占河道

图 8-34 拦渣墙施工前

图 8-35 废渣堆治理前

该项目为 2009 年度矿山地质环境治理中央财政补助项目，自 2011 年 3 月 30 日动工，2013 年 3 月通过了省级验收。

项目预算总投资：2055. 93 万元。其中中央财政补助 2000 万元，自筹配套资金 55. 93 万元。实际工程总投资 2253. 36 万元，其中中央财政资助 2000 万元，自筹配套资金 253. 36 万元。

治理工程分为三个标段，一标段完成工作量挡墙砌筑 2252m，其中护面墙 1400m，拦渣墙 709m，挡土墙 143m；砌筑截水沟 193m；废渣堆治理工程 6. 58×10^{4}m^3，其中废渣挖运 5×10^{4}m^3，河床清理、回填拦渣墙后侧挖运工程量 1. 58×10^{4}m^3。

二标段完成工作量拦渣墙总长度 1578. 7m，其中设计 6 拦渣墙长 745. 3m，设计 7 拦渣墙长 493. 2m，设计变更设计 6、7 上游拦渣墙长 340. 2m，墙后回填 1×10^{4}m^3。

三标段完成拦渣墙 1078.8m，护面墙 370m，设计 4 崩塌危岩石清除 $200m^3$，石渣运输 $200m^3$，设计 12 覆土绿工程量 5733.62m^2（图 8-36～图 8-38）。

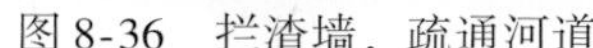
图 8-36　拦渣墙，疏通河道

图 8-37　拦渣墙施工后

图 8-38　护面墙边坡覆土、绿化

项目实施后将基本消除矿区上游矿山泥石流、崩塌等地质灾害隐患，减少灾害损失，保障矿区人员、工业场地、设备和沟口孔棺村村民的安全，还可以缓解矿山企业与周围农民的矛盾，增加社会就业机会，密切矿农关系，有利于社会稳定和区域经济持续发展，社会效益明显；可以直接改善当地的水土环境，还可以有效改善汉江上游的生态环境和地貌景观，减少对下游河道的泥沙淤积和重金属污染，使下游节省了大量的防治费用，必将对当地经济发展产生重大而深远的影响，环境、经济效益可观。

四、郭家河煤矿高边坡治理工程

1. 概况

郭家河煤矿设计年矿井生产能力 400×10^4t，预留扩大到年产 800×10^4t，服务年限为 66.6 年。煤矿工业场地位于麟游县天堂镇长益庙林场内，天堂河由南向北从场地中流过。场地北侧距 S210 省道公路约 3km，交通方便。在建矿过程中，由于工程建设的需要，场地进行了大面积的切方。切方地段位于场地东、西部边缘与其斜坡的交接部位及场地南侧主、副井口南、北两侧。上述地段切方后，场地斜坡坡脚的应力状态发生了变化，若发生边坡失稳，将直接威胁拟建设施的安全。如图 8-39 所示，本次以郭家河煤矿主、副井口南北部斜坡为案例，简述矿井建设引起高边坡的工程治理方法。

图 8-39　郭家河煤矿工业广场平面示意图

主、副井口南、北两侧的高边坡在切方后，边坡的应力状态发生变化，坡顶部分地段出现了裂缝，如图 8-40 所示，经过切方边坡的稳定性计算，两侧高边坡在降水、地震等不良工况下，极易发生滑坡。

图 8-40　主、副井口北侧高边坡发生的变形迹象

2. 边坡稳定性分析及治理技术

该边坡工程经开挖后，经检算其边坡稳定系数小于 1.0，应进行支护处理。该边坡安全等级为一级建筑边坡，永久性边坡支护。综合考虑边坡岩土物理力学性质，地层出露情况及开挖现状，边坡拟采用锚杆框架梁、锚索框架梁支护方案。

北部斜坡开挖坡率约为 1∶0.7～1∶0.5，每 10～15m 设平台，平台宽度 5～7.4m 不等，边坡最大高度为 49m。设置于边坡的上部及两侧，锚杆孔距 3.5m，排距 3.0m，倾角 25°，孔径 110mm，锚杆钢筋 ¢22 Ⅱ级螺纹钢筋，锚杆长度 8.5m，锚杆头弯曲 90°，弯头长度不小于 45cm。框架梁截面为 400mm×300mm，C30 混凝土。

锚索：设置于边坡的中下部，孔距 3.5m，排距 3.0m，倾角 25°，孔径 150mm，压力分散型锚索，锚索采用 ¢15.24mm 高强度，低松弛，1860 级无黏结钢绞线；每索由 4 根组成，每束锚索分为两单元，每单元由两根钢绞线构成，锚固段长 12m，单元锚固段长 6m，锚索设计预应力 600kN。采用 OVM 锚具。

框架梁：截面为 400mm×300mm，C30 混凝土，梁上部配 4 ¢18 Ⅱ级螺纹钢筋，梁下部靠坡侧配 4 ¢18 Ⅱ级螺纹钢筋，2 ¢22 Ⅱ级螺纹钢筋，箍筋为 ¢8 盘条，间距 200mm。

框架梁内放置六棱空心砖，空心部分填充含草籽的土壤，平台种植观赏乔木。

3. 治理效果

如图 8-41、图 8-42 所示，经过治理，消除了北侧高边坡失稳对主、副井口的威胁，充分利用了土地资源，美化了煤矿工业广场环境。近几年对治理工程的监测，证实该高边坡的治理方案正确，治理工程布置合理，达到了预期效果，在保证矿井安全生产方面发挥了很大的作用。

图 8-41　北侧高边坡治理过程中

图 8-42　北侧高边坡治理后

五、崔木煤矿工业广场三平台滑坡治理工程

1. 概况

2009 年 1 月，崔木煤矿工业广场三平台开始大规模挖填，4 月份在三平台西南侧回填区外侧出现多条平行裂缝，8 月份回填区前缘出现多条裂缝，三平台下方边坡西侧斜坡地带也出现多条贯通裂缝。2010 年 1 月，三平台前缘出现台阶式下沉，滑坡体中部及中前部出现多处鼓丘和裂缝，沟谷底部出现剪出口。工业广场大规模挖填，改变了坡体自然平衡状态，产生大范围的滑移失稳，严重威胁工业广场选煤厂、回风井等在建工程，如图 8-43 所示。

工业广场的西南侧，在回填施工过程中，出现不同程度的变形，边缘已经出现了连续贯通的地面裂缝区。早期矿区的排水顺回填区坡体排入侧沟，软化了坡角土体，受其影响回填区西南侧边坡局部出现滑移现象。工业广场块煤仓、末煤仓位于回填区内，其稳定性直接威胁拟建建（构）筑物的安全运营。

1）滑坡主要变形特征

该滑坡处于滑动阶段，坡体裂缝较发育，周边裂缝已基本贯通，滑坡周界比较明显。滑坡后缘边界：滑坡后缘边界位于工业广场西侧回填区边缘，整体呈“圈椅”形，并出现多条贯通的张拉裂缝，与后部土体形成落差达 1. 2m，裂缝呈台阶状（图 8-44），最大宽度 0. 4m，后缘裂缝与周侧裂缝贯通。

滑坡北侧边界：滑坡北侧边界与后缘裂缝贯通，在滑坡后缘附近发育有两条平行的裂缝，在回填区底部平台陡坎处可见较陡的滑面，在滑坡中后部，滑坡体与后部土体形成达近 0. 8m 的落差，裂缝宽度达 0. 4m，中后部边界已形成贯通的羽状剪切裂缝，在边界前部，局部发育有多条裂缝，裂缝长 24 ~ 49m，宽约 2 ~ 4cm。

图 8-43　滑坡全景

图 8-44　滑坡后缘

滑坡南侧边界：滑坡南侧边界位于冲沟内，发育有鼓胀剪切裂缝。冲沟两侧植被较发育，受滑坡滑动的影响，树木已倾斜。

滑坡前缘：滑坡前缘剪出口比较明显，受滑坡滑动影响，土体在河漫滩上已卷起，局部出现鼓丘和鼓胀裂缝。

滑坡纵向长约 387m，中部宽度 295m，主滑方向 266°，纵向地面坡度 3°～40°，后缘高程 1310. 5m，前缘高程 1238. 5m，相对高差 72. 0m，滑坡平面面积 $1.06\times10^5m^2$。

2）滑坡整体稳定性分析

对各剖面进行稳定性分析计算表明，滑坡在各工况下均处于不稳定状态。坡体表面及后缘回填区土体较为疏松，雨水易于下渗，加之坡体上无排水设施，坡体排水不畅。按勘察工作所确定的滑动面以及采用不同工况下相关参数所进行的稳定性计算表明，需要采取工程措施对本滑坡进行治理。

3）滑坡后缘溯源稳定性分析

滑坡稳定性分析表明，主滑坡在天然状态、暴雨工况及暴雨+地震工况下均处于不稳定状态。若对主滑坡不予治理，滑坡将发生整体变形破坏。滑坡滑移后，滑坡后缘稳定土体形成临空面。考虑最不利工况，即滑坡发生滑动后，后缘滑坡体滑移至图示位置，对新形成的边坡稳定性进行分析。

根据稳定性计算分析，如滑坡不进行治理，滑坡滑移后，后缘稳定土体形成临空面，成为新的边坡。在考虑不利工况及三平台加载的情况下，新边坡处于不稳定状态，因此边坡会发生溯源侵蚀，影响三平台建（构）筑物的安全运行。

2. 滑坡的危害程度

现阶段滑坡处于不稳定状态，滑坡后缘已出现多条贯通的张拉裂缝，并出现台阶式下沉，周边裂缝已基本贯通，滑坡体中部及前部出现多处裂缝，剪出口特征明显，坡体处于滑动阶段，当遇强降雨、地表水下渗等不利的工况时，滑坡易发生滑动破坏。滑坡现阶段直接危害对象为滑坡后缘工业广场建（构）筑物。

3. 滑坡治理方案

1）滑坡治理和加固的设计原则

（1）根据滑坡的地形、工程地质条件、水文地质条件、滑坡特征等，采用相应的方案和措施进行治理，保证滑坡后缘外侧崔木煤矿工业广场的安全运行；

（2）在确保安全可靠的前提下，采取技术成熟，经济合理的治理和防护措施，并兼顾美观；

（3）遵循“动态设计，信息化施工”的原则；

（4）治理工程措施应方便施工，使其工程尽快发挥功效；

（5）合理布设变形监测系统，掌握坡体变形动态，保证施工安全，并检验滑坡防治效果。

2）滑坡治理和加固方案

（1）三平台削方；

（2）削方后平台上布设一排 C30 抗滑桩；

（3）滑坡后缘土方回填平台上布设 3 ~4 排微型桩；

（4）坡面排水系统；

（5）C15 混凝土谷坊坝；

（6）夯填坡面裂缝。

4. 滑坡治理和加固工程措施

（1）滑坡体三平台进行削方减载，在削方后平台上布设一排抗滑桩。抗滑桩截面为 3m×2m，桩间距 6m，桩深 26m，桩身混凝土为 C30，如图 8-45 所示。

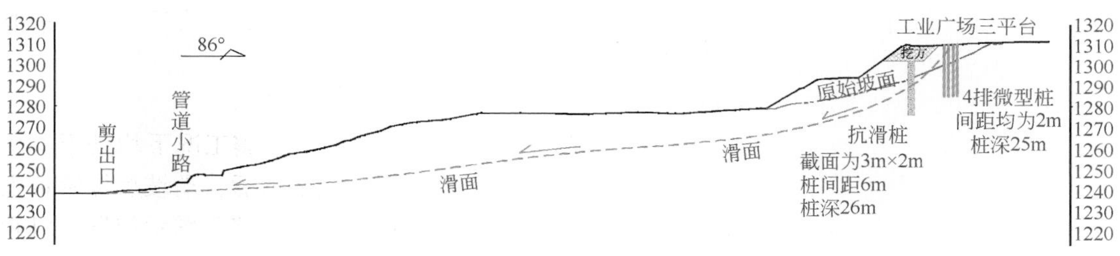

图 8-45　治理工程Ⅱ—Ⅱ′剖面图

（2）滑坡后缘裂缝位置上布设 3 ~4 排微型桩，纵横间距均为 2m，微型桩深 25m，桩顶采用 300mm×300mm 连系梁连接。

（3）沿抗滑桩走向和回填土方坡脚分别布设一道 C15 混凝土排水沟，同时根据地形修建坡面排水系统，连接整个排水系统，将滑坡体汇流排入南侧沟谷后排离滑坡体。

（4）为防止汇流对南侧沟谷的侵蚀影响到滑坡体的稳定性，沿沟谷布设四道 C15 混凝土谷坊坝，间距约 40m，可根据实际地形进行适当调整。

（5）采用三七灰土夯填坡面已有裂缝。

治理后滑坡整体稳定性分析。对滑坡的局部加固也可以提高滑坡的整体稳定性，采用理正软件进行计算，结果表明，布设工程措施后滑坡整体稳定性也得到提高，滑坡在不同工况下安全系数均大于 1，因此可以有效地解决滑坡的蠕动变形问题，防止滑坡下部的滑移发展。

5. 治理效果

如图 8-46 所示，经过治理，消除了该滑坡对工业广场三平台的威胁，保证了选煤厂及风井井口建筑的安全，充分利用了土地资源，美化了煤矿工业广场环境。近几年，对治理工程的监测表明，滑坡体基本稳定，验证了该滑坡的治理方案正确，治理工程布置合理，达到了预期效果，在保证矿井安全生产方面发挥了很大的作用。

图 8-46　滑坡治理效果图

由以上实例可知，通过矿山地质环境治理项目的实施，矿山地质环境明显改善，可有效减轻矿山地质灾害的危害，恢复占用破坏的土地资源，减少矿山废水、废渣对环境的影响，恢复地形地貌景观，有效地改善生态和地质环境。

第九章　结　　论

本书系统调查了陕西省矿山地质环境问题和地质灾害分布规律，提出了矿产资源开采强度的概念、划分指标以及适度开发理念，通过对陕西省矿产资源开采现状、开采区地质灾害的系统调查，研究了采矿诱发地质灾害的机理，从规划、采矿技术等角度，提出减缓地质灾害的思路和方法，对矿山地质环境影响进行评价分区，并进行了矿山地质环境保护与治理分区，同时对开采区地质灾害实施治理，形成矿山地质灾害防治技术体系，取得的主要成果如下。

1. 查明了各类矿山地质环境问题现状

全省矿山地质环境问题主要分为5大类，包括矿山地质灾害、区域地下含水层影响与破坏、采矿活动对地形地貌景观的影响与破坏、采矿活动占用破坏土地资源、矿山“三废”对环境的影响。

（1）矿业开发引发的地质灾害400处，其中地面塌陷65处、塌陷地裂缝92处、滑坡及隐患点78处、崩塌及隐患点99处，泥石流及隐患点66处。

（2）区域地下含水层破坏主要分布在神府、榆神、榆横、府谷、黄陵、蒲白、澄合、彬长等煤炭高强度开采矿区及勉略宁多金属开采区、商南钒金红石开采区等矿产资源规划重点开采区和柞水—镇安多金属开采区，除榆神府矿区外，区域地下含水层水位下降范围面积约300km^2。

（3）矿业活动对地形地貌影响主要表现在煤矿矸石堆放影响地形地貌、建材及非金属矿的露天开采，形成大面积的露天采坑，表层被剥离，基岩裸露，破坏了原有的地形地貌，矿业开采对地形地貌景观破坏影响严重。

（4）矿山占用破坏土地24964.91hm^2。其中耕地1052.25hm^2，占总数的4.2%；林地3137.98hm^2，占总数的12.6%；草地6253.66hm^2，占总数的25.0%；园地和建筑用地116.35hm^2，占总数的0.5%；其他类型土地14404.67hm^2，占总数的57.7%。

（5）矿山废水主要来源于煤矿的矿坑水、选矿废水、生活污水。2012年全省废水废液年产出量12171.53×10^{4}m^3，其中排放量879.72×10^{4}m^3，利用量11291.81×10^{4}m^3，综合利用率92.8%。

（6）矿山废渣多年累计积存达7291.98×10^{4}t，废渣年产生量2376.25×10^{4}t，利用量约1629.86×10^{4}t。

2. 研究了矿产资源开采强度与地质灾害的关系

（1）提出了矿产资源高强度开采的概念技术指标体系。

（2）进行全省矿产资源开采强度分区，将全省矿产资源开采区划分为高强度开采区、中强度开采区和低强度开采区。划分出榆神府煤炭高强度开采区、榆横煤炭高强度开采区、子长—宝塔区煤炭高强度开采区、铜川—焦坪—黄陵煤炭高强度开采区、韩城—蒲城—白水—澄合煤炭高强度开采区、彬县—长武—旬邑煤炭高强度开采区、柞水—镇安—宁陕—旬阳多金属高强度开采区、山阳钒矿高强度开采区、勉县—略阳—宁强多金属高强度开采区、凤县太白铅锌矿高强度开采区、小秦岭金钼矿高强度开采区 11 个高强度开采区；富县牛武—直罗煤矿区、渭北石灰岩矿区、秦岭北坡建筑用石料矿区、秦巴山区小型金属矿区、石煤矿区、非金属建材矿区等 18 个中强度开采区；1 个低强度开采区。

(3) 研究了矿产资源高强度开采区地质灾害的致灾机理，提出 4 种矿区地质灾害成因模式：顶板塌陷诱发型、采空区变形诱发型、采矿废渣堆积型和露天采矿边坡诱发型；提出 4 种高强度采矿地质灾害致灾模式：采矿覆岩剧烈变形致灾型、采矿覆岩缓慢变形致灾型、采矿废渣与降雨耦合致灾型、露天边坡变形致灾型。

(4) 结合榆神府矿区煤炭资源开采现状，分析了煤炭资源高强度开采存在的问题，提出了适度开发理念，研究了基于地质环境承载力的煤炭资源的适度开采规模。同时提出了适度开发的煤炭资源规划，并对陕西省煤炭资源开发战略进行了分析。

3. 进行了矿山地质环境影响综合评价

采用模糊综合评判法和 GIS 图层叠加分析法对全省集中开采区进行矿山地质环境影响评价，在评价的基础上进行分区，划分为地质环境影响严重区、影响较严重区、影响轻微区共 58 个区域，其中影响严重区 25 个，面积 16406.54km^2，占总面积的 7.97%；较严重区 32 个，面积约 11312.5km^2，占总面积的 5.50%；轻微区 1 个，面积 178082.6km^2，占总面积的 86.53%。

4. 划分了矿山地质环境恢复治理分区

将全省分为矿山地质环境保护区、矿山地质环境预防区、矿山地质环境治理区三级 109 个区，其中矿山地质环境保护区 51 个，面积 16826.68km^2，占总面积的 8.18%；矿山地质环境预防区 1 个，面积 161388.32km^2，占总面积的 78.42%；矿山地质环境治理区 57 个，面积 27585.0km^2，占总面积的 13.40%。

5. 形成了一套矿山地质灾害治理技术

研发了地面塌陷地裂缝治理技术、高陡坡面喷洒营养液复绿技术，具有成本低、效率高、效果好的特征，形成了一整套高强度开采区地质灾害治理技术，如煤矿区矸石堆的治理技术、矿山滑坡、崩塌地质灾害的防治技术、秦巴山地多金属高强度开采区泥石流治理技术、浅埋煤层开采区地面塌陷、地裂缝的治理技术，开发了基岩山区高陡坡面复绿新技术。组织实施了高强度开采区地质灾害治理示范工程，恢复耕地、林地，消除隐患，促进了矿区生态文明建设。主要实施了白水县采煤沉陷区矿山地质环境治理重大工程项目、铜川市印台区三里洞红矸山矿山地质环境治理工程、郭家河煤矿高边坡治理工程、陕西凤县四方金矿矿山地质环境治理工程和陕西秦岭北麓华山—少华山风景区废弃采石场地质环境综合治理项目等典型的治理项目、崔木煤矿工业广场三平台滑坡治理工程。

陕西省矿产资源丰富，开发历史悠久，尤其是20世纪中后期大规模的无序开发，不仅使整装矿田遭到破坏，也严重影响、恶化了矿区地质环境，产生了大量地质灾害隐患。近年来，国家加大投入，完成了部分矿山地质环境治理工程，但任务依然很重，需要科学家们继续研究新技术、新方法，促进矿山地质灾害治理，保护矿山地质环境，建设生态文明矿山。

参考文献

曹琰波 . 2008. 矿渣型泥石流起动机理试验研究 . 西安：长安大学 .

陈建平 . 2012. 西乡县地质环境质量评价与分区研究 . 西安：西安科技大学 .

陈建平，范立民，宁建民等 . 2014a. 基于模糊综合评判和 GIS 技术的矿山地质环境影响评价 . 中国煤炭地质，26（2）：43-47.

陈建平，范立民，杜江丽等 . 2014b. 陕西省矿山地质环境治理现状及变化趋势分析 . 中国煤炭地质，26（9）：54-56，64.

陈建平，宁建民，李成等 . 2014c. 陕西省矿山固体废弃物综合利用与治理技术探讨//陕西环境地质研究 . 武汉：中国地质大学出版社：48-52.

陈玉华，陈守余 . 2003. 基于 MAPGIS 的矿山环境评价分析软件开发 . 安全与环境工程，10（3）：50-53.

戴华阳 . 2002. 基于倾角变化的开采沉陷模型及其 GIS 可视化应用研究 . 岩石力学与工程学报，21（1）：148.

杜江丽，陈建平，李成等 . 2014. 陕西省矿山固体废弃物综合利用与治理技术探讨//陕西环境地质研究 . 武汉：中国地质大学出版社：43-47.

杜祥琬，呼和涛力，田智宇等 . 2015. 生态文明背景下我国能源发展与变革分析 . 中国工程科学，17（8）：46-53

范立民 . 1992. 神木矿区的主要环境地质问题 . 水文地质工程地质，19（6）：37-40.

范立民 . 1994. 煤田开发的环境效应—以神北矿区为例 . 中国煤田地质，6（4）：63-66.

范立民 . 1996. 煤矿地裂缝研究//环境地质研究（第三辑）. 北京：地震出版社：137-142.

范立民 . 1998. 保水采煤是神府煤田开发可持续发展的关键 . 地质科技管理，15（5）：28-29.

范立民 . 2004a. 论陕北煤炭资源的适度开发问题 . 中国煤田地质，16（2）：5-7.

范立民 . 2004b. 黄河中游一级支流窟野河断流的反思与对策 . 地下水，26（4）：236-237，241.

范立民 . 2005a. 论保水采煤问题 . 煤田地质与勘探，33（5）：50-53.

范立民 . 2005b. 陕北煤炭基地规划中几个关键技术问题的探讨 . 陕西煤炭，24（1）：3-7.

范立民 . 2005c. 陕北能源重化工基地建设中的水资源问题 . 国土资源科技管理，22（5）：17-21.

范立民 . 2007. 陕北地区采煤造成的地下水渗漏及其防治对策分析 . 矿业安全与环保，（5）：62-64.

范立民 . 2010. 生态脆弱区烧变岩研究现状及方向 . 西北地质，43（3）：57-65.

范立民 . 2013. 加强地质环境监测 促进地质环境保护//煤矿水害防治技术研究 . 北京：煤炭工业出版社：375-381.

范立民 . 2014. 榆神府区煤炭开采强度与地质灾害研究 . 中国煤炭，40（5）：52-55.

范立民 . 2015a. 保水开采是矿山地质环境保护的基础 . 水文地质工程地质，42（1）：3.

范立民 . 2015b. 西北高强度采煤区地质环境保护对策 . 地质论评，61（S1）：840-842.

范立民，杨宏科 . 2000. 神府矿区地面塌陷现状及成因研究 . 陕西煤炭技术，19（1）：7-9.

范立民，蒋泽泉 . 2004. 榆神矿区保水采煤的工程地质背景 . 煤田地质与勘探，32（5）：32-35.

范立民，蒋泽泉 . 2006. 烧变岩地下水的形成及保水采煤新思路 . 煤炭工程，（4）：40-41.

范立民，冀瑞君 . 2015. 论榆神府矿区煤炭资源的适度开发问题 . 中国煤炭，41（2）：40-44.

范立民，马雄德，杨泽元 . 2010. 论榆神府区煤炭开发的生态水位保护 . 矿床地质，29（S1）：1043～1044.

范立民，蒋泽泉，徐建民等 . 2011. 神南矿区保水开采综合分区研究//2011 年全国工程地质学术年会论文集：210-215.

范立民，张晓团，王英 . 2012. 陕西省煤矿瓦斯地质图图集 . 北京：煤炭工业出版社 .

范立民，李勇，宁奎斌等．2015a. 黄土沟壑区小型滑坡致大灾及其机理．灾害学，30（3）：67-70.
范立民，张晓团，向茂西等．2015b. 浅埋煤层高强度开采区地裂缝发育特征．煤炭学报，40（6）：1142-1147.
范立民，马雄德，冀瑞君．2015c. 西部生态脆弱矿区保水采煤研究与实践进展．煤炭学报，40（8）：1711-1717.
范立民，李成，陈建平等．2015d. 陕西高强度采矿区地质灾害类型及其危害//中国地质学会2015年度学术年会论文集（下册）．北京：地质出版社：714-716.
傅承涛，李兴开．2008. 陕北地区能源开发可持续发展战略构想．煤炭工程，（10）：85-87.
高召宁，应治中，王辉．2015. 薄基岩厚风积沙浅埋煤层覆岩变形破坏规律研究．矿业研究与开发，（6）：77-81.
顾大钊．2015. 煤矿地下水库理论框架和技术体系．煤炭学报，40（2）：239-246.
顾大钊等．2015. 晋陕蒙接壤区大型煤炭矿区生态环境修复技术．北京：科学出版社．
郭增长，殷作如．2000. 随机介质碎块体移动概率与地表下沉．煤炭学报，25（3）：264-267.
郭增长，谢和平．2004. 极不充分开采地表移动和变形预计的概率密度函数法．煤炭学报，29（2）：155-158.
韩树青，范立民，杨保国．1992. 开发陕北侏罗纪煤田几个水文地质工程地质问题分析．中国煤田地质，4（1）：49-52.
何芳，徐友宁，乔冈等．2010. 中国矿山环境地质问题区域分布特征．中国地质，（5）：1520-1529.
何国清．1988. 岩移预计的威布尔分布法．中国矿业学院学报，（1）：8-15.
河南省国土资源厅．2014. 河南省矿山地质环境恢复治理工程勘查、设计、施工技术要求（试行）．郑州：黄河水利出版社．
侯金武，李明路，孟辉，等．2014. 地质环境监测技术方法及其应用．北京：地质出版社．
胡振琪，龙精华，王新静．2014. 论煤矿区生态环境的自修复、自然修复和人工修复．煤炭学报，39（8）：1751-1757.
黄庆享．2009. 浅埋煤层保水开采隔水层稳定性的模拟研究．岩石力学与工程学报，28（5）：987-992.
黄庆享，张文忠．2014. 浅埋煤层条带充填保水开采岩层控制．北京：科学出版社．
黄润秋．2012. 岩石高边坡稳定性工程地质分析．北京：科学出版社．
黄润秋，许向宁．2008. 地质环境评价与地质灾害管理．北京：科学出版社．
冀瑞君，彭苏萍，范立民等．2015. 神府矿区采煤对地下水循环的影响．煤炭学报，40（4）：938-943.
姜岩，田茂义．2003. 矿山开采地表下沉与变形预计新方法．矿山压力与顶板管理，（3）：74-80.
江松林，孙世群，王辉．2008. 安徽省矿山环境质量综合评价研究．合肥工业大学学报，31（1）：112-115.
蒋晓辉，谷晓伟，何宏谋．2010. 窟野河流域煤炭开采对水循环的影响研究．自然资源学报，25（2）：163-170.
蒋泽泉，姚建明．2007. 煤矿采空区注浆治理探讨．陕西煤炭，26（2）：23-24.
蒋泽泉，王建文，杨宏科．2011a. 浅埋煤层关键隔水层隔水性能及采动影响变化．中国煤炭地质，23（4）：26-31.
蒋泽泉，孟庆超，王宏科．2011b. 神南矿区煤炭开采保水煤柱留设分析．中国地质灾害与防治学报，22（2）：87-91.
李成．2013. 韩城煤矿群采区矿山地质环境恢复治理对策分析．中国地质灾害与防治学报，24（1）：40-45.
李德海．2004. 覆岩岩性对地表移动过程时间影响参数的影响．岩石力学与工程学报，23（22）：

3780-3784.
李辉，李永红，康金栓等. 2014. 韩城市西山灰岩群采区矿山地质环境问题及恢复治理探讨. 灾害学，29（3）：139-143.
李亮. 2010. 高强度开采条件下堤防损害机理及治理对策研究. 北京：中国矿业大学.
李艳，王恩德，沈丽霞. 2005. 矿山环境影响评价内容和程序探讨. 环境保护科学，31（130）：67-70.
李媛，周平根. 2000. 我国西部地区地质生态环境问题及演化趋势预测. 中国地质灾害与防治学报，11（4）：81-85.
李文平，叶贵钧，张莱等. 2000. 陕北榆神府矿区保水采煤工程地质条件研究. 煤炭学报，25（5）：449-454.
李永红，姚超伟，程晓露等. 2014. 神府煤矿区矿山地质环境问题及恢复治理探讨. 资源与产业，16（6）：112-117.
李永树，王金庄. 1995. 任意分布形式煤层开采地表移动预计方法. 煤炭学报，20（6）：619-624.
李兴尚，许家林，朱卫兵等. 2008. 条带开采垮落区注浆充填技术的理论研究. 煤炭学报，33（11）：1205-1210.
李昭淑. 2002. 陕西省泥石流灾害与防治. 西安：西安地图出版社.
梁犁丽，王芳. 2010. 鄂尔多斯遗鸥保护区植被-水资源模拟及其调控. 生态学报，30（1）：109-119.
刘宝琛，廖国华. 1965. 煤矿地表移动的基本规律. 北京：中国工业出版社.
刘传正. 2013. 论地质灾害防治的科学理念. 水文地质工程地质，40（6）：1-7.
刘传正，刘艳辉. 2012. 论地质灾害防治与地质环境利用. 吉林大学学报（地球科学版），(5)：1469-1476.
刘红英，郑凌云，拜存有. 2010. 榆林市水资源供需平衡分析. 水资源与水工程学报，21（3）：130-133.
刘辉，邓喀中. 2014. 西部黄土沟壑区采动裂隙发育规律及治理技术. 徐州：中国矿业大学出版社.
刘辉，何春桂，董增林等. 2010. 高水材料充填技术在减小地表沉降中的应用. 煤田地质与勘探，37（6）：54-56，61.
刘辉，邓喀中，何春桂等. 2013a. 超高水材料跳采充填采煤法地表沉陷规律. 煤炭学报，38（S2）：272-276.
刘辉，何春桂，邓喀中等. 2013b. 开采引起地表塌陷型裂缝的形成机理分析. 采矿与安全工程学报，30（3）：380-384.
刘辉，雷少刚，邓喀中等. 2014. 超高水材料地裂缝充填治理技术. 煤炭学报，39（1）：72-77.
刘坤，周华强等. 2010. 膏体充填条带开采技术. 煤炭科学技术，38（2）：10-14.
刘洋，石平五，张壮路. 2006. 浅埋煤层矿区"保水采煤"条带开采的技术参数分析. 煤矿开采，11（6）：6-10.
刘书贤. 2005. 急倾斜多煤层开采地表移动规律模拟研究. 北京：煤炭科学研究总院.
刘海涛. 2005. 太原西山矿区煤炭开采对地下水流场影响的数值模拟. 太原：太原理工大学.
刘建功，赵利涛. 2014. 基于充填采煤的保水开采理论与实践应用. 煤炭学报，39（8）：1545-1551.
刘鹏亮. 2014. 宽条带充填全柱开采地表移动变形特征研究. 中国煤炭，40（2）：9-12.
马蓓蓓，鲁春霞，张雷. 2009. 中国煤炭资源开发的潜力评价与开发战略. 资源科学，31（2）：224-230.
马立强，张东升. 2013. 浅埋煤层长壁工作面保水开采机理及其应用研究. 徐州：中国矿业大学出版社.
马雄德，范立民，张晓团等. 2015a. 榆神府矿区水体湿地演化驱动力分析. 煤炭学报，40（5）：1126-1133.
马雄德，范立民，张晓团等. 2015b. 陕西省榆林市榆神府矿区土地荒漠化及其景观格局动态变化. 灾害学，30（4）：126-129.

马雄德，范立民，贺卫中等 . 2015c. 浅埋煤层高强度开采突水溃沙危险性分区评价 . 中国煤炭，41（10）：33-36+52.

马润华等 . 1998. 陕西省岩石地层 . 北京：中国地质大学出版社 .

缪协兴，张吉雄，张广礼等 . 2011. 综合机械化固体废物充填采煤方法与技术 . 徐州：中国矿业大学出版社 .

孟庆凯，朱丹，张婷等 . 2012. 模糊 ISODATA 聚类分析算法在矿山地质环境评价中应用 . 长江大学学报，（7）：35-38.

汤中立，李小虎，焦建刚 . 2005. 矿山地质环境问题及防治对策 . 地球科学与环境学报，（2）：1-4.

潘懋，李铁锋 . 2002. 灾害地质学 . 北京：北京大学出版社 .

潘桂花 . 2010. 山西省煤炭开采地下水资源保护对策 . 地下水，32（1）：61-62.

彭建兵，李庆春，陈志新 . 2008. 黄土洞穴灾害 . 北京：科学出版社 .

彭建兵，林鸿州，王启耀 . 2014. 黄土地质灾害研究中的关键问题与创新思路 . 工程地质学报，（4）：684-691.

彭苏萍 . 2009. 中国煤炭资源开发与环境保护 . 科技导报，（17）：3.

彭苏萍，孟召平 . 2002. 矿井工程地质理论与实践 . 北京：科学出版社 .

彭苏萍，李恒堂，程爱国 . 2007. 煤矿安全高效开采地质保障技术 . 徐州：中国矿业大学出版社 .

彭苏萍，张博，王佟等 . 2014. 煤炭资源与水资源 . 北京：科学出版社 .

彭苏萍，张博，王佟等 . 2015. 煤炭资源可持续发展战略研究 . 北京：煤炭工业出版社 .

彭永伟，齐庆新，李宏艳等 . 2009. 高强度地下开采对岩体断裂带高度影响因素的数值模拟分析 . 煤炭学报，2：145-149.

钱鸣高，许家林，缪协兴 . 2003. 岩层控制的关键层理论 . 徐州：中国矿业大学出版社 .

钱鸣高，许家林，缪协兴 . 2004a. 煤矿绿色开采技术的研究与实践 . 能源技术与管理，（4）：1-4.

钱鸣高，石平五，邹喜正 . 2004b. 矿山压力与岩层控制 . 徐州：中国矿业大学出版社 .

钱鸣高，缪协兴，许家林 . 2006. 资源与环境协调（绿色）开采及其技术体系 . 采矿与安全工程学报，23（1）：1-5.

强菲，赵法锁，段钊 . 2015. 秦巴山区地质灾害发育及空间分布规律 . 灾害学，30（2）：193-198.

瞿群迪，周华强，侯朝炯等 . 2004. 煤矿膏体充填开采工艺的探讨 . 煤炭科学技术，32（10）：67-69，73.

任松，姜德义 . 2007. 岩盐水溶开采沉陷新概率积分三维预测模型研究 . 岩土力学，28（1）：133-138.

师本强，侯忠杰 . 2006. 陕北榆神府矿区保水采煤方法研究 . 煤炭工程，（1）：63-65.

宋振骐，崔增娣，夏宏春等 . 2010. 无煤柱矸石充填绿色安全高效开采模式及其工程理论基础研究 . 煤炭学报，35（5）：705-710.

隋旺华，董青红，蔡光桃等 . 2008. 采掘溃沙机理与预防 . 北京：地质出版社 .

孙越英等 . 2014. 豫北地区石灰岩矿资源地质特征及矿山环境恢复治理研究 . 郑州：黄河水利出版社 .

唐亚明 . 2014. 黄土滑坡风险评价与监测预警 . 北京：科学出版社 .

滕永海，刘克功 . 2002. 五阳煤矿高强度开采条件下地表移动规律的研究 . 煤炭科学技术，30（4）：9-11，15.

王英，范立民 . 2012. 1∶500000 陕西省煤矿瓦斯地质图（含说明书）. 北京：煤炭工业出版社 .

王佟等 . 2013. 中国煤炭地质综合勘查理论与技术新体系 . 北京：科学出版社 .

王家臣，杨胜利 . 2010. 固体充填开采支架与围岩关系研究 . 煤炭学报，35（11）：1821-1826.

王家臣，杨胜利等 . 2012. 长壁矸石充填开采上覆岩层移动特征模拟实验 . 煤炭学报，37（8）：1256-1262.

王金庄，邢安仕，吴立新．1995. 矿山开采沉陷及其损害防护．北京：煤炭工业出版社．

王俊桃，谢娟，张益谦．2006. 矿山废石淋溶对水环境的影响．地球科学与环境学报，（4）：92-96.

王海庆．2010. 基于 GIS 和 RS 的矿山地质环境评价方法比选．国土资源遥感，（3）：92-96.

王华生，孙晋亮．2003. 地表移动趋势项预测模型的研究．有色金属（矿山部分），55（4）：24-27.

王双明．1996. 鄂尔多斯盆地聚煤规律及煤炭资源评价．北京：煤炭工业出版社．

王双明，王晓刚，范立民等．2008. 韩城矿区煤层气地质条件与赋存规律．北京：地质出版社．

王双明，范立民，黄庆享等．2009a. 生态脆弱地区的煤炭工业区域性规划．中国煤炭，35（11）：22-24.

王双明，范立民，黄庆享等．2009b. 生态脆弱矿区大型煤炭基地建设的新思路．科学中国人，（11）：122-123.

王双明，黄庆享，范立民等．2010a. 生态脆弱区煤炭开发与生态水位保护．北京：科学出版社．

王双明，范立民，马雄德．2010b. 生态脆弱区煤炭开发与生态水位保护//2010 全国采矿科学技术高峰论坛论文集：5.

王双明，黄庆享，范立民等．2010c. 生态脆弱矿区含（隔）水层特征及保水开采分区研究．煤炭学报，35（1）：7-14.

王双明，范立民，黄庆享等．2010d. 基于生态水位保护的陕北煤炭开采条件分区．矿业安全与环保，37（3）：81-83.

王小军，蔡焕杰，张鑫等．2008. 窟野河季节性断流及其成因分析．资源科学，30（3）：475-480.

王雁林，王涛．2013. 2013 年全省地质灾害及防治特点．陕西地质，（2）：90-91.

王雁林，郝俊卿，赵法锁．2014. 地质灾害风险评价与管理研究．北京：科学出版社．

王永强．2010. 高强度开采条件下巷道稳定性研究．太原：太原理工大学．

王悦汉，邓喀中，吴侃等．2003. 采动岩体动态力学模型．岩石力学与工程学报，22（3）：352-357.

魏秉亮．2001. 浅埋近水平煤层采动岩移与塌陷机理研究．中国煤田地质，13（4）：38-40.

魏秉亮，范立民，杨宏科．1999. 浅埋近水平煤层采动地面变形规律研究．中国煤田地质，11（3）：44-47，71.

武强．2003. 我国矿山环境地质问题类型划分研究．水文地质工程地质，30（5）：107-112.

武强，刘伏昌等．2005. 矿山环境研究理论与实践．北京：地质出版社．

武强，李学渊．2015. 基于计算几何和信息图谱的矿山地质环境遥感动态监测．煤炭学报，40（1）：160-166.

夏玉成．2003a. 煤矿区地质环境承载能力及其评价指标体系研究．煤田地质与勘探，31（2）：5-8.

夏玉成．2003b. 构造环境对煤矿区采动损害的控制机理研究．西安：西安科技大学．

夏玉成，代革联．2015. 生态潜水的采煤扰动与优化调控．北京：科学出版社．

夏玉成，汤伏全，孙学阳．2008. 煤矿区构造控灾机理及地质环境承载能力研究．北京：科学出版社．

谢和平等．2014. 煤炭安全、高效、绿色开采技术与战略研究．北京：科学出版社．

谢和平，王金华．2014. 中国煤炭科学产能．北京：科学出版社．

谢克昌等．2014. 中国煤炭清洁高效可持续开发利用战略研究．北京：科学出版社．

徐友宁等．2006. 中国西北地区矿山环境地质问题调查与评价．北京：地质出版社．

徐友宁，李智佩，陈华清等．2008. 生态环境脆弱区煤炭资源开发诱发的环境地质问题——以陕西省神木县大柳塔煤矿区为例．地质通报，（8）：1344-1350.

徐友宁，何芳，张江华等．2010. 矿山泥石流特点及其防灾减灾对策．山地学报，（4）：463-469.

徐友宁，徐冬寅，张江华等．2011. 矿产资源开发中矿山地质环境问题响应差异性研究．地球科学与环境学报，1：89-94，100.

许家林，朱卫兵等．2009. 浅埋煤层覆岩关键层结构分类．煤炭学报，34（7）：865-870.

许家林，朱卫兵，李兴尚等 . 2006. 控制煤矿开采沉陷的部分充填开采技术研究 . 采矿与安全工程学报，（1）：6-11.

肖波，麻凤海 . 2005. 基于遗传算法改进 BP 网络的地表沉陷预计 . 中国矿业，14（10）：83-86.

杨硕，张有祥 . 1995. 水平移动曲面的力学预测法 . 煤炭学报，20（2）：214-217.

杨敏 . 2010. 影响小秦岭金矿区矿渣型泥石流形成的主要因素研究 . 西安：长安大学 .

杨逾 . 2007. 垮落带注充控制覆岩移动机理研究 . 葫芦岛：辽宁工程技术大学 .

杨梅忠，刘亮，高让礼 . 2006. 模糊综合评判在矿山环境影响评价中的应用 . 西安科技大学学报，26（4）：439-442.

杨梅忠，宋丹，刘飞，等 . 2014. 矿山地质灾害危险性评价 . 中国煤炭地质，26（5）：45-48.

叶贵钧，张莱，李文平等 . 2000. 陕北榆神府矿区煤炭资源开发主要水工环问题及防治对策 . 工程地质学报，8（4）：446-455.

殷跃平 . 2007. 危机与重塑：论工程地质学的发展——“生态环境脆弱区工程地质”论坛学术总结 . 工程地质学报，15（2）：718-720，606.

殷跃平 . 2013. 加强城镇化进程中地质灾害防治工作的思考 . 中国地质灾害与防治工程学报，24（4）：92.

殷跃平，彭建兵 . 2011. 吸取巨灾教训 重塑工程地质——2011 年全国工程地质学术年会总结 . 工程地质学报，19（5）：792-794.

余学义，李邦邦 . 2008. 陕北侏罗纪煤田矿区生态保护与可持续发展途径探讨 . 矿业安全与环保，35（4）：57-59.

余学义，张恩强 . 2010. 开采损害学（第二版）. 北京：煤炭工业出版社 .

张大民 . 2006. 张家峁井田内小煤矿开采对地下水的影响 . 地下水，30（1）：32-33.

张东升，刘玉德，王旭峰 . 2009. 沙基型浅埋煤层保水开采技术及适用条件分类 . 徐州：中国矿业大学出版社 .

张进德 . 2009. 我国矿山地质环境调查研究 . 北京：地质出版社 .

张进德，田磊 . 2015. 矿山地质环境管理技术支撑体系探讨 . 中国地质灾害与防治学报，26（2）：123-126.

张雷 . 2002. 中国矿产资源持续开发与区域开发战略调整 . 自然资源学报，（2）：162-167.

张茂省，唐亚明 . 2008. 地质灾害风险调查的方法与实践 . 地质通报，28（7）：1205-1212.

张明旭等 . 2009. 矿山地质灾害成灾机理与防治技术研究与应用 . 徐州：中国矿业大学出版社 .

张玉卓 . 2011. 中国煤炭工业可持续发展战略研究 . 北京：中国科学技术出版社 .

张周权 . 2008. 高强度开采区域孤岛回采的矿压显现特点的研究 . 能源技术与管理，（5）：9-11.

中国地质环境监测院 . 2011. 中国典型县（市）地质灾害易发程度分区图集 · 西北地区卷 . 北京：科学出版社 .

Alejano L R，Ramirez-Oyanguren P，Taboada J，et al. 1998. Numerical prediction of subsidence phenomena due to flat coal seam mining. Int J Rock Mech Min Sci，35（4）：440-441.

Alejano L R，Ramirez-Oyanguren P，Taboada J. 1999. FDM predictive methodology for subsidence due to flat and inclined coal seam mining. International Journal of Rock Mechanics and Mining Sciences，36：475-491.

Alvarez-Fernandeza M I，Gonzalez-Nicieza C，et al. 2005. Generalization of the n-k influence function to predict mining subsidence. Engineering Geology，80：1-36.

Berry D S. 1964. The ground considered as a transversally isotropic material. Int J Rock Mech Min，（1）：243-257.

Coulthard M A. 1999. Application of numerical modeling in underground mining and onstruction. Geotechnical and Geological Engineering，17：207-214.

Donnelly L, Bell F, Culshaw M. 2004. Some positive and negative aspects of mine abandonment and their implications on infrastructure//Engineering Geology for Infrastrcture Planning in Europe. Springer Berlin Heidelberg: 719-726.

Fujii Y, Ishijima Y, Deguchi G. 1997. Prediction of coal face rockbursts and microseismicity in deep longwall coal mining. Int J Rock Mech Min Sci, 34 (1): 85-96.

Gonzalez-Nicieza C, Alvarez-Fernandez M I, Menendez-Diaz A, et al. 2007. The influence of time on subsidence in the Central Asturian Coalfield. Bull Eng Geol Environ, 66 (3): 319-329.

Henryk G. 2001. 岩层力学理论 . 张玉卓译 . 北京：中国科学技术出版社 .

Hoek E, Brown E T. 1980. Underground Excavations in Rock. Institution of Min & Met London.

Karmis N, Chent C Y, Jonest D E, et al. Some aspects of mining subsidence and its control in the US coalfields. Minerals and the Environment, 4: 116-130.

Kratzsch H. 1983. Mining Subsidence Engineering. Springer-Verlag, Berlin Leidelberg New York.

Limin F. 1996. Study on geological disaster from water inrush and sand bursting in mine of Shenfu mining distrct. Groundwater Hazard Control and Coalbed Methane Development and Application Techniques-Proceedings of the International Mining Tech, 96: 154-161.

Litwiniszyn J. 1953. The differential equation defining displacements of a rock mass. Arch Gorn i hutn, 1: 500-507.

Najjar Y M. 1990. Constitutive modeling and finite element analysis of ground subsidence due to mining. The University of Oklahoma Graduate College.

Niciezaa C G, Fernándeza M I Á, Diaz A M, et al. 2005. The new three-dimensional subsidence influence function denoted by n-k-g. International Journal of Rock Mechanics & Mining Sciences, 42 (3): 372-387.

Sheorey P R, Loui J P, Singh K B, et al. 2000. Ground subsidence observations and a modified influence function method for complete subsidence prediction. International Journal of Rock Mechanics and Mining Sciences, 37: 801-818.

Singh M M. 1986. Mine Subsidence. Society of Mining Engineers of AIME. Littleton CO.

Smolarski A Z. 1967. On some applications of linear mathematical model to the strata mechanics. Pr Kom N Techn PAN, S Mechanika, 3: 273-284.

Whittaker B N, Reddish D J. 1989. Subsidence: Occurrence, Prediction and Control. Elsevier Science Publisher B. V.

Yavuz H. 2004. An estimation method for cover pressure re-establishment distance and pressure distribution in the goaf of longwall coal mines. International Journal of Rock Mechanics & Mining Sciences, 41: 193-205.